U0176699

2021 年版全国一级建造师执业资格考试案例分析专项突破

市政公用工程管理与实务案例分析专项突破

全国一级建造师执业资格考试案例分析专项突破编写委员会 编写

中国建筑工业出版社

图书在版编目（CIP）数据

市政公用工程管理与实务案例分析专项突破/全国
一级建造师执业资格考试案例分析专项突破编写委员会编
写．—北京：中国建筑工业出版社，2021.4
2021年版全国一级建造师执业资格考试案例分析专项
突破
ISBN 978-7-112-26024-9

Ⅰ. ①市… Ⅱ. ①全… Ⅲ. ①市政工程–工程管理–
资格考试–自学参考资料 Ⅳ. ①TU99

中国版本图书馆CIP数据核字（2021）第057137号

本书根据考试大纲的要求，以历年实务科目实务操作和案例分析真题的考试命题规律及所涉及的重要考点为主线，收录了2012—2020年度全国一级建造师执业资格考试实务操作和案例分析真题，并针对历年实务操作和案例分析真题中的各个难点进行了细致的讲解，从而有效地帮助考生突破固定思维，启发解题思路。

同时以历年真题为基础编排了大量的典型实务操作和案例分析习题，注重关联知识点、题型、方法的再巩固与再提高，着力培养考生对"能力型、开放型、应用型和综合型"试题的解答能力，使考生在面对实务操作和案例分析考题时做到融会贯通、触类旁通，顺利通过考试。

本书可供参加全国一级建造师执业资格考试的考生作为复习指导书，也可供工程施工管理人员参考。

责任编辑：余　帆　牛　松　张国友
责任校对：张惠雯

2021 年版全国一级建造师执业资格考试案例分析专项突破
市政公用工程管理与实务案例分析专项突破
全国一级建造师执业资格考试案例分析专项突破编写委员会　编写
*
中国建筑工业出版社出版、发行（北京海淀三里河路9号）
各地新华书店、建筑书店经销
北京建筑工业印刷厂制版
廊坊市海涛印刷有限公司印刷
*
开本：787毫米×1092毫米　1/16　印张：17　字数：409千字
2021年5月第一版　　2021年5月第一次印刷
定价：46.00元
ISBN 978-7-112-26024-9
（37219）

前　言

为了帮助广大考生在短时间内掌握考试中的重点和难点，迅速提高应试能力和答题技巧，更好地适应考试，我们组织了一批优秀的一级建造师考试领域的权威专家，根据考试大纲要求，以历年考试命题规律及所涉及的重要考点为主线，精心编写了这套《2021年版全国一级建造师执业资格考试案例分析专项突破》丛书。

本套丛书共分5册，涵盖了一级建造师执业资格考试的5个专业科目，分别是：《建筑工程管理与实务案例分析专项突破》《机电工程管理与实务案例分析专项突破》《市政公用工程管理与实务案例分析专项突破》《公路工程管理与实务案例分析专项突破》《水利水电工程管理与实务案例分析专项突破》。

本套丛书具有以下特点：

要点突出——本套丛书对每一章的要点进行归纳总结，帮助考生快速抓住重点，节约学习时间，更加有效地形成基础知识的提高与升华。

布局清晰——每套丛书分别从进度、质量、安全、成本、合同、现场等方面，将历年真题进行合理划分，并配以典型习题。有助于考生抓住考核重点，各个击破。

真题全面——本套丛书收录了2012—2020年度全国一级建造师执业资格考试实务操作和案例分析真题，便于考生掌握考试的命题规律和趋势，做到运筹帷幄。

一击即破——针对历年真题中的各个难点，进行细致的讲解，从而有效的帮助考生突破固态思维，茅塞顿开。

触类旁通——以历年真题为基础编排的典型习题，着力加强"能力型、开放型、应用型和综合型"试题的开发与研究，注重关联知识点、题型、方法的再巩固与再提高，加强考生对知识点的进一步巩固，做到融会贯通、触类旁通。

为了配合考生的备考复习，我们配备了专家答疑团队，开通了答疑QQ群984295660、933201669（加群密码：助考服务），以便及时解答考生所提的问题。

由于本书编写时间仓促，书中难免存在疏漏之处，望广大读者不吝赐教。

目 录

全国一级建造师执业资格考试答题方法及评分说明

全国一级建造师执业资格考试设《建设工程经济》《建设工程项目管理》《建设工程法规及相关知识》三个公共必考科目和《专业工程管理与实务》十个专业选考科目（专业科目包括建筑工程、公路工程、铁路工程、民航机场工程、港口与航道工程、水利水电工程、矿业工程、机电工程、市政公用工程和通信与广电工程）。

《建设工程经济》《建设工程项目管理》《建设工程法规及相关知识》三个科目的考试试题为客观题。《专业工程管理与实务》科目的考试试题包括客观题和主观题。

一、客观题答题方法及评分说明

1. 客观题答题方法

客观题题型包括单项选择题和多项选择题。对于单项选择题来说，备选项有4个，选对得分，选错不得分也不扣分，建议考生宁可错选，不可不选。对于多项选择题来说，备选项有5个，在没有把握的情况下，建议考生宁可少选，不可多选。

在答题时，可采取下列方法：

（1）直接法。这是解常规的客观题所采用的方法，就是考生选择认为一定正确的选项。

（2）排除法。如果正确选项不能直接选出，应首先排除明显不全面、不完整或不正确的选项，正确的选项几乎是直接来自于考试教材或者法律法规，其余的干扰选项要靠命题者自己去设计，考生要尽可能多排除一些干扰选项，这样就可以提高选择出正确答案的概率。

（3）比较法。直接把各备选项加以比较，并分析它们之间的不同点，集中考虑正确答案和错误答案关键所在。仔细考虑各个备选项之间的关系。不要盲目选择那些看起来、读起来很有吸引力的错误选项，要去误求正、去伪存真。

（4）推测法。利用上下文推测词义。有些试题要从句子中的结构及语法知识推测入手，配合考生平时积累的常识来判断其义，推测出逻辑的条件和结论，以期将正确的选项准确地选出。

2. 客观题评分说明

客观题部分采用机读评卷，必须使用2B铅笔在答题卡上作答，考生在答题时要严格按照要求，在有效区域内作答，超出区域作答无效。每个单项选择题只有1个备选项最符合题意，就是4选1。每个多项选择题有2个或2个以上备选项符合题意，至少有1个错项，就是5选2~4，并且错选本题不得分，少选，所选的每个选项得0.5分。考生在涂卡时应注意答题卡上的选项是横排还是竖排，不要涂错位置。涂卡应清晰、厚实、完整，保持答题卡干净整洁，涂卡时应完整覆盖且不超出涂卡区域。修改答案时要先用橡皮擦将原涂卡处擦干净，再涂新答案，避免在机读评卷时产生干扰。

二、主观题答题方法及评分说明

1. 主观题答题方法

主观题题型是实务操作和案例分析题。实务操作和案例分析题是通过背景资料阐述一个项目在实施过程中所开展的相应工作，根据这些具体的工作提出若干小问题。

实务操作和案例分析题的提问方式及作答方法如下：

（1）补充内容型。一般应按照教材将背景资料中未给出的内容都回答出来。

（2）判断改错型。首先应在背景资料中找出问题并判断是否正确，然后结合教材、相关规范进行改正。需要注意的是，考生在答题时，有时不能按照工作中的实际做法来回答问题，因为根据实际做法作为答题依据得出的答案和标准答案之间存在很大差距，即使答了很多，得分也很低。

（3）判断分析型。这类型题不仅要求考生答出分析的结果，还需要通过分析背景资料来找出问题的突破口。需要注意的是，考生在答题时要针对问题作答。

（4）图表表达型。结合工程图及相关资料表回答图中构造名称、资料表中缺项内容。需要注意的是，关键词表述要准确，避免画蛇添足。

（5）分析计算型。充分利用相关公式、图表和考点的内容，计算题目要求的数据或结果。最好能写出关键的计算步骤，并注意计算结果是否有保留小数点的要求。

（6）简单论答型。这类型题主要考查考生记忆能力，一般情节简单、内容覆盖面较小。考生在回答这类型题时要直截了当，有什么答什么，不必展开论述。

（7）综合分析型。这类型题比较复杂，内容往往涉及不同的知识点，要求回答的问题较多，难度很大，也是考生容易失分的地方。要求考生具有一定的理论水平和实际经验，对教材知识点要熟练掌握。

2. 主观题评分说明

主观题部分评分是采取网上评分的方法进行，为了防止出现评卷人的评分宽严度差异对不同考生产生的影响，每个评卷人员只评一道题的分数。每份试卷的每道题均由2位评卷人员分别独立评分，如果2人的评分结果相同或很相近（这种情况比例很大）就按2人的平均分为准。如果2人的评分差异较大超过4~5分（出现这种情况的概率很小），就由评分专家再独立评分一次，然后用专家所评的分数和与专家评分接近的那个分数的平均分数为准。

主观题部分评分标准一般以准确性、完整性、分析步骤、计算过程、关键问题的判别方法、概念原理的运用等为判别核心。标准一般按要点给分，只要答出要点基本含义一般就会给分，不恰当的错误语句和文字一般不扣分，要点分值最小一般为0.5分。

主观题部分作答时必须使用黑色墨水笔书写作答，不得使用其他颜色的钢笔、铅笔、签字笔和圆珠笔。作答时字迹要工整、版面要清晰。因此书写不能离密封线太近，密封后评卷人不容易看到；书写的字不能太粗、太密、太乱，最好买支极细笔，字体稍微书写大点、工整点，这样看起来工整、清晰，评卷人也愿意多给分。当本页不够答题要占用其他页时，在下面注明：转第×页；因为每个评卷人仅改一题，若转到另一页评卷人可能就看不到了。

主观题部分作答应避免答非所问，因此考生在考试时要答对得分点，答出一个得分点就给分，说的不完全一致，也会给分，多答不会给分的，只会按点给分。不明确用到什么规范的情况就用"强制性条文"或者"有关法规"代替，在回答问题时，只要有可能，就在答题的内容前加上这样一句话：根据有关法规或根据强制性条文，通常这些是得分点之一。

主观题部分作答应言简意赅，并多使用背景资料中给出的专业术语。考生在考试时应相信第一感觉，往往很多考生在涂改答案过程中，"把原来对的改成错的"这种情形有很多。在确定完全答对时，就不要展开论述，也不要写多余的话，能用尽量少的文字表达出正确的意思就好，这样评卷人看得舒服，考生自己也能省时间。如果答题时发现错误，不得使用涂改液等修改，应用笔画个框圈起来，打个"×"即可，然后再找一块干净的地方重新书写。

本科目常考的标准、规范

1.《城镇道路工程施工与质量验收规范》CJJ 1—2008
2.《城市桥梁工程施工与质量验收规范》CJJ 2—2008
3.《城镇燃气输配工程施工及验收规范》CJJ 33—2005
4.《城镇供热管网工程施工及验收规范》CJJ 28—2014
5.《公路沥青路面施工技术规范》JTG F40—2004
6.《建设工程工程量清单计价规范》GB 50500—2013
7.《地铁设计规范》GB 50157—2013
8.《建筑与市政工程地下水控制技术规程》JGJ 111—2016
9.《建筑基坑支护技术规程》JGJ 120—2012
10.《钢管满堂支架预压技术规程》JGJ/T 194—2009

第一章　市政公用工程技术

2011—2020年度实务操作和案例分析题考点分布

考点 ＼ 年份	2011年	2012年	2013年	2014年	2015年	2016年	2017年	2018年	2019年	2020年
城镇道路大修维护技术要点							●		●	
沥青混合料面层施工技术			●						●	●
城镇道路路基施工技术									●	
现浇预应力混凝土连续梁施工技术									●	
桥梁的类型								●	●	
桥梁的钢梁安装								●		
桥梁施工缝								●		
桥梁工程混凝土施工								●		
深基坑边（放）坡							●			
深基坑围护结构					●			●	●	●
深基坑支撑结构体系				●					●	
明挖基坑周围堆放物品的规定								●		
明挖基坑的地下水控制					●					
明挖基坑降水方法选择			●	●						●
现浇混凝土水池施工技术要点	●	●	●				●	●		●
构筑物满水试验的规定		●			●					●
沉井施工技术									●	
桩基础施工的设备选择	●									
支架法现浇预应力混凝土连续梁的相关知识	●									
预应力张拉施工						●	●			
不开槽管道施工方法与设备选择				●					●	
给水排水管道的功能性试验				●						
浅埋暗挖施工方法的种类			●							
喷锚支护施工技术			●							
钻孔灌注桩基础施工方法							●			
燃气管道施工与安装基本规定						●				
燃气管道的功能性试验					●					

考点 \ 年份	2011年	2012年	2013年	2014年	2015年	2016年	2017年	2018年	2019年	2020年
HDPE渗沥液收集花管连接				●						
渗沥液收集导排系统施工过程				●						
供热管道安装施工要求	●									
围堰施工要求						●			●	
钻孔灌注桩基础										●
水池施工中的抗浮措施								●		
水平定向钻的施工工艺流程								●		
城镇燃气管道的分类								●		

【专家指导】

本考点在历年考试中所占分值比重较大，考核内容主要集中在：城镇道路面层施工、明挖基坑施工、给水排水厂站工程施工、城市给水排水管道工程施工等。

要点归纳

1. 路基施工特点【重要考点】

（1）城市道路路基工程施工处于露天作业，受自然条件影响大；在工程施工区域内的专业类型多、结构物多、各专业管线纵横交错；专业之间及社会之间配合工作多、干扰多，导致施工变化多。尤其是旧路改造工程，交通压力极大，地下管线复杂，行车、行人安全及树木、构筑物等保护要求高。

（2）路基施工以机械作业为主，人工配合为辅；人工配合土方作业时，必须设专人指挥；采用流水或分段平行作业方式。

2. 城镇道路基层施工技术（见表1-1）【重要考点】

城镇道路基层施工技术　　　　　　表1-1

基层类型	拌合	气温要求	压实	养护
石灰稳定土基层与水泥稳定土基层	（1）应根据原材料含水量变化、集料的颗粒组成变化、施工温度的变化、运输距离及时调整拌合用水量。 （2）宜用强制式拌合机进行拌合，拌合应均匀	宜在春末和气温较高季节施工，施工最低气温为5℃	（1）摊铺好的稳定土类混合料应当天碾压成型，碾压时的含水量宜在最佳含水量的±2%范围内。 （2）直线和不设超高的平曲线段，应由两侧向中心碾压；设超高的平曲线段，应由内侧向外侧碾压；纵、横接缝（槎）均应设直槎	（1）压实成型后应立即洒水（或覆盖）养护，保持湿润，直至上部结构施工为止。 （2）稳定土养护期应封闭交通

基层类型	拌合	气温要求	压实	养护
级配碎石基层与级配砾石基层	拌合方式：厂拌方式和强制式拌合机拌合	—	（1）碾压前和碾压中应先适量洒水。 （2）控制碾压速度，碾压至轮迹不大于5mm，表面平整、坚实	（1）可采用沥青乳液和沥青下封层进行养护，养护期为7～14d。 （2）未铺装面层前不得开放交通

3. 路面裂缝防治【重要考点】

用于裂缝防治的玻纤网和土工织物应分别满足抗拉强度、最大负荷延伸率、网孔尺寸、单位面积质量等技术要求。玻纤网网孔尺寸宜为其上铺筑的沥青面层材料最大粒径的0.5～1.0倍。土工织物应能耐170℃以上的高温。

4. 透层、粘层、封层【重要考点】

（1）沥青混合料面层摊铺前应在基层表面喷洒透层油，在透层油完全渗入基层后方可铺筑。根据基层类型选择渗透性好的液体沥青、乳化沥青作透层油。

（2）为加强路面沥青层之间，沥青层与水泥混凝土路面之间的粘结而洒布的沥青材料薄层。粘层油宜采用快裂或中裂乳化沥青、改性乳化沥青，也可采用快凝或中凝液体石油沥青作粘层油。粘层油宜在摊铺面层当天洒布。

（3）封层油宜采用改性沥青或改性乳化沥青，封层集料应质地坚硬、耐磨、洁净且粒径与级配应符合要求。

（4）透层油、粘层油宜采用沥青洒布车或手动沥青洒布机喷洒，喷洒应呈雾状、洒布均匀，用量与渗透深度宜按设计及规范要求并通过试洒确定。封层宜采用层铺法表面处治或稀浆封层法施工。

5. 沥青混合料面层摊铺机械施工技术【重要考点】

（1）热拌沥青混合料应采用沥青摊铺机摊铺。

（2）城市快速路、主干路宜采用两台以上摊铺机联合摊铺，其表面层宜采用多机全幅摊铺，以减少施工接缝。每台摊铺机的摊铺宽度宜小于6m，通常采用2台或多台摊铺机前后错开10～20m呈梯队方式同步摊铺，两幅之间应有30～60mm宽度的搭接，并应避开车道轮迹带，上下层搭接位置宜错开200mm以上。

（3）摊铺机开工前应提前0.5～1h预热熨平板使其不低于100℃。

（4）摊铺机必须缓慢、均匀、连续不间断地摊铺。摊铺速度宜控制在2～6m/min的范围内。

（5）摊铺机应采用自动找平方式。

（6）最低摊铺温度根据铺筑层厚度、气温、风速及下卧层表面温度等，按规范要求执行。

（7）为减少摊铺中沥青混合料的离析，布料器两侧应保持有不少于布料器2/3高度的混合料。

6. 沥青混合料面层接缝施工技术【重要考点】

（1）路面接缝必须紧密、平顺。上、下层的纵缝应错开150mm（热接缝）或300～

400mm（冷接缝）以上。相邻两幅及上、下层的横向接缝均应错位1m以上。

（2）半幅施工采用冷接缝时，宜加设挡板或将先铺的沥青混合料刨出毛槎，涂刷粘层油后再铺新料，新料跨缝摊铺与已铺层重叠50～100mm，软化下层后铲走重叠部分，再跨缝压密挤紧。

（3）高等级道路的表面层横向接缝应采用垂直的平接缝，以下各层和其他等级的道路的各层可采用斜接缝。

7. 改性沥青混合料的压实与成型

（1）初压开始温度不低于150℃，碾压终了的表面温度应不低于90～120℃。

（2）摊铺后应紧跟碾压，保持较短的初压区段，使混合料碾压温度不致降得过低。

（3）宜采用振动压路机或钢筒式压路机碾压，不应采用轮胎压路机碾压。

（4）振动压实应遵循"紧跟、慢压、高频、低幅"的原则，即紧跟在摊铺机后面，采取高频率、低振幅的方式慢速碾压。

（5）碾压改性沥青SMA混合料过程中应密切注意压实度变化，防止过度碾压。

8. 旧路加铺沥青混合料面层施工要求要点【重要考点】

（1）符合设计强度、基本无损坏的旧沥青路面经整平后可作基层使用。

（2）旧沥青路面有明显的损坏，但强度能达到设计要求的，应对损坏部分进行处理。

（3）填补旧沥青路面，凹坑应按高程控制、分层摊铺，每层最大厚度不宜超过100mm。

9. 加铺沥青面层基底处理要求（见表1-2）【重要考点】

加铺沥青面层基底处理要求 表1-2

处理方法分类	具体做法	特点及适用
开挖式基底处理	对于原水泥混凝土路面局部断裂或碎裂部位，将破坏部位凿除，换填基底并压实后，重新浇筑混凝土	工艺简单，修复也比较彻底，但对交通影响较大，适合交通不繁忙的路段
非开挖式基底处理	对于脱空部位的空洞，采用从地面钻孔注浆的方法进行基底处理，灌注压力宜为1.5～2.0MPa	是城镇道路大修工程中使用比较广泛和成功的方法

10. 桥梁的基本组成（见表1-3）【重要考点】

桥梁的基本组成 表1-3

基本组成		设置位置或作用
上部结构	桥跨结构	使线路跨越障碍
下部结构	桥墩	在河中或岸上支承桥跨结构
	桥台	设在桥的两端：一边与路堤相接，以防止路堤滑塌；另一边则支承桥跨结构的端部
	墩台基础	保证桥梁墩台安全并将荷载传至地基
支座系统		（1）设在桥跨结构与桥墩或桥台的支承处。 （2）能传递很大的荷载并保证桥跨结构能产生一定的变位

基本组成		设置位置或作用
附属设施	排水防水系统	能迅速排除桥面积水,并使渗水的可能性降至最低
	栏杆	既能保证安全,又利于观赏
	伸缩缝	(1)位于桥跨上部结构之间或桥跨上部结构与桥台端墙之间。 (2)能保证结构在各种因素作用下的变位

11. 桥梁的主要类型【重要考点】

(1)按受力特点分类(见表1-4)

桥梁按受力特点分类 表1-4

项 目	内 容
梁式桥	是一种在竖向荷载作用下无水平反力结构的桥
拱式桥	承重结构以受压为主,通常用抗压能力强的圬工材料和钢筋混凝土等来建造
刚架桥	主要承重结构是梁或板和立柱或竖墙整体结合在一起的刚架结构
悬索桥	以悬索为主要承重结构,结构自重较轻,构造简单,受力明确,能以较小的建筑高度经济合理地修建大跨度桥
组合体系桥	由几个不同体系的结构组合而成,最常见的为连续刚构,梁、拱组合等

(2)按多孔跨径总长或单孔跨径分类(见表1-5)【重要考点】

桥梁按多孔跨径总长或单孔跨径分类 表1-5

桥梁分类	多孔跨径总长 L(m)	单孔跨径 L_0(m)
特大桥	$L > 1000$	$L_0 > 150$
大桥	$1000 \geqslant L \geqslant 100$	$150 \geqslant L_0 \geqslant 40$
中桥	$100 > L > 30$	$40 > L_0 \geqslant 20$
小桥	$30 \geqslant L \geqslant 8$	$20 > L_0 \geqslant 5$

12. 模板、支架和拱架的制作与安装【重要考点】

(1)支架立柱必须落在有足够承载力的地基上,立柱底端必须放置垫板或混凝土垫块。支架地基严禁被水浸泡,冬期施工必须采取防止冻胀的措施。

(2)支架通行孔的两边应加护桩、限高架及安全警示标志,夜间应设警示灯。施工中易受漂流物冲撞的河中支架应设牢固的防护设施。

(3)支架、拱架安装完毕,经检验合格后方可安装模板;安装模板应与钢筋工序配合进行,妨碍绑扎钢筋的模板,应待钢筋工序结束后再安装;安装墩、台模板时,其底部应与基础预埋件连接牢固,上部应采用拉杆固定;模板在安装过程中,必须设置防倾覆设施。

(4)当采用充气胶囊作空心构件芯模时,其安装应符合下列规定:

1）胶囊在使用前应经检查确认无漏气。

2）从浇筑混凝土到胶囊放气止，应保持气压稳定。

3）使用胶囊内模时，应采用定位箍筋与模板连接固定，防止上浮和偏移。

4）胶囊放气时间应经试验确定，以混凝土强度达到能保持构件不变形为度。

（5）浇筑混凝土和砌筑前，应对模板、支架和拱架进行检查和验收，合格后方可施工。

13. 混凝土施工（见表1-6）【重要考点】

混凝土施工　　　　　　　　　表1-6

项目	内　　容
运输	（1）混凝土的运输能力应满足混凝土凝结速度和浇筑速度的要求，使浇筑工作不间断。 （2）混凝土拌合物在运输过程中，应保持均匀性，不产生分层、离析等现象，如出现分层、离析现象，则应对混凝土拌合物进行二次快速搅拌。 （3）混凝土拌合物运输到浇筑地点后，应按规定检测其坍落度。 （4）预拌混凝土在卸料前需要增加外加剂时，应在外加剂掺入后采用快挡旋转搅拌罐进行搅拌；外加剂掺量和搅拌时间应有经试验确定的预案。 （5）严禁在运输过程中向混凝土拌合物中加水。 （6）预拌混凝土从搅拌机卸入搅拌运输车至卸料时的运输时间不宜大于90min，如需延长运送时间，则应采取相应的有效技术措施，并应通过试验验证。
浇筑	（1）混凝土一次浇筑量要适应各施工环节的实际能力。 （2）混凝土运输、浇筑及间歇的全部时间不应超过混凝土的初凝时间。同一施工段的混凝土应连续浇筑，并应在底层混凝土初凝之前将上一层混凝土浇筑完毕。 （3）采用泵送混凝土时，应保证混凝土泵连续工作，受料斗应有足够的混凝土。泵送间歇时间不宜超过15min。 （4）采用振捣器振捣混凝土时，每一振点的振捣延续时间，应以使混凝土表面呈现浮浆、不出现气泡和不再沉落为准。 （5）混凝土浇筑过程中散落的混凝土严禁用于混凝土结构构件的浇筑
养护	（1）一般混凝土浇筑完成后，应在收浆后尽快予以覆盖和洒水养护。 （2）洒水养护的时间：采用硅酸盐水泥、普通硅酸盐水泥或矿渣硅酸盐水泥的混凝土，不应少于7d。掺用缓凝型外加剂或有抗渗等要求以及高强度混凝土，不应少于14d。 （3）使用真空吸水的混凝土，可在保证强度条件下适当缩短养护时间

14. 后张法预应力施工【重要考点】

（1）预应力管道应留压浆孔与溢浆孔；曲线孔道的波峰部位应留排气孔；在最低部位宜留排水孔。

（2）先浇混凝土后穿束时，浇筑后应立即疏通管道，确保其畅通。

（3）混凝土采用蒸汽养护时，养护期内不得装入预应力筋。

（4）预应力筋的张拉顺序应符合设计要求；当设计无要求时，可采取分批、分阶段对称张拉（宜先中间，后上、下或两侧）。

15. 围堰施工的一般规定【重要考点】

（1）围堰高度应高出施工期间可能出现的最高水位（包括浪高）0.5～0.7m。

（2）围堰应减少对现状河道通航、导流的影响。

（3）堰内平面尺寸应满足基础施工的需要。

（4）围堰应防水严密，不得渗漏。

（5）围堰应便于施工、维护及拆除。

16. 各类围堰的施工要求（见表1-7）【重要考点】

各类围堰的施工要求　　　　表1-7

围堰类型	施工要求
土围堰	（1）筑堰材料宜用黏性土、粉质黏土或砂质黏土。填土应自上游开始至下游合龙。 （2）筑堰前，必须将筑堰部位河床上的杂物、石块及树根等清除干净。 （3）堰顶宽度可为1～2m，机械挖基时不宜小于3m；堰外边坡迎水一侧坡度宜为1:2～1:3，背水一侧可在1:2之内。堰内边坡宜为1:1～1:1.5；内坡脚与基坑边的距离不得小于1m
土袋围堰	堆码土袋，应自上游开始至下游合龙。上下层和内外层的土袋均应相互错缝，尽量堆码密实、平稳
钢筋混凝土板桩围堰	（1）板桩桩尖角度视土质坚硬程度而定，沉入砂砾层的板桩桩头，应增设加劲钢筋或钢板。 （2）钢筋混凝土板桩的制作，应用刚度较大的模板，榫口接缝应顺直、密合
套箱围堰	（1）无底套箱用木板、钢板或钢丝网水泥制作，内设木、钢支撑。套箱可制成整体式或装配式。 （2）制作中应防止套箱接缝漏水。 （3）当岩面有坡度时，套箱底的倾斜度应与岩面相同，以增加稳定性并减少渗漏
双壁钢围堰	（1）双壁钢围堰分节分块的大小应按工地吊装、移运能力确定。 （2）双壁钢围堰各节、块拼焊时，应按预先安排的顺序对称进行。拼焊后应进行焊接质量检验及水密性试验。 （3）钢围堰浮运定位时，应对浮运、就位和灌水着床时的稳定性进行验算

17. 钻孔灌注桩基础泥浆护壁成孔（见表1-8）【高频考点】

钻孔灌注桩基础泥浆护壁成孔　　　　表1-8

项　目	内　容
泥浆制备与护筒埋设	（1）泥浆制备宜选用高塑性黏土或膨润土。 （2）护筒顶面宜高出施工水位或地下水位2m，并宜高出施工地面0.3m。 （3）灌注混凝土前，清孔后的泥浆相对密度应小于1.10；含砂率不得大于2%；黏度不得大于20Pa·s。 （4）现场应设置泥浆池和泥浆收集设施，泥浆宜进行循环处理后重复使用，减小排放量，对重要工程的钻孔桩施工，宜采用除沙分离器进行泥浆的循环。 （5）施工完成后废弃的泥浆应采取先集中沉淀再处理的措施，严禁随意排放，污染环境
正、反循环钻孔	（1）泥浆护壁成孔时根据泥浆补给情况控制钻进速度；保持钻机稳定。 （2）钻进过程中如发生斜孔、塌孔和护筒周围冒浆、失稳等现象时，应先停钻，待采取相应措施后再进行钻进。 （3）钻孔达到设计深度，灌注混凝土之前，孔底沉渣厚度应符合设计要求。设计未要求时，端承型桩的沉渣厚度不应大于100mm；摩擦型桩的沉渣厚度不应大于300mm
冲击钻成孔	（1）冲击钻开孔时，应低锤密击，反复冲击造壁，保持孔内泥浆面稳定。 （2）应采取有效的技术措施防止扰动孔壁、塌孔、扩孔、卡钻及掉钻及泥浆流失等事故。 （3）每钻进4～5m应验孔一次，在更换钻头前或容易缩孔处，均应验孔并应做记录。 （4）排渣过程中应及时补给泥浆。 （5）冲击中遇到斜孔、梅花孔、塌孔等情况时，应采取措施后方可继续施工。 （6）稳定性差的孔壁应采用泥浆循环或抽渣筒排渣，清孔后灌注混凝土之前的泥浆指标符合要求

18. 悬臂浇筑法现浇预应力混凝土连续梁施工技术【高频考点】

（1）预应力混凝土连续梁悬臂浇筑施工中，顶板、腹板纵向预应力筋的张拉顺序一般为上下、左右对称张拉，设计有要求时按设计要求施做。

（2）预应力混凝土连续梁合龙顺序一般是先边跨、后次跨、最后中跨。

（3）连续梁（T构）的合龙、体系转换和支座反力调整应符合下列规定：

1）合龙段的长度宜为2m。

2）合龙前应观测气温变化与梁端高程及悬臂端间距的关系。

3）合龙前应按设计规定，将两悬臂端合龙口予以临时连接，并将合龙跨一侧墩的临时锚固放松或改成活动支座。

4）合龙前，在两端悬臂预加压重，并于浇筑混凝土过程中逐步撤除，以使悬臂端挠度保持稳定。

5）合龙宜在一天中气温最低时进行。

6）合龙段的混凝土强度宜提高一级，以尽早施加预应力。

7）连续梁的梁跨体系转换，应在合龙段及全部纵向连续预应力筋张拉、压浆完成，并解除各墩临时固结后进行。

8）梁跨体系转换时，支座反力的调整应以高程控制为主，反力作为校核。

19. 明挖法施工（见表1-9）【高频考点】

明挖法施工 表1-9

项 目		内 容
适用范围		地面建筑物少、拆迁少、地表干扰小的地区修建浅埋地下工程
分类	放坡明挖	主要适用于埋深较浅、地下水位较低的城郊地段
	不放坡明挖	是在围护结构内开挖，主要适用于场地狭窄及地下水丰富的软弱围岩地区【注：围护结构形式主要有地下连续墙、人工挖孔桩、钻孔灌注桩、钻孔咬合桩、SMW工法桩、工字钢桩和钢板桩等】
优点		施工作业面多、速度快、工期短、易保证工程质量、工程造价低
缺点		对周围环境影响较大
基坑内支撑结构形式		常见的基坑内支撑结构形式有：现浇混凝土支撑、钢管支撑和H形钢支撑等。 根据支撑方向的不同，可将支撑分为对撑、角撑和斜撑等，在特殊情况下，也有设置成环形梁的
施工工序		围护结构施工→降水（或基坑底土体加固）→第一层开挖→设置第一层支撑→第 n 层开挖→设置第 n 层支撑→最底层开挖→底板混凝土浇筑→自下而上逐步拆支撑（局部支撑可能保留在结构完成后拆除）→随支撑拆除逐步完成结构侧墙和中板→顶板混凝土浇筑
施工要点		土方应分层、分段、分块开挖，开挖后要及时施加支撑。 支撑施加预应力时应考虑操作时的应力损失，故施加的预应力值应比设计轴力增加10%并对预应力值做好记录。 在支撑预支力加设前后的各12h内应加密监测频率，发现预应力损失或围护结构变形速率无明显收敛时应复加预应力至设计值

20. 井点降水【重要考点】

（1）当基坑开挖较深，基坑涌水量大，且有围护结构时，应选择井点降水方法。

（2）轻型井点布置应根据基坑平面形状与大小、地质和水文情况、工程性质、降水深度等确定。

（3）真空井点和喷射井点可选用清水或泥浆钻进、高压水套管冲击工艺，对不易塌孔、缩颈地层也可选用长螺旋钻机成孔；喷射井点深度应比设计开挖深度大3.0～5.0m。

（4）管井的滤管可采用无砂混凝土滤管、钢筋笼、钢管或铸铁管。滤管内径应按满足单井设计流量要求而配置的水泵规格确定，管井成孔直径应满足填充滤料的要求；滤管与孔壁之间填充的滤料宜选用磨圆度好的硬质岩石成分的圆砾，不宜采用棱角形石渣料、风化料或其他黏质岩石成分的砾石。井管底部应设置沉砂段。

21. 深基坑围护结构类型及特点（见表1-10）【高频考点】

深基坑围护结构类型及特点　　　　　　　　　　　表1-10

项　目		内　容
排桩	预制混凝土板桩	施工较为困难，对机械要求高；挤土现象很严重
	钢板桩	强度高；桩与桩之间的连接紧密，隔水效果好；施工灵活；板桩可重复使用
	钢管桩	截面刚度大于钢板桩，在软弱土层中开挖深度大；需有防水措施相配合
	灌注桩	刚度大，可用在深大基坑；施工对周边地层、环境影响小；需降水或与止水措施配合使用
	SMW工法桩	强度大，止水性好；内插的型钢可拔出反复使用；用于软土地层时，一般变形较大
重力式水泥土挡墙／水泥土搅拌桩挡墙		（1）无支撑，墙体止水性好，造价低。 （2）墙体变位大
地下连续墙		（1）刚度大，开挖深度大，可适用于所有地层。 （2）强度大，变位小，隔水性好，同时可兼作主体结构的一部分。 （3）可邻近建筑物、构筑物使用，环境影响小。 （4）造价高

22. 构筑物满水试验前必备条件【重要考点】

（1）池体的混凝土或砖、石砌体的砂浆已达到设计强度要求；池内清理洁净，池内外缺陷修补完毕。

（2）现浇钢筋混凝土池体的防水层、防腐层施工之前；装配式预应力混凝土池体施加预应力且锚固端封锚以后，保护层喷涂之前；砖砌池体防水层施工以后，石砌池体勾缝以后进行。

（3）设计预留孔洞、预埋管口及进出水口等已做临时封堵，且经验算能安全承受试验压力。

（4）池体抗浮稳定性满足设计要求。

（5）试验用的充水、充气和排水系统已准备就绪，经检查充水、充气及排水闸门不得渗漏。

（6）各项保证试验安全的措施已满足要求；满足设计的其他特殊要求。

23. 构筑物满水试验要求与标准（见表1-11）【高频考点】

项　　目		内　　容
试验要求	池内注水	（1）向池内注水宜分 3 次进行，每次注水为设计水深的 1/3。对大、中型池体，可先注水至池壁底部施工缝以上，检查底板抗渗质量，当无明显渗漏时，再继续注水至第一次注水深度。 （2）注水时水位上升速度不宜超过 2m/d。相邻两次注水的间隔时间不应小于 24h。 （3）每次注水宜测读 24h 的水位下降值，计算渗水量，在注水过程中和注水以后，应对池体作外观检查。 （4）当设计有特殊要求时，应按设计要求执行
	水位观测	（1）利用水位标尺测针观测、记录注水时的水位值。 （2）注水至设计水深进行水量测定时，应采用水位测针测定水位。水位测针的读数精确度应达 1/10mm。 （3）注水至设计水深 24h 后，开始测读水位测针的初读数。 （4）测读水位的初读数与末读数之间的间隔时间应不少于 24h。 （5）测定时间必须连续
	蒸发量测定	（1）池体有盖时可不测，蒸发量忽略不计。 （2）池体无盖时，须做蒸发量测定。 （3）每次测定水池中水位时，同时测定水箱中蒸发量水位
试验标准		（1）水池渗水量计算，按池壁（不含内隔墙）和池底的浸湿面积计算。 （2）渗水量合格标准。钢筋混凝土结构水池不得超过 2L/（m² · d）；砌体结构水池不得超过 3L/（m² · d）

24. 辅助下沉法 【重要考点】

（1）沉井外壁采用阶梯形以减少下沉摩擦阻力时，在井外壁与土体之间应有专人随时用黄砂均匀灌入，四周灌入黄砂的高差不应超过 500mm。

（2）采用触变泥浆套助沉时，应采用自流渗入、管路强制压注补给等方法。

（3）采用空气幕助沉时，管路和喷气孔、压气设备及系统装置的设置应满足施工要求。

（4）沉井采用爆破方法开挖下沉时，应符合国家有关爆破安全的规定。

25. 水池施工中的抗浮措施（见表 1-12）【高频考点】

水池施工中的抗浮措施　　　　　　　　　　　　　　　表 1-12

类型	抗　浮　措　施
构筑物有抗浮结构设计时	（1）当地下水位高于基坑底面时，水池基坑施工前必须采取人工降水措施，将水位降至基底以下不少于 500mm 处，以防止施工过程中构筑物浮动，保证工程施工顺利进行。 （2）在水池底板混凝土浇筑完成并达到规定强度时，应及时施做抗浮结构
构筑物无抗浮结构设计时	（1）选择可靠的降低地下水位方法，严格进行降水施工，对降水所用机具随时做好保养维护，并有备用机具。 （2）基坑受承压水影响时，应进行承压水降压计算，对承压水降压的影响进行评估。 （3）降、排水应输送至抽水影响半径范围以外的河道或排水管道，并防止环境水源进入施工基坑。 （4）在施工过程中不得间断降、排水，并应对降、排水系统进行检查和维护；构筑物未具备抗浮条件时，严禁停止降、排水

类型	抗浮措施
构筑物无抗浮结构设计，雨、汛期施工时	（1）雨期施工时常采用的抗浮措施如下： 1）基坑四周设防汛墙，防止外来水进入基坑；建立防汛组织，强化防汛工作。 2）构筑物下及基坑内四周埋设排水盲管（盲沟）和抽水设备，一旦发生基坑内积水随即排除。 3）备有应急供电和排水设施并保证其可靠性。 （2）引入地下水和地表水等外来水进入构筑物，使构筑物内、外无水位差，以减小其浮力，使构筑物结构免于破坏

26. 城镇燃气管道设计压力分类（见表1-13）【重要考点】

城镇燃气管道设计压力分类（MPa）　　　　　　　　　表1-13

低压	中压		次高压		高压	
	B	A	B	A	B	A
<0.01	≥0.01，≤0.2	>0.2，≤0.4	>0.4，≤0.8	>0.8，≤1.6	>1.6，≤2.5	>2.5，≤4.0

27. 城镇燃气输配工程焊接人员应具备的要求【高频考点】

承担燃气钢质管道、设备焊接的人员，必须具有锅炉压力容器压力管道特种设备操作人员资格证（焊接）焊工合格证书，且在证书的有效期及合格范围内从事焊接工作。间断焊接时间超过6个月，再次上岗前应重新考试；承担其他材质燃气管道安装的人员，必须经过培训，并经考试合格，间断安装时间超过6个月，再次上岗前应重新考试和技术评定。当使用的安装设备发生变化时，应针对该设备操作要求进行专门培训。

历 年 真 题

扫码学习

实务操作和案例分析题一〔2020年真题〕

【背景资料】

某公司承建一座跨河城市桥梁。基础均采用ϕ1500mm钢筋混凝土钻孔灌注桩，设计为端承桩，桩底嵌入中风化岩层2D（D为桩基直径）；桩顶采用盖梁连结；盖梁高度为1200mm，顶面标高为20.000m。河床地层揭示依次为淤泥、淤泥质黏土、黏土、泥岩、强风化岩、中风化岩。

项目部编制的桩基施工方案明确如下内容：

（1）下部结构施工采用水上作业平台施工方案。水上作业平台结构为ϕ600mm钢管桩＋型钢＋人字钢板搭设。水上作业平台如图1-1所示。

（2）根据桩基设计类型及桥位水文、地质等情况，设备选用"2000型"正循环回转钻机施工（另配牙轮钻头等），成桩方式未定。

（3）图1-1中A构件名称和使用的相关规定。

（4）由于设计对孔底沉渣厚度未做具体要求，灌注水下混凝土前，进行二次清孔，当孔底沉渣厚度满足规范要求后，开始灌注水下混凝土。

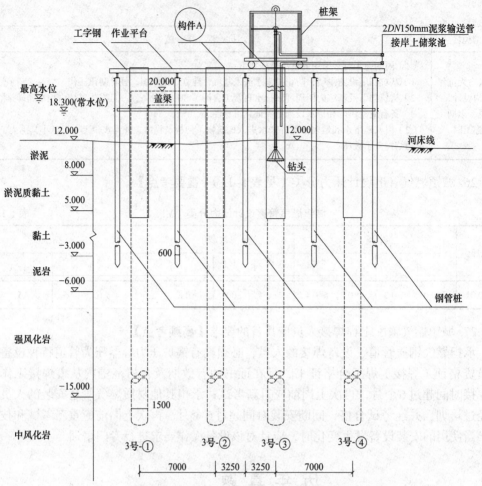

图1-1 3号墩水上作业平台及桩基施工横断面布置示意图

（标高单位：m；尺寸单位：mm）

【问题】

1. 结合背景资料及图1-1，指出水上作业平台应设置哪些安全设施？

2. 施工方案（2）中，指出项目部选择钻机类型的理由及成桩方式。

3. 施工方案（3）中，所指构件A的名称是什么？构件A施工时需使用哪些机械配合？构件A应高出施工水位多少米？

4. 结合背景资料及图1-1，列式计算3号-①桩的桩长。

5. 在施工方案（4）中，指出孔底沉渣厚度的最大允许值。

【解题方略】

1. 本题考查的是水上作业平台应设置的安全设施。水上作业平台应设置警示标志（牌）、护栏、孔口防护措施、救生衣、救生圈等安全设施。

2. 本题考查的是钻机类型的选择。解答本题需要从背景资料入手，考虑本工程所处的地质条件，选择正循环回转钻机较为合适。由于本工程有地下水因此应采用泥浆护壁成孔桩。

3. 本题考查的是护筒。图1-1中构件A是钢护筒。护筒顶面宜高出施工水位或地下水位2m，并宜高出施工地面0.3m。

4. 本题考查识图能力。从图1-1中标注的数值可以计算出：

桩顶标高：20.000-1.2＝18.800m；

桩底标高：-15.000-2×1.5＝-18.000m；

桩长：18.800-（-18.000）＝36.8m。

5. 本题考查的是孔底沉渣厚度。钻孔达到设计深度，灌注混凝土之前，孔底沉渣厚度应符合设计要求。设计未要求时，端承型桩的沉渣厚度不应大于100mm；摩擦型桩的沉渣厚度不应大于300mm。

【参考答案】

1. 水上作业平台应设置的安全设施有警示标志（牌）、周边设置护栏、孔口防护（孔口加盖）措施、救生衣、救生圈。

2. 选择钻机类型的理由：持力层为中风化岩层，正循环回转钻机能满足现场地质钻进要求。

成桩方式：泥浆护壁成孔桩。

3. 施工方案（3）中，构件A的名称是钢护筒；

构件A施工时需使用的机械是：吊车（吊装机械）、振动锤；

构件A应高出施工水位2m。

4. 桩顶标高：20.000-1.2＝18.800m；

桩底标高：-15.000-2×1.5＝-18.000m；

桩长：18.800-（-18.000）＝36.8m。

5. 孔底沉渣厚度的最大允许值为100mm。

实务操作和案例分析题二［2020年真题］

【背景资料】

A公司承建某地下水池工程，为现浇钢筋混凝土结构。混凝土设计强度为C35，抗渗等级为P8。水池结构内设有三道钢筋混凝土隔墙，顶板上设置有通气孔及人孔，水池结构如图1-2、图1-3所示。

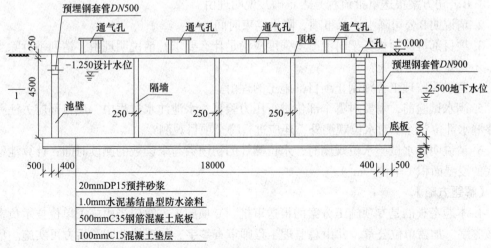

图1-2　水池剖面图（标高单位：m；尺寸单位：mm）

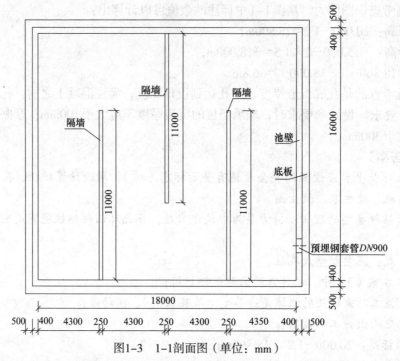

图1-3　1–1剖面图（单位：mm）

A公司项目部将场区内降水工程分包给B公司。结构施工正值雨期，为满足施工开挖及结构抗浮要求，B公司编制了降、排水方案，经项目部技术负责人审批后报送监理单位。

水池顶板混凝土采用支架整体现浇，项目部编制了顶板支架支、拆施工方案，明确了拆除支架时混凝土强度、拆除安全措施，如设置上下爬梯、洞口防护等。

项目部计划在顶板模板拆除后，进行底板防水施工，然后再进行满水试验，被监理工程师制止。

项目部编制了水池满水试验方案，方案中对试验流程、试验前准备工作、注水过程、水位观测、质量、安全等内容进行了详细的描述，经审批后进行了满水试验。

【问题】

1. B公司方案报送审批流程是否正确？说明理由。

2. 请说明B公司降水注意事项、降水结束时间。

3. 项目部拆除顶板支架时混凝土强度应满足什么要求？请说明理由。请列举拆除支架时，还有哪些安全措施？

4. 请说明监理工程师制止项目部施工的理由。

5. 满水试验前，需要对哪个部位进行压力验算？水池注水过程中，项目部应关注哪些易渗漏水部位？除了对水位观测外，还应进行哪个项目观测？

6. 请说明满水试验水位观测时，水位测针的初读数与末读数的测读时间；计算池壁和池底的浸湿面积（单位：m^2）。

【解题方略】

1. 本题考查的是专项施工方案的报送审批。专项施工方案应当由施工单位技术负责人审核签字、加盖单位公章，并由总监理工程师审查签字、加盖执业印章后方可实施。危大工程实行分包并由分包单位编制专项施工方案的，专项施工方案应当由总承包单位技术负责人及分包单位技术负责人共同审核签字并加盖单位公章。

2. 本题考查的是施工过程降水要求。施工过程降、排水应满足下列要求：（1）选择可靠的降低地下水位方法，严格进行降水施工，对降水所用机具随时作好保养维护，并有备用机具。（2）基坑受承压水影响时，应进行承压水降压计算，对承压水降压的影响进行评估。（3）降、排水应输送至抽水影响半径范围以外的河道或排水管道，并防止环境水源进入施工基坑。（4）在施工过程中不得间断降、排水，并应对降、排水系统进行检查和维护；构筑物未具备抗浮条件时，严禁停止降、排水。

3. 本题考查的是顶板支架拆除。

（1）整体现浇混凝土横板拆模时所需混凝土强度见表1-14。

整体现浇混凝土横板拆模时所需混凝土强度　　　　　　　　表1-14

构件类型	构件跨度L（m）	达到设计的混凝土立方体抗压强度标准值的百分率（%）
板	≤2	≥50
	2<L≤8	≥75
	>8	≥100
梁、拱、壳	≤8	≥75
	>8	≥100
悬臂构件	—	≥100

从上表可以看出顶板跨度大于8m，支架拆除时，强度需达到设计强度的100%。

（2）模板支架、脚手架拆除的安全措施包括：①模板支架、脚手架拆除现场应设作业区，其边界设警示标志，并由专人值守，非作业人员严禁入内。②模板支架、脚手架拆除采用机械作业时应由专人指挥。③模板支架、脚手架拆除应按施工方案或专项方案要求由上而下逐层进行，严禁上下同时作业。④严禁敲击、硬拉模板、杆件和配件。⑤严禁抛掷模板、杆件、配件。⑥拆除的模板、杆件、配件应分类码放。

4. 本题考查的是构筑物满水试验前的必备条件。满水试验在现浇钢筋混凝土池体的防水层、防腐层施工之前；装配式预应力混凝土池体施加预应力且锚固端封锚以后，保护层喷涂之前；砖砌池体防水层施工以后，石砌池体勾缝以后进行。

5. 本题考查的是满水试验前的必备条件与准备工作，较为简单。需要注意的是除了教材中的相关规定外，还需要结合背景资料作答。

6. 本题考查的是水池满水试验的水位观测。在进行水位观测时应在注水至设计水深24h后，开始测读水位测针的初读数，且测读水位的初读数与末读数之间的间隔时间应不少于24h。池壁和池底的浸湿面积根据图1-3中的相关数据进行计算即可。

【参考答案】

1. B公司方案报送审批流程不正确。

理由：应由A、B公司的技术负责人审批、加盖单位公章后送审。

2. 考虑到施工中构筑物抗浮要求，B公司降、排水不能间断，构筑物具备抗浮条件时方可停止降水。

3. 顶板混凝土强度应达到设计强度的100%。

理由：顶板跨度大于8m，支架拆除时，强度需达到设计强度的100%。

拆除支架时的安全措施还有：边界设置警示标志；专人值守；拆除人员佩戴安全防护用品；由上而下逐层拆除；严禁抛掷模板、杆件等；分类码放。

4. 监理工程师制止项目部施工的理由：现浇钢筋混凝土水池应在满水试验合格后方能进行防水施工。

5. 满水试验前，需要对预埋钢套管临时封堵部位进行压力验算。

水池注水过程中，项目部应关注预埋钢套管（预留孔）、池壁底部施工缝部位、闸门。

除了对水位观测外，还应进行水池沉降量观测。

6. 初读数：注水至设计水深24h后；末读数：初读数后间隔不少于24h后。

池壁浸湿面积：（18+16）×2×3.5=238m²；

池底浸湿面积：18×16-11×0.25×3=288-8.25=279.75m²。

实务操作和案例分析题三［2019年真题］

【背景资料】

甲公司中标某城镇道路工程，设计道路等级为城市主干路，全长560m。横断面形式为三幅路，机动车道为双向六车道。路面面层结构设计采用沥青混凝土，上面层为厚40mm SMA-13，中面层为厚60mm AC-20，下面层为厚80mm AC-25。

施工过程中发生如下事件：

事件1：甲公司将路面工程施工项目分包给具有相应施工资质的乙公司施工。建设单位发现后立即制止了甲公司的行为。

事件2：路基范围内有一处干涸池塘，甲公司将原始地貌杂草清理后，在挖方段取土一次性将池塘填平并碾压成型，监理工程师发现后责令甲公司返工处理。

事件3：甲公司编制的沥青混凝土施工方案包括以下要点：

（1）上面层摊铺分左、右幅施工，每幅摊铺采用一次成型的施工方案，两台摊铺机呈梯队方式推进，并保持摊铺机组前后错开40～50m距离。

（2）上面层碾压时，初压采用振动压路机，复压采用轮胎压路机，终压采用双轮钢筒式压路机。

（3）该工程属于城市主干路，沥青混凝土面层碾压结束后需要快速开放交通，终压完成后拟洒水加快路面的降温速度。

事件4：确定了路面施工质量检验的主控项目及检验方法。

【问题】

1. 事件1中，建设单位制止甲公司的分包行为是否正确？说明理由。

2. 指出事件2中的不妥之处，并说明理由。

3. 指出事件3中的错误之处，并改正。

4. 写出事件4中沥青混凝土路面面层施工质量检验的主控项目（原材料除外）及检验方法。

【解题方略】

1. 本题考查的是工程分包的规定。《建筑法》规定，施工总承包的，建筑工程主体结构的施工必须由总承包单位自行完成。而路面工程施工为道路工程的主体结构施工，因此必须由甲施工单位自行完成。

2. 本题考查的是填土路基施工要点。首先应对池塘进行勘察并制定合理的处理方案。根据填土路基施工要点，当原地面标高低于设计路基标高时，需要填筑土方，且在填方时应分层填实至原地面高度。而甲施工单位在挖方段取土一次性将池塘填平并碾压成型显然是不正确的。

3. 本题考查的是摊铺作业施工要点。城市快速路、主干路宜采用两台以上摊铺机联合摊铺，其表面层宜采用多机全幅摊铺，以减少施工接缝。每台摊铺机的摊铺宽度宜小于6m。通常采用两台或多台摊铺机前后错开10～20m呈梯队方式同步摊铺。

通过背景资料可知该路面上面层为厚40mmSMA-13，而SMA混合料的复压如采用轮胎压路机易产生波浪和混合料离析的现象。

除以上内容之外，洒水降温也是不正确的，需要自然降温至50℃后方可开放交通。

4. 本题考查的是沥青混合料面层施工质量验收主控项目。采用教材中沥青混合料面层施工质量验收主控项目的相关知识解答即可。

【参考答案】

1. 建设单位制止甲公司的分包行为正确。

原因：甲公司违反了《建筑法》有关"主体结构的施工必须由总承包单位自行完成"的规定，属于违法分包。

2. 事件2中的不妥之处及理由：

（1）首先对池塘进行勘察，视池塘淤泥层厚、边坡等情况确定处理方法。

（2）制定合理的处理方案，并报驻地监理，待监理批准后方可施工。

（3）未遵守《城镇道路工程施工与质量验收规范》CJJ 1—2008关于填土路基施工的规定。

3. 错误之处一：摊铺机组前后错开40～50m距离，错开距离过大。

正确做法：多台摊铺机前后错开10～20m呈梯队方式同步摊铺。

错误之处二：SMA混合料复压采用轮胎压路机（采用轮胎压路机进行复压易产生波浪和混合料离析）。

正确做法：SMA混合料复压应采用振动压路机。

错误之处三：终压完成后拟洒水加快路面的降温速度。

正确做法：需要自然降温至50℃后方可开放交通。

4. 主控项目一：压实度，其检验方法是查试验记录。

主控项目二：面层厚度，其检验方法是钻孔取芯。

主控项目三：弯沉值，其检验方法是弯沉仪检测。

实务操作和案例分析题四［2019年真题］

【背景资料】

某公司承建长1.2km的城镇道路大修工程，现状路面面层为沥青混凝土。主要施工内容包括：对沥青混凝土路面沉陷、碎裂部位进行处理；局部加铺网孔尺寸10mm的玻纤网以减少旧路面对新沥青面层的反射裂缝；对旧沥青混凝土路面铣刨拉毛后加铺厚40mmAC-13沥青混凝土面层，道路平面如图1-4所示。机动车道下方有一条DN800mm污水干线，垂直于该干线有一条DN500mm混凝土污水管支线接入，由于污水支线不能满足排放量要求，拟在原位更新为$DN600mm$，更换长度50m，如图1-4中2号～2′号井段。

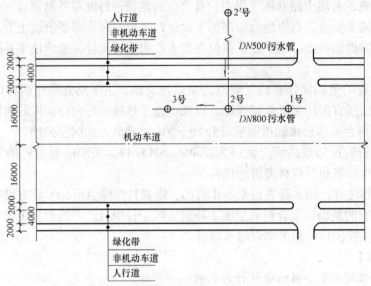

图1-4　道路平面示意图（单位：mm）

　　项目部在处理破损路面时发现挖补深度介于50～150mm之间，拟用沥青混凝土一次补平。在采购玻纤网时被告知网孔尺寸10mm的玻纤网缺货，拟变更为网孔尺寸20mm的玻纤网。

　　交通部门批准的交通导行方案要求：施工时间为夜间22：30—次日5：30，不断路施工。为加快施工速度，保证每日5：30前恢复交通，项目部拟提前一天采用机械洒布乳化沥青（用量0.8L/m²），为第二天沥青面层摊铺创造条件。

　　项目部调查发现：2号～2′号井段管道埋深约3.5m，该深度土质为砂卵石，下穿既有电信、电力管道（埋深均小于1m），2′号井处具备工作井施工条件，污水干线夜间水量小且稳定支管接入时不需导水，2号～2′号井段施工期间上游来水可导入其他污水管。结合现场条件和使用需求，项目部拟从开槽法、内衬法、破管外挤法及定向钻法等4种方法中选择一种进行施工。

　　在对2号井内进行扩孔接管道作业之前，项目部编制了有限空间作业专项施工方案和事故应急预案并经过审批；在作业人员下井前打开上、下游检查井通风，对井内气体进行检测后未发现有毒气体超标；在打开的检查井周边摆放了反光锥桶。完成上述准备工作后，检测人员带着气体检测设备离开了现场，此后两名作业人员佩穿戴防护设备下井施工。由于施工时扰动了井底沉积物，有毒气体逸出，造成作业人员中毒，虽救助及时未造成人员伤亡，但暴露了项目部安全管理的漏洞，监理因此开出停工整顿通知。

【问题】

　　1. 指出项目部破损路面处理的错误之处并改正。

　　2. 指出项目部玻纤网更换的错误之处并改正。

　　3. 改正项目部为加快施工速度所采取的措施的错误之处。

　　4. 四种管道施工方法中哪种方法最适合本工程？分别简述其他三种方法不适合的主要原因。

　　5. 针对管道施工时发生的事故，补充项目部在安全管理方面应采取的措施。

【解题方略】

1. 本题考查的是旧路加铺沥青混合料面层工艺。填补旧沥青路面，凹坑应按高程控制、分层摊铺，每层最大厚度不宜超过100mm。

2. 本题考查的是路面裂缝防治。用于裂缝防治的玻纤网和土工织物应分别满足抗拉强度、最大负荷延伸率、网孔尺寸、单位面积质量等技术要求。玻纤网网孔尺寸宜为其上铺筑的沥青面层材料最大粒径的0.5～1.0倍。

3. 本题考查的是沥青混合料面层施工技术。粘层是为加强路面沥青层之间、沥青层与水泥混凝土路面之间的粘结而洒布的沥青材料薄层。宜采用快裂或中裂乳化沥青、改性乳化沥青，也可采用快凝或中凝液体石油沥青作粘层油。项目部为加快施工速度拟提前一天洒布乳化沥青，这里的乳化沥青起到的便是粘层的作用，而粘层油宜在摊铺面层当天洒布，因此本案例中的做法是不正确的。

根据《公路沥青路面施工技术规范》JTG F40—2004的相关规定，本案例中乳化沥青的用量应为0.3～0.6L/m^2。

4. 本题考查的是管道修复与更新方法。对于背景资料给出的四种方法应从基本概念、适用条件出发并结合案例具体情况来逐项分析。

5. 本题属于开放型题目，需要结合案例背景资料回答。

【参考答案】

1. 项目部破损路面处理的错误之处：用沥青混凝土一次补平大于100mm太厚。

改正措施：应分层摊铺，每层最大厚度不宜超过100mm。

2. 项目部玻纤网更换的错误之处：玻纤网网孔尺寸20mm过大。

改正措施：玻纤网网孔尺寸宜为上层沥青材料最大粒径的0.5～1.0倍。

3. 改正措施：

（1）乳化沥青用量应满足规范所规定的0.3～0.6L/m^{2}的要求；

（2）粘层油应在摊铺沥青面层当天洒布。

4. 甲种管道施工方法中最适合本工程的是破管外挤法。

其他三种方法不适合的主要原因：

（1）开槽法：对交通影响大；

（2）内衬法：不能扩大管径；

（3）定向钻法：不能扩大管径且不适用砂卵石。

5. 项目部在安全管理方面应采取的措施有：

（1）对作业人员进行专项培训和安全技术交底；

（2）井下作业时，不能中断气体检测工作；

（3）安排具备有限空间作业监护资格的人在现场监护；

（4）按交通方案设置反光锥桶、安全标志、警示灯，设专人维护交通秩序。

实务操作和案例分析题五［2019年真题］

【背景资料】

某公司承建一座城市快速路跨河桥梁，该桥由主桥、南引桥和北引桥组成，分东、西双幅分离式结构，主桥中跨下为通航航道，施工期间航道不中断。主桥的上部结构采用三跨式预应力混凝土连续刚构，跨径组合为75m+120m+75m；南、北引桥的上部结构均采用等截面预应力混凝土连续箱梁，跨径组合为（30m×3）×5；下部结构墩柱基础采用混凝土钻孔灌注桩，重力式U形桥台；桥面系护栏采用钢筋混凝土防撞护栏；桥宽35m，横断面布置采用0.5m（护栏）+15m（车行道）+0.5m（护栏）+3m（中分带）+0.5m（护栏）+15m（车行道）+0.5m（护栏）；河床地质自上而下为厚3m淤泥质黏土层、厚5m砂土层、厚2m砂层、厚6m卵砾石层等；河道最高水位（含浪高）高程为19.5m，水流流速为1.8m/s。桥梁立面布置如图1-5所示。

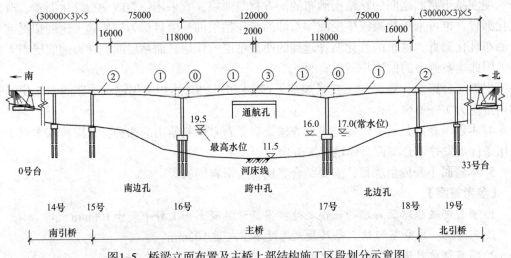

图1-5 桥梁立面布置及主桥上部结构施工区段划分示意图
（高程单位：m；尺寸单位：mm）

项目部编制的施工方案有如下内容：

（1）根据主桥结构特点及河道通航要求，拟定主桥上部结构的施工方案。为满足施工进度计划要求，施工时将主桥上部结构划分成⓪、①、②、③等施工区段，其中，施工区段⓪的长度为14m，施工区段①每段施工长度为4m，采用同步对称施工原则组织施工，主桥上部结构施工区段划分如图1-5所示。

（2）由于河道有通航要求，在通航孔施工期间采取安全防护措施，确保通航安全。

（3）根据桥位地质、水文、环境保护、通航要求等情况，拟定主桥水中承台的围堰施工方案，并确定了围堰的顶面高程。

（4）防撞护栏施工进度计划安排，拟组织两个施工班组同步开展施工，每个施工班组投入1套钢模板，每套钢模板长91m，每套钢模板的施工周转效率为3d。施工时，钢模板两端各0.5m作为导向模板使用。

【问题】

1. 列式计算该桥多孔跨径总长；根据计算结果指出该桥所属的桥梁分类。

2. 施工方案（1）中，分别写出主桥上部结构连续刚构及施工区段②最适宜的施工方法；列式计算主桥16号墩上部结构的施工次数（施工区段③除外）。

3. 结合图1-5及施工方案（1），指出主桥"南边孔、跨中孔、北边孔"先后合龙的顺序（用"南边孔、跨中孔、北边孔"及箭头"→"作答；当同时施工时，请将相应名称并列排列）；指出施工区段③的施工时间应选择一天中的什么时候进行？

4. 施工方案（2）中，在通航孔施工期间应采取哪些安全防护措施？

5. 施工方案（3）中，指出主桥第16、17号墩承台施工最适宜的围堰类型；围堰顶高程至少应为多少米？

6. 依据施工方案（4），列式计算防撞护栏的施工时间（忽略伸缩缝位置对护栏占用的影响）。

【解题方略】

1. 本题考查的是桥梁的分类。根据背景资料已经给出的相关信息可知，该桥跨径总长为：（30×3）×5×2+75+120+75=1170m。在得出桥梁的跨径总长后即可依照表1-15判断出该桥属于特大桥。

桥梁按多孔跨径总长或单孔跨径的分类 表1-15

桥梁分类	多孔跨径总长 L（m）	单孔跨径 L_0（m）
特大桥	$L > 1000$	$L_0 > 150$
大桥	$1000 \geqslant L \geqslant 100$	$150 \geqslant L_0 \geqslant 40$
中桥	$100 > L > 30$	$40 > L_0 \geqslant 20$
小桥	$30 \geqslant L \geqslant 8$	$20 > L_0 \geqslant 5$

2. 本题考查的是现浇钢筋混凝土连续梁施工技术。根据各类施工方法的特点及适用范围再结合背景资料中给出的该工程的地质特点可以判断出主桥上部结构连续刚构最适宜的施工方法是悬臂法、施工区段②最适宜的施工方法是支架法。

计算主桥16号墩上部结构的施工次数也就是计算施工区段⓪、①和②施工次数的总和。施工区段①的节块数：（118-14）/4=26块，因为是对称施工因此施工区段①的施工次数为：26/2=13次。又通过背景资料可知施工区段⓪的施工次数为1次、施工区段②的施工次数为1次。由此可以算出单幅的施工次数为13+1+1=15次，双幅就是15×2=30次。

3. 本题考查的是合龙的顺序及时间。预应力混凝土连续梁合龙顺序一般是先边跨、后次跨、最后中跨。而合龙宜在一天中气温最低时进行。

4. 本题属于开放性题目，但要注意的是通航孔施工采用的是悬臂法，因此在回答安全防护措施时需要围绕悬臂法来回答。

5. 本题考查的是各类围堰的适用范围。通过背景资料可知本工程应选用深水围堰，而双壁钢围堰是最适合本工程的围堰。围堰高度应高出施工期间可能出现的最高水位（包括浪高）0.5~0.7m，背景资料已给出"河道最高水位（含浪高）高程为19.5m"因此围堰高程至少应为20~20.2m。

6. 本题属于实操题，根据背景资料给出的已知信息即可计算出答案。防撞护栏的每天施工速度：（91-0.5×2）/3×2=60m；护栏总长为（75+120+75+2×15×30）×2×2=4680m；施工时间为4680/60=78d。

【参考答案】

1. 该桥多孔跨径总长：（30×3）×5×2+75+120+75=1170m。该桥属于特大桥。

2. 主桥上部结构连续刚构最适宜的施工方法是悬臂法、施工区段②最适宜的施工方法是支架法。

主桥16号墩上部结构施工区段的施工次数：

单幅：（118−14）/4/2+1+1=13+2=15次；

双幅：15×2=30次。

3. 主桥"南边孔、跨中孔、北边孔"先后合龙的顺序：南边孔、北边孔→跨中孔。
施工区段③的施工时间应选择在一天中气温最低的时候进行。

4. 在通航孔施工期间应采取的安全防护措施有：

（1）通航孔的两边应加设护桩、防撞设施、安全警示标志、反光标志、夜间警示灯；

（2）挂篮作业平台上必须铺满脚手板，平台下应设置水平安全网。

5. 主桥第16、17号墩承台施工最适宜的围堰类型是双壁钢围堰。
围堰高程至少应为20～20.2m。

6. 防撞护栏的施工时间为：（75+120+75+2×15×30）×2×2/［（91−0.5×2）/3×2］=78d。

实务操作和案例分析题六〔2019年真题〕

【背景资料】

某市政企业中标一城市地铁车站项目，该项目地处城郊接合部，场地开阔，建筑物稀少，车站全长200m，宽19.4m，深度16.8m，设计为地下连续墙围护结构，采用钢筋混凝土支撑与钢管支撑，明挖法施工。本工程开挖区域内地层分布为回填土、黏土、粉砂、中粗砂及砾石，地下水位于3.95m处。详见图1-6。

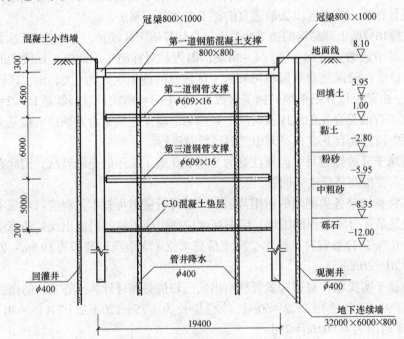

图1-6 地铁车站明挖施工示意图（高程单位：m；尺寸单位：mm）

项目部依据设计要求和工程地质资料编制了施工组织设计。施工组织设计明确以下内容：

（1）工程全长范围内均采用地下连续墙围护结构，连续墙顶部设有800mm×1000mm的冠梁；钢筋混凝土支撑与钢管支撑的间距为：垂直间距4～6m，水平间距8m。主体结构采用分段跳仓施工，分段长度为20m。

（2）施工工序为：围护结构施工→降水→第一层土方开挖（挖至冠梁底面标高）→A→第二层土方开挖→设置第二道支撑→第三层土方开挖→设置第三道支撑→最底层开挖→B→拆除第三道支撑→C→负二层中板、中板梁施工→拆除第二道支撑→负一层侧墙、中柱施工→侧墙顶板施工→D。

（3）项目部对支撑作业做了详细的布置：围护结构第一道采用钢筋混凝土支撑，第二、三道采用（$\phi609 \times 16$）mm的钢管支撑，钢管支撑一端为活络头，采用千斤顶在该侧施加预应力，预应力加设前后的12h内应加密监测频率。

（4）后浇带设置在主体结构中间部位，宽度为2m，当两侧混凝土强度达到100%设计值时，开始浇筑。

（5）为防止围护结构变形，项目部制定了开挖和支护的具体措施：

1）开挖范围及开挖、支护顺序均应与围护结构设计工况相一致。

2）挖土要严格按照施工方案规定进行。

3）软土基坑必须分层均衡开挖。

4）支护与挖土要密切配合，严禁超挖。

【问题】

1. 根据背景资料本工程围护结构还可以采用哪些方式。

2. 写出施工工序中代号A、B、C、D对应的工序名称。

3. 钢管支撑施加预应力前后，预应力损失如何处理？

4. 后浇带施工应有哪些技术要求？

5. 补充完善开挖和支护的具体措施。

【解题方略】

1. 本题考查的是基坑围护结构的类型及适用。根据背景资料可知本工程开挖区域内地层分布为回填土、黏土、粉砂、中粗砂及砾石，再结合各类型围护结构的特点及适用范围可知本工程围护结构还可以采用的方式有：钻孔灌注桩、SMW工法桩以及工字钢桩。

2. 本题考查的是明挖法施工工序。本题较为简单，参照教材中明挖法施工工序再结合本案例背景资料中已给出的施工工序即可得出答案。

3. 本题考查的是预应力损失的处理。明挖法施工时，土方应分层、分段、分块开挖，开挖后要及时施加支撑。常用的钢管支撑一端为活络头，采用千斤顶在该侧施加预应力。支撑施加预应力时应考虑操作时的应力损失，故施加的预应力值应比设计轴力增加10%并对预应力值做好记录。在支撑预支力加设前后的各12h内应加密监测频率，发现预应力损失或围护结构变形速率无明显收敛时应复加预应力至设计值。

4. 本题考查的是后浇带施工的技术要求，这一知识点在教材中并没有相应的内容，可参照《地铁设计规范》GB 50157—2013第12.7.3条的规定整理作答。

5. 本题考查的是基坑开挖和支护的基本要求，本题可依照教材中的相关内容作答。

【参考答案】

1. 本工程围护结构还可以采用的方式有：钻孔灌注桩；SMW工法桩；工字钢桩。

2. 施工工序中代号A、B、C、D对应的工序名称：

A——设置第一层钢筋混凝土支撑。

B——底板、部分侧墙施工。

C——负二层侧墙、中柱施工。

D——回填。

3. 钢管支撑施加预应力前，对于预应力损失的处理方法：考虑操作时应力损失，故施加的应力值应比设计轴力增加10%；

钢管支撑施加预应力后，对于预应力损失的处理方法：发现预应力损失时应复加预应力至设计值。

4. 后浇带施工技术要求包括：

（1）对已浇筑部位凿毛处理；

（2）钢筋连接及接头处置；

（3）提高混凝土强度等级；

（4）增加微膨胀剂；

（5）增加养护时间。

5. 基坑开挖和支护的具体措施还包括：

（1）基坑发生异常情况时应立即停止挖土，并应立即查清原因，且采取措施，正常后方能继续挖土。

（2）基坑开挖过程中，必须采取措施，防止碰撞支撑，围护结构或扰动基底原状土。

实务操作和案例分析题七［2018年真题］

扫码学习

【背景资料】

某公司承建一座城市桥梁工程。该桥跨越山区季节性流水沟谷，上部结构为三跨式钢筋混凝土结构，重力式U形桥台，基础均采用扩大基础；桥面铺装自下而上为厚8cm钢筋混凝土整平层＋防水层＋粘层＋厚7cm沥青混凝土面层；桥面设计高程为99.630m。桥梁立面布置如图1-7所示：

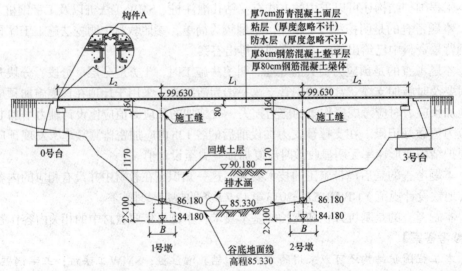

图1-7　桥梁平面布置示意图（高程单位：m；尺寸单位：cm）

项目部编制的施工方案有如下内容：

（1）根据该桥结构特点，施工时，在墩柱与上部结构衔接处（即梁底曲面变弯处）设置施工缝。

（2）上部结构采用碗扣式钢管满堂支架施工方案。根据现场地形特点及施工便道布置情况，采用杂土对沟谷一次性进行回填，回填后经整平碾压，场地高程为90.180m，并在其上进行支架搭设施工，支架立柱放置于20cm×20cm楞木上。支架搭设完成后采用土袋进行堆载预压。

支架搭设完成后，项目部立即按施工方案要求的预压荷载对支架采用土袋进行堆载预压，期间遇较长时间大雨，场地积水。项目部对支架预压情况进行连续监测，数据显示各点的沉降量均超过规范规定，导致预压失败。此后，项目部采取了相应整改措施，并严格按规范规定重新开展支架施工与预压工作。

【问题】

1. 写出图1-7中构件A的名称。

2. 根据图1-7判断，按桥梁结构特点，该桥梁属于哪种类型？简述该类型桥梁的主要受力特点。

3. 施工方案（1）中，在浇筑桥梁上部结构时，施工缝应如何处理？

4. 根据施工方案（2），列式计算桥梁上部结构施工图应搭设满堂支架的最大高度；根据计算结果，该支架施工方案是否需要组织专家论证？说明理由。

5. 试分析项目部支架预压失败的可能原因？项目部应采取哪些措施才能使支架顺利地预压成功？

【解题方略】

1. 本题考查的是桥梁施工缝。伸缩缝是桥跨上部结构之间或桥跨上部结构与桥台端墙之间所设的缝隙，以保证结构在各种因素作用下的变位。

2. 本题考查的是桥梁的主要类型及识图能力。刚架桥的主要承重结构是梁或板和立柱或竖墙整体结合在一起的刚架结构。梁和柱的选接处具有很大的刚性，在竖向荷载作用下，梁部主要受弯，而在柱脚处也具有水平反力，其受力状态介于梁桥和拱桥之间。同样的跨径在相同荷载作用下，刚架桥的正弯矩比梁式桥要小，刚架桥的建筑高度就可以降低。但刚架桥施工比较困难，用普通钢筋混凝土修建，梁柱刚接处易产生裂缝。

3. 本题考查的是混凝土浇筑。在原混凝土面上浇筑新混凝土时，相接面应凿毛，并清洗干净，表面湿润但不得有积水。

4. 支架高度的计算实际上考查的是识图能力，较为简单。另外，需要专家论证的工程范围也是一个高频考点，基本每年都会考到，一定要记住。对于模板工程及支撑体系需要专家论证的工程范围有：（1）工具式模板工程：包括滑模、爬模、飞模、隧道模工程等。（2）混凝土模板支撑工程：搭设高度8m及以上；搭设跨度18m及以上；或施工总荷载15kN/m^{2}及以上；集中线荷载20kN/m及以上。（3）承重支撑体系：用于钢结构安装等满堂支撑体系，承受单点集中荷载7kN及以上。

5. 本题考查的是支架预压。解答本题时应结合背景资料给出的信息，找出支架预压的不合理之处，然后再针对这些不合理之处，逐项列出改进措施。

【参考答案】

1. 构件A的名称：伸缩装置（或伸缩缝）。

2. 按桥梁结构特点，该桥梁属于刚构（架）桥。

该类型桥梁的主要受力特点：刚构（架）桥的主要承重结构是梁或板和立柱整体结合在一起的刚构（架）结构。梁和柱的连接处具有很大的刚性，在竖向荷载作用下，梁部主要受弯，而在柱脚处具有水平反力。

3. 施工方案（1）中，在浇筑桥梁上部结构时，施工缝的处理方法：

（1）先将混凝土表面的浮浆凿除；

（2）混凝土结合面应凿毛处理，并冲洗干净，表面湿润，但不得有积水；

（3）在浇筑梁板混凝土前，应铺同配合比（同强度等级）的水泥砂浆（厚10～20mm）。

4. 根据施工方案（2），桥梁上部结构施工时应搭设满堂支架的最大高度：99.63－0.07－0.08－0.8－90.18＝8.5m。

该支架施工方案需要组织专家论证。理由：根据《住房城乡建设部办公厅关于实施〈危险性较大的分部分项工程安全管理规定〉有关问题的通知》（建办质〔2018〕31号）规定，搭设高度5m及以上的模板支撑工程属于危险性较大的分部分项工程，搭设高度8m及以上需要组织专家论证。

5. 项目部支架预压失败的原因：

（1）场地回填杂填土，未按要求进行分层填筑、碾压密实，导致基础（地基）承载力不足；

（2）场地未设置排水沟等排水、隔水措施，场地积水，导致基础（地基）承载力下降；

（3）未按规范要求进行支架基础预压；

（4）受雨天影响，预压土袋吸水增重（或预压荷载超重）。

项目部应采取的使支架预压成功的措施：

（1）提高场地基础（地基）承载力，可采用换填及混凝土垫层硬化等处理措施；

（2）在场地四周设置排水沟等排水设施，确保场地排水畅通，不得积水；

（3）进行支架基础预压；

（4）加载材料应有防水（雨）措施，防止被水浸泡后引起加载重量变化（或超重）。

实务操作和案例分析题八〔2018年真题〕

【背景资料】

某市区城市主干道改扩建工程，标段总长1.72km，周边有多处永久建筑，临时用地极少，环境保护要求高；现状道路交通量大，施工时现状交通不断行。本标段是在原城市主干路主路范围进行高架桥段-地面段-入地段改扩建，包括高架桥段、地面段、U形槽段和地下隧道段。各工种施工作业区设在围挡内，临时用电变压器可安放于图1-8中A、B位置，电缆敷设方式待定。

高架桥段在洪江路交叉口处采用钢-混叠合梁形式跨越，跨径组合为37m＋45m＋37m。地下隧道段为单箱双室闭合框架结构。采用明挖方法施工。本标段地下水位较高，属富水地层；有多条现状管线穿越地下隧道段，需进行拆改挪移。

围护结构采用U形槽敞开段，围护结构为直径φ1.0m的钻孔灌注桩，外侧桩间采用高压旋喷桩止水帷幕，内侧挂网喷浆。地下隧道段围护结构为地下连续墙及钢筋混凝土支撑。

降水措施采用止水帷幕,外侧设置观察井、回灌井,坑内设置管井降水,配轻型井点辅助降水。

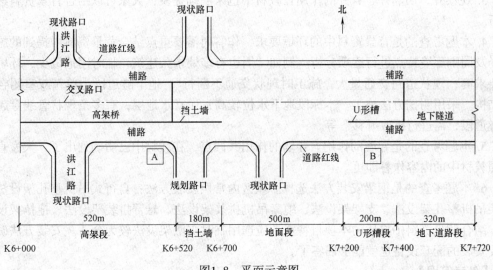

图1-8 平面示意图

【问题】

1. 图1-8中,在A、B两处如何设置变压器?电缆如何设置?说明理由。

2. 根据图1-9,地下连续墙施工时,C、D、E位置设置何种设施较为合理?

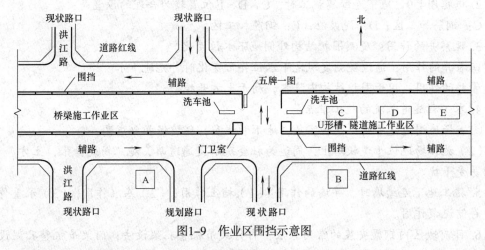

图1-9 作业区围挡示意图

3. 观察井、回灌井、管井的作用分别是什么?

4. 本工程基坑的施工难点是什么?

5. 施工地下连续墙时,导墙的作用主要有哪四项?

6. 目前城区内钢梁安装的常用方法有哪些?针对本项目的特定条件,应采用何种架设方法?采用何种配套设备进行安装?在何时段安装合适?

【解题方略】

1. 本题涉及的考点在教材中并未提及,主要是考查大家对施工现场相关知识的实际运用能力。

2. 本题考查的是平面布置图以及地下连续墙施工工艺及设施。按照地下连续墙的施工工艺来看C应为钢筋加工区；D为泥浆池；E为钢筋加工区。

3. 观察井、回灌井、管井的作用在教材中也未明确提及，大家可以结合背景资料进行分析。

4. 本题考查的是背景资料中的环境要求，作答时需要重点结合背景资料中提到的施工现场及周围环境特点进行逐项分析。例如"周边有多处永久建筑，临时用地极少，环境保护要求高；现状道路交通量大，施工时现状交通不断行""地下隧道段为单箱双室闭合框架结构。采用明挖方法施工。本标段地下水位较高，属富水地层；有多条现状管线穿越地下隧道段，需进行拆改挪移"等。

5. 本题考查的是导墙的作用。导墙的作用共四点，在教材中已明确列出了，大家直接参照教材中的内容作答即可。

6. 本题考查的是钢梁安装方法选择。城区内常用安装方法：自行式吊机整孔架设法、门架吊机整孔架设法、支架架设法、缆索吊机拼装架设法、悬臂拼装架设法、拖拉架设法等。结合背景资料中描述的本项目特点，应选用临时支墩架设法较为合适。安装方法确定后要安装的配套设备也就能够回答了。

【参考答案】

1. 图1-8中，A、B两处均需设置变压器。理由：线路长，压降大，桥区、隧道区均需独立供电。

图1-8中，A、B两处的电缆宜采用入地直埋方式穿越铺路。理由：需穿越现状交通。

2. 根据图1-9，地下连续墙施工时，C、D、E位置较为合理的设置是：

C：钢筋加工区；D：泥浆池；E：钢筋加工区。

3. 观察井的作用：观测围护结构外侧地下水位变化。

回灌井的作用：通过观测发现地下水位异常变化时补充地下水。

管井的作用：用于围护结构内降水，利于土方开挖。

4. 本工程隧道基坑的施工难点是：

（1）场地周边建（构）筑物密集，地下管线多，环境保护要求高。

（2）施工场地位于现状路上，周边为社会疏解交通道路，施工场地紧张，土方、材料进出易受干扰。

5. 施工地下连续墙时，导墙的作用：（1）挡土作用；（2）基准作用；（3）承重作用；（4）存储泥浆作用。

6. 目前城区内钢梁安装的常用方法：自行式吊机整孔架设法；门架吊机整孔架设法；临时支架架设法；缆索吊机拼装架设法；悬臂拼装架设法；拖拉架设法。

针对本项目的特定条件，应采用的架设方法是临时支墩架设法；应采用的配套设备是轮胎式吊机，平板拖车。

因交通量大，钢梁安装宜在夜间时段进行。

实务操作和案例分析题九 ［2018年真题］

【背景资料】

某公司承建的地下水池工程，设计采用薄壁钢筋混凝土结构，长×宽×高为30m×

20m×6m，池壁顶面高出地表0.5m。池体位置地质分布自上而下分别为回填土（厚2m）、粉砂土（厚2m）、细砂土（厚4m），地下水位于地表下4m处。

水池基坑支护设计采用φ800mm灌注桩及高压旋喷桩止水帷幕，第一层钢筋混凝土支撑，第二层钢管支撑，井点降水采用φ400mm无砂管和潜水泵，当基坑支护结构强度满足要求及地下水位降至满足施工要求后，方可进行基坑开挖施工。

施工前，项目部编制了施工组织设计，基坑开挖专项施工方案，降水施工方案，灌注桩专项施工方案及水池施工方案，施工方案相关内容如下：

（1）水池主体结构施工工艺流程为：水池边线与桩位测量定位→基坑支护与降水→A→垫层施工→B→底板钢筋模板安装与混凝土浇筑→C→顶板钢筋模板安装与混凝土浇筑→D（功能性试验）。

（2）在基坑开挖安全控制措施中，对水池施工期间基坑周围物品堆放做了详细规定如下：

1）支护结构达到强度要求前，严禁在滑裂面范围内堆载；

2）支撑结构上不应堆放材料和运行施工机械；

3）基坑周边要设置堆放物料的限重牌。

（3）混凝土池壁模板安装时，应位置正确，拼缝紧密不漏浆，采用两端均能拆卸的穿墙螺栓来平衡混凝土浇筑对模板的侧压力；使用符合质量技术要求的封堵材料封堵穿墙螺栓拆除后在池壁上形成的锥形孔。

（4）为防止水池在雨期施工时因基坑内水位急剧上升导致构筑物上浮，项目制定了雨期水池施工抗浮措施。

【问题】

1. 本工程除了灌注桩支护方式外还可以采用哪些支护形式？基坑水位应降至什么位置才能满足基坑开挖和水池施工要求？

2. 写出施工工艺流程中工序A、B、C、D的名称。

3. 施工方案（2）中，基坑周围堆放物品的相关规定不全，请补充。

4. 施工方案（3）中，封堵材料应满足什么技术要求？

5. 写出水池雨期施工抗浮措施的技术要点。

【解题方略】

1. 本题考查的是深基坑支护结构的类型。本题中的基坑开挖深度至少为5.5m，因此应选择能适用于深基坑的支护结构。而土钉墙、SMW桩、地下连续墙就是适用于深基坑的支护结构。

2. 本题考查的是整体式现浇钢筋混凝土池体结构施工工艺流程。整体式现浇钢筋混凝土池体结构施工流程为：测量定位→土方开挖及地基处理→垫层施工→防水层施工→底板浇筑→池壁及柱浇筑→顶板浇筑→功能性试验。

3. 本题考查的是基坑周围堆放物品的规定。基坑周围堆放物品的规定：（1）支护结构施工与基坑开挖期间，支护结构达到设计强度要求前，严禁在设计预计的滑裂面范围内堆载；临时土石方的堆放应进行包括自身稳定性、邻近建筑物地基和基坑稳定性验算。（2）支撑结构上不应堆放材料和运行施工机械，当需要利用支撑结构兼做施工平台或栈桥时，应进行专门设计。（3）材料堆放、挖土顺序、挖土方法等应减少对周边环境、支护结构、工程桩等的不利影响。（4）基坑开挖的土方不应在邻近建筑及基坑周边影响范围内堆放，并应及时外运。（5）基坑周边必须进行有效防护，并设置明显的警示标志；基坑要设置堆放物料的限重牌，严禁堆放大量的物料。（6）建筑基坑周围6m以内不得堆放阻碍排水的物品或垃圾，保持排水畅通。（7）开挖料运至指定地点堆放。

4. 本题考查的是现浇预应力混凝土水池模板、支架的施工技术要点。本题较为简单，大家可直接参照教材中的相关内容作答。

5. 本题考查的是当构筑物无抗浮设计时，雨期施工过程中必须采取的抗浮措施。本题较为简单，大家直接参照教材中的相关内容进行作答即可。

【参考答案】

1. 本工程除了灌注桩支护方式外还可采用的支护形式有：土钉墙、地下连续墙、SMW工法桩等。

本工程中的基坑水位应降低至基坑底部以下0.5m，才能满足基坑开挖和水池施工要求。

2. 施工工艺流程中工序A、B、C、D的名称分别为：

（1）A为土方开挖；

（2）B为防水层施工；

（3）C为池壁与柱钢筋、模板安装及混凝土浇筑；

（4）D为水池满水试验。

3. 施工方案（2）中，应补充的基坑周围堆放物品的相关规定有：

（1）基坑开挖的土方不应在周边影响范围内堆放，应及时外运。

（2）基坑周边6m以内不得堆放阻碍排水的物品或垃圾。

4. 施工方案（3）中，封堵材料应满足的技术要求有：对池壁形成的锥形孔封堵应采用无收缩、易密实、微膨胀水泥，具有足够强度与池壁混凝土颜色一致或接近的材料。

5. 项目部制定的水池雨季施工抗浮措施的技术要点如下：

（1）基坑四周设防汛墙，防止外来水进入基坑；

（2）基坑底四周埋设排水盲管（盲沟）和抽水设备，一旦发生基坑内积水随即排除；

（3）备有应急供电和排水设施，并保证其可靠性；

（4）引入外来水进入构筑物内减小浮力。

实务操作和案例分析题十［2017年真题］

【背景资料】

扫码学习

某公司承建一座城市桥梁工程。该桥上部结构为16×20m预应力混凝土空心板，每跨布置空心板30片。

进场后，项目部编制了实施性总体施工组织设计，内容包括：

（1）根据现场条件和设计图纸要求，建设空心板预制场。预制台座采用槽式长线台座，横向连续设置8条预制台座，每条台座1次可预制空心板4片，预制台座构造如图1-10所示。

（2）将空心板的预制工作分解成：①清理模板、台座；②涂刷隔离剂；③钢筋、钢绞线安装；④切除多余钢绞线；⑤隔离套管封堵；⑥整体放张；⑦整体张拉；⑧拆除模板；⑨安装模板；⑩浇筑混凝土；⑪养护；⑫吊运存放这12道施工工序，并确定了施工工艺流程如图1-11所示。

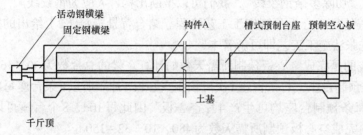

图1-10 预制台座纵断面示意图

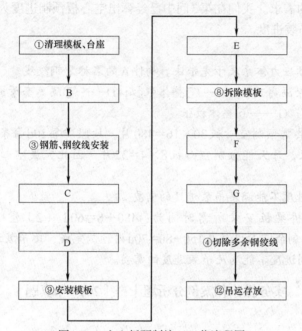

图1-11 空心板预制施工工艺流程图

（3）计划每条预制台座的生产（周转）效率平均为10d，即考虑各条台座在正常流水作业节拍的情况下，每10d每条预制台座均可生产4片空心板。

（4）依据总体进度计划空心板预制80d后，开始进行吊装作业，吊装进度为平均每天吊装8片空心板。

【问题】

1. 根据图1-10预制台座的结构形式，指出该空心板的预应力体系属于哪种形式？写出构件A的名称。

2. 写出图1-11中空心板施工工艺流程框图中施工工序B、C、D、E、F、G的名称（选用背景资料给出的施工工序①～⑫的代号或名称作答）。

3. 列式计算完成空心板预制所需天数。

4. 空心板预制进度能否满足吊装进度的需要？说明原因。

【解题方略】

1. 本题考查的是预应力张拉施工工法。预应力张拉施工包括先张法和后张法。从背景

35

资料中可知12道施工工序中第6道为"整体放张",而放张为先张法施工内容。12道施工工序中第4道为"切除多余钢绞线",我们可以推断出构件A应为钢绞线。

2. 本题考查的是空心板预制施工工艺流程。结合背景资料（2）给出的空心板预制工作分解步骤及先张法施工工艺即可解答本题。

3. 本题考查的是完成空心板预制所需天数的计算。梁的总片数为30×16=480片,"横向连续设置8条预制台座,每条台座1次可预制空心板4片"所以8条台座每次可以生产32片梁;"每10d每条预制台座均可生产4片空心板"因此每10d,8个台座可以每次生产32片梁;从而得出完成空心板预制所需天数为480×10÷32=150d。

4. 本题考查的是对空心板预制进度与吊装进度的统计,知道这两种进度才能判断预制进度是否满足吊装的需求。我们在第3问中已经算出空心板预制进度为150d,因此解答本题的重点在于计算吊装进度。

【参考答案】

1. 该空心板的预应力体系属于先张法。构件A的名称是钢绞线。

2. B——②刷涂隔离剂;C——⑦整体张拉;D——⑤隔离套管封堵;E——⑩浇筑混凝土;F——养护;G——⑥整体放张。

3. 该桥梁工程共需预制空心板30×16=480片,按照"每10d每条预制台座均可生产4片空心板"的要求,每天能预制空心板8×4=32片,因此完成空心板预制所需天数为480×10÷32=150d。

4. 空心板预制进度不能满足吊装进度的需要。

原因:（1）全桥梁板安装所需时间为:480÷8=60d。（2）空心板总预制时间为150d,预制80d后,剩余空心板可在150-80=70d内预制完成,比吊装进度延迟10d完成,因此,空心板的预制进度不能满足吊装进度的需要。

实务操作和案例分析题十一 ［2017 年真题］

【背景资料】

某城市水厂改扩建工程,内容包括多个现有设施改造和新建系列构筑物。新建的一座半地下式混凝沉淀池,池壁高度为5.5m,设计水深4.8m,容积为中型水池,钢筋混凝土薄壁结构,混凝土设计强度C35、防渗等级P8。池体地下部分处于硬塑状粉质黏土层和夹砂黏土层,有少量浅层滞水,无须考虑降水施工。

鉴于工程项目结构复杂,不确定因素多。项目部进场后,项目经理主持了设计交底;在现场调研和审图基础上,向设计单位提出多项设计变更申请。

项目部编制的混凝沉淀池专项施工方案内容包括:明挖基坑采用无支护的放坡开挖形式;池底板设置后浇带分次施工;池壁竖向分两次施工,施工缝设置钢板止水带,模板采用特制钢模板,防水对拉螺栓固定。沉淀池施工横断面布置如图1-12所示。依据进度计划安排,施工进入雨期。

混凝沉淀池专项施工方案经修改和补充后获准实施。

池壁混凝土首次浇筑时发生跑模事故,经检查确定为对拉螺栓滑扣所致。

池壁混凝土浇筑完成后挂编织物洒水养护,监理工程师巡视发现编织物呈干燥状态,发出整改通知。

依据厂方意见，所有改造和新建的给水构筑物进行单体满水试验。

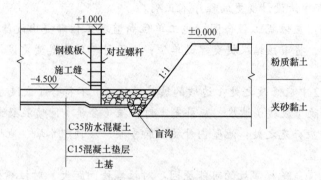

图1-12 混凝沉淀池施工缝断面图（单位：m）

【问题】

1. 项目经理主持设计交底的做法有无不妥之处？如不妥，写出正确做法。

2. 项目部申请设计变更的程序是否正确？如不正确，给出正确做法。

3. 找出图1-12中存在的应修改和补充之处。

4. 试分析池壁混凝土浇筑跑模事故的可能原因。

5. 监理工程师为何要求整改混凝土养护工作？简述养护的技术要求。

6. 写出满水试验时混凝沉淀池的注水次数和高度。

【解题方略】

1. 本题考查的是设计交底。发包人应根据合同进度计划，组织设计单位向承包人进行设计交底，因此由项目经理主持设计交底的做法显然是错误的。

2. 本题考查的是设计变更程序。由于施工单位和设计单位无合同关系，因此施工单位无权直接要求设计单位进行变更。应依照正确的变更程序进行变更。

3. 本题考查的是基坑边坡稳定措施。通过图1-12可以看出有粉质黏土和夹砂黏土两种土层，在这种情况下应于不同土层处做成折线形边坡或留置台阶，而图中边坡只有1∶1这一种坡率，显然是错误的；内外模板采用对拉螺栓固定时，应该在对拉螺栓的中间设置防渗止水片，而图中没有，这显然是错误的；施工缝处应该设置钢板止水带，而图中没有，这显然也是错误的。此外底板施工时，垫层之后缺少防水层施工。

4. 本题考查的是池壁混凝土浇筑跑模事故的原因。背景资料中已经说明"池壁混凝土首次浇筑时发生跑模事故，经检查确定为对拉螺栓滑扣所致"，因此解答本题实际上就是对滑扣的发生原因进行分析。

5. 本题考查的是混凝土养护。监理工程师巡视中发现编织物呈干燥状态，说明养护不到位，因此需要整改。后半问实际上考核的是水池抗渗防渗混凝土养护工作的技术要求。

6. 本题考查的是水池满水试验要求。向池内注水宜分4次进行，每次注水为设计水深的1/3。对大、中型池体，可先注水至池壁底部施工缝以上，检查底板抗渗质量，当无明显渗漏时，再继续注水至第一次注水深度。

【参考答案】

1.（1）项目经理主持设计交底的做法不妥。

（2）正确做法：应根据工程合同进度，由建设单位项目负责人组织并主持，施工等单位参加，设计单位项目负责人进行设计交底。

2.（1）项目部申请设计变更的程序不正确。

（2）正确做法：应依据工程合同，施工单位向监理工程师提出设计变更申请和建议；监理工程师审核后，将审核结果提交建设单位；由设计单位出具变更设计文件，项目部按图施工。

3.（1）图1-12中应修改之处：边坡的坡度（1∶1）不符合（或陡于）规范的规定。如果条件不容许修改（放缓）坡度，应补充土钉、挂（金属）网喷混凝土等护坡措施。

（2）图1-12中应补充之处：池壁内外施工脚手架、坡顶阻水墙、池壁模板确保直顺和防止模板倾覆的装置。

4. 池壁混凝土浇筑跑模事故的可能原因：对拉螺栓间距大、对拉螺栓直径小、对拉螺栓质量不合格、浇筑速度过快、浇筑点集中、料管端距浇筑面过高。

5.（1）监理工程师要求整改混凝土养护工作的原因：因为编织物干燥表明洒水不足，且池壁属于薄壁、防水混凝土结构，养护不到位会导致混凝土裂缝，降低防水效果。

（2）防水混凝土养护技术要求：应加遮盖物洒水养护，保持湿润并不应少于14d，直至混凝土达到规定的强度。

6. 满水试验时，混凝沉淀池的注水应分四次，第一次施工缝以上，第二次水深1.6m，第三次水深3.2m，第四次水深4.8m。

实务操作和案例分析题十二 ［2016年真题］

【背景资料】

某公司承建一座城市互通工程，工程内容包括：① 主线跨线桥（Ⅰ、Ⅱ）；② 左匝道跨线桥；③ 左匝道一；④ 右匝道一；⑤ 右匝道二等五个子单位工程。平面布置如图1-13所示。两座跨线桥均为预应力混凝土连续箱梁桥，其余匝道均为道路工程。主线跨线桥跨越左匝道一；左匝道跨线桥跨越左匝道一及主线跨线桥；左匝道一为半挖半填路基工程，挖方除就地利用外，剩余土方用于右匝道一；右匝道一采用混凝土挡墙路堤工程，欠方需外购解决；右匝道二为利用原有道路路面局部改造工程。

主线跨线桥Ⅰ的第2联为（30m＋48m＋30m）预应力混凝土连续箱梁，其预应力张拉端钢绞线束横断面布置如图1-14所示。预应力钢绞线采用公称直径ϕ15.2mm高强度低松弛钢绞线，每根钢绞线由7根钢丝捻制而成。代号S22的钢绞线束由15根钢绞线组成，其在箱梁内的管道长度为108.2m。

由于工程位于交通主干道，交通繁忙，交通组织难度大，因此，建设单位对施工单位提出总体施工要求如下：

（1）总体施工组织计划安排应本着先易后难的原则，逐步实现互通的各向交通通行任务；

（2）施工期间应尽量减少对交通的干扰，优先考虑主线交通通行。

根据工程特点，施工单位编制的总体施工组织设计中，除了按照建设单位的要求确定了五个子单位工程的开工和完工的时间顺序外，还制定了如下事宜：

事件1：为限制超高车辆通行，主线跨线桥和左匝道跨线桥施工期间，在相应的道路上设置车辆通行限高门架，其设置的位置选择在图1-13中所示的A～K的道路横断面处。

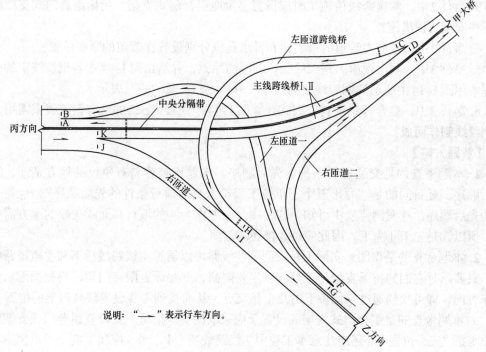

说明："——"表示行车方向。

图1-13　互通工程平面布置示意图

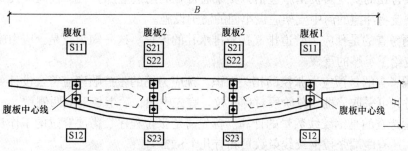

图1-14　主线跨线桥Ⅰ第2联箱梁预应力张拉端钢绞线束横断面布置示意图

事件2：两座跨线桥施工均在跨越道路的位置采用钢管-型钢（贝雷桁架）组合门式支架方案，并采取了安全防护措施。

事件3：编制了主线跨线桥Ⅰ的第2联箱梁预应力的施工方案如下：

（1）该预应力管道的竖向布置为曲线形式，确定了排气孔和排水孔在管道中的位置；

（2）预应力钢绞线的张拉采用两端张拉方式；

（3）确定了预应力钢绞线张拉顺序的原则和各钢绞线束的张拉顺序；

（4）确定了预应力钢绞线张拉的工作长度为100cm，并计算了钢绞线的用量。

【问题】

1. 写出五个子单位工程符合交通通行条件的先后顺序（用背景资料中各个子单位工程的代号"①~⑤"及"→"表示）。

2. 事件1中，主线跨线桥和左匝道跨线桥施工期间应分别在哪些位置设置限高门架（用图1-13中所示的道路横断面的代号"A~K"表示）？

3. 事件2中，两座跨线桥施工时应设置多少座组合门式支架？指出组合门式支架应采取哪些安全防护措施？

4. 事件3中，预应力管道的排气孔和排水孔应分别设置在管道的哪些位置？

5. 事件3中，写出预应力钢绞线张拉顺序的原则，并给出图1-14中各钢绞线束的张拉顺序（用图1-14中所示的钢绞线束的代号"S11～S23"及"→"表示）。

6. 事件3中，结合背景资料，列式计算图1-14中代号为S22的所有钢绞线束需用多少米钢绞线制作而成？

【解题方略】

1. 本题考查的是交通通行条件的先后顺序。本题比较容易有争议的地方是③、④的先后顺序。题目问的是"写出五个子单位工程符合交通通行条件的先后顺序"，也就是完工的先后顺序，从案例背景中可知，③的剩余土方作为④的填料，而④欠缺的土方需要外购，所以③是先于④完工。因此应将③排在④前面。

2. 本题考查的是识图，实际上是在问哪些线路可以通过主线跨线桥下和左匝道跨线桥下。只要路过它们的桥下支架施工处就一定要限高，就要设置限高门架，再根据图示中的行车方向，即可找到通过它们桥下的几个相交点，从而找到需要设置限高门架的位置。

3. 本题考查的是组合门式支架的设置及应采取的安全措施。在设置组合门式支架时除了要考虑"三个位置"外还应注意本工程中主线跨线桥（Ⅰ、Ⅱ）应属于两个子单位工程，在施工中两座桥的支架不能连接在一起，因此应当设置4座组合门式架。

支架通行孔的安全防护措施包括：支架通行孔的两边应加护桩，夜间应设警示灯。施工中易受漂流物冲撞的河中支架应设牢固的防护设施。

4. 本题考查的是预应力管道排气孔与排水孔的设置。这一知识点是预应力施工中的重中之重，应给予足够的重视。

5. 本题考查的是预应力张拉的相关知识。预应力筋的张拉顺序应符合设计要求。当设计无要求时，可采取分批、分阶段对称张拉。宜先中间，后上、下或两侧。

6. 本题考查的是钢绞线数量的计算。首先清楚张拉程序、需要穿过的工作长度以及外露的长度，还有两端张拉钢绞线束数量和有几个S22。

【参考答案】

1. 五个子单位工程符合交通通行条件的先后顺序为：⑤→③→④→①→②。

2. （1）主线跨线桥施工期间应设置限高门架的位置：D、K；

（2）左匝道跨线桥施工期间应设置限高门架的位置：C。

3. （1）两座跨线桥施工时应设置4座组合门式架。

（2）组合门式支架应采取的安全防护措施：

1）门式支架的两边应加护桩；

2）门式支架夜间应设警示灯、反光警示标志；

3）门式支架应设牢固的防撞设施；

4）门式支架应设置安全网或防护遮盖，保护地面作业安全。

4. 预应力管道的排气孔应设置在曲线管道的波峰位置（最高处）。

排水孔应设置在曲线管道的最低位置。

5. 预应力张拉原则：

（1）有设计要求时，应符合设计要求。

（2）设计无要求时，采取分批、分阶段对称张拉。宜先中间，后上、下或两侧。

张拉顺序为：S22→S21→S23→S11→S12或S22→S23→S21→S12→S11。

6. S22钢束需要钢绞线数量：（108.2＋2×1）×15×2＝3306m。

（预应力钢绞线在张拉千斤顶中的工作长度，一般是指在张拉千斤顶装入钢绞线后，从工具锚锚杯中心至预应力混凝土工作锚锚杯中心的距离）。

实务操作和案例分析题十三［2014年真题］

【背景资料】

A公司承接一项DN1000mm天然气管线工程，管线全长4.5km，设计压力4.0MPa，材质L485，除穿越一条宽度为50m的非通航河道采用泥水平衡法顶管施工外，其余均采用开槽明挖施工，B公司负责该工程的监理工作。

工程开工前，A公司查看了施工现场，调查了地下设施，管线和周边环境，了解水文地质情况后，建议将顶管法施工改为水平定向钻施工，经建设单位同意后做了变更手续，A公司编制了水平定向钻施工专项方案。建设单位组织了包含B公司总工程师在内的5名专家对专项方案进行了论证，项目部结合论证意见进行了修改，并办理了审批手续。

为顺利完成穿越施工，参建单位除研究设定钻进轨迹外，还采用专业浆液现场配制泥浆液，以便在定向钻穿越过程中起到如下作用：软化硬质土层、调整钻进方向、润滑钻具、为泥浆马达提供保护。

项目部按所编制的穿越施工专项方案组织施工，施工完成后在投入使用前进行了管道功能性试验。

【问题】

1. 简述A公司将顶管法施工变更为水平定向钻施工的理由。

2. 指出本工程专项方案论证的不合规之处并给出正确的做法。

3. 试补充水平定向钻泥浆液在钻进中的作用。

4. 列出水平定向钻有别于顶管施工的主要工序。

5. 本工程管道功能性试验如何进行？

【解题方略】

1. 本题考查的是不开槽管道施工方法选择。考生首先应分析顶管法施工与水平定向钻施工的特点及适用范围，然后根据案例所提供情况，写明理由。

2. 本题考查的是专项方案的专家论证。首先针对本案例提出的专项方案论证进行分析，然后对不合规之处进行改正。专家组成员构成规定：应当由5名及以上（应组成单数）符合相关专业要求的专家组成。本项目参建各方的人员不得以专家身份参加专家论证会。

3. 本题考查的是水平定向钻泥浆液在钻进中的作用。水平定向钻泥浆液在孔内是循环流动的，它的循环是通过泥浆泵来维持，其基本功能有：稳定孔壁和润滑管道；冷却和润滑钻头、钻具等。

4. 本题考查的是水平定向钻施工中有别于顶管施工的工序。既然是有别于顶管施工的工序，那么基坑、测量、设备就位、调试、出土、顶管工艺等顶管施工具有的工序就不要写出了。

5. 本题考查的是功能性试验的相关知识。本案例中的管道属于燃气管道，燃气管道在安装过程中和投入使用前应进行管道功能性试验，应依次进行管道吹扫、强度试验和严密性试验，其具体试验内容应符合要求。

【参考答案】

1. A公司将顶管法施工变更为水平定向钻施工的理由：施工方便、速度快、安全可靠、造价相对较低。

2. 本工程专项方案论证的不合规之处及正确做法：

（1）不合规之处：建设单位组织专家进行专项方案论证。

正确做法：应由A公司（施工单位）组织专家论证。

（2）不合规之处：专家组成员中包含B公司总工程师。

正确做法：本项目参建各方的人员不得以专家身份参加专家论证会，因此，专项方案论证专家组成员不应包括建设、监理、施工、勘察、设计单位的专家。

3. 水平定向钻泥浆液在钻进中的作用还包括：稳定孔壁、润滑管道、降低回转扭矩、拉管阻力、冷却钻头。

4. 水平定向钻有别于顶管施工的主要工序：导向孔钻进、扩孔施工、回拖管线。

5. 开槽施工段功能性试验有：管道吹扫、强度试验、严密性试验。穿越段试验按相关要求单独进行。

实务操作和案例分析题十四［2013年真题］

【背景资料】

某公司总承包了一条单跨城市隧道，隧道长度为800m，跨度为15m，地质条件复杂，设计采用浅埋暗挖法施工，其中支护结构由建设单位直接分包给一家专业施工单位。

施工准备阶段，该公司项目部建立了现场管理体系，设立了组织机构，确立了项目经理岗位职责及工作程序。在暗挖加固支护材料的选用上，通过不同掺量的喷射混凝土试验来确定最佳掺量。

施工阶段，项目部根据工程的特点，对施工现场采取了一系列的职业病防范措施，安设了通风换气装置和照明设施。

工程预验收阶段，总承包单位与专业分包单位分别向城市建设档案馆提交了施工验收资料，专业分包单位的资料直接由专业监理工程师签字。

【问题】

1. 根据背景资料，该隧道可采取哪些浅埋暗挖施工方案？

2. 现场管理体系中还需增加哪些人员岗位职责和工作程序？

3. 最佳掺量的试验要确定喷射混凝土的哪两项控制指标？

4. 现场职业病防范措施还应增加哪些内容？

5. 城市建设档案馆是否会接收总承包单位、分包单位分别递交的资料？总承包工程项目施工资料汇集、整理的原则是什么？

【解题方略】

1. 本题考查的是浅埋暗挖施工方法的种类。浅埋暗挖法施工因掘进方式不同，可分为众多的具体施工方法，如全断面法、正台阶法、环形开挖预留核心土法、单侧壁导坑法、双侧壁导坑法、中隔壁法、交叉中隔壁法、中洞法、侧洞法、柱洞法等。考生应根据案例所给隧道形式选择合适的施工方案。

2. 本题考查的是现场管理系统。解题时要根据具体项目的工程特点进行部署。

3. 本题考查的是暗挖隧道内加固支护技术的相关内容。喷射混凝土应采用早强混凝土，其强度必须符合设计要求。严禁选用具有碱活性骨料。可根据工程需要掺用外加剂，速凝剂应根据水泥品种、水灰比等，通过不同掺量的混凝土试验选择最佳掺量，使用前应做凝结时间试验，要求初凝时间不应大于5min，终凝时间不应大于10min。

4. 本题考查的是施工现场预防职业病的主要措施。考生应根据案例所给内容进行补充。

5. 本题考查的是考生对城市建设工程档案管理有关规定的熟悉程度及施工资料管理的基本规定，相对简单，但要将考试用书中的内容结合背景资料进行相应的修改。

【参考答案】

1. 根据背景资料，该隧道可选择的浅埋暗挖法：（1）双侧壁导坑法；（2）中隔壁法（CD工法）；（3）交叉中隔壁法（CRD工法）；（4）中洞法、侧洞法。

2. 现场管理体系中还需增加下列人员的岗位职责和工作程序：（1）项目安全负责人；（2）项目技术负责人；（3）施工员；（4）资料员；（5）分包单位负责人；（6）班组长；（7）其他仓库管理员、会计、保安员等重要岗位。

3. 最佳掺量的试验要确定喷射混凝土的初凝时间不应大于5min和终凝时间不应大于10min两项控制指标。

4. 现场职业病防治措施应该增加的内容有：

（1）为保持空气清洁或使温度符合职业卫生要求而安设的采光设施。

（2）为消除粉尘危害和有毒物质而设置的除尘设备和消毒设施。

（3）防治辐射、热危害的装置及隔热、防暑、降温设施。

（4）为职业卫生而设置的对原材料和加工材料消毒的设施。

（5）减轻或消除工作中的噪声及振动的设施。

5. 城市建设档案馆不会接收总承包单位、分包单位分别递交的资料。

总承包工程项目施工资料汇集、整理的原则：

（1）资料应随施工进度及时整理，所需表格应按有关法规的规定认真填写，需注册建造师签章的，严格按照有关法规规定签字、盖章；

（2）分包单位在施工过程中应主动向总承包单位提交有关施工资料，需要监理工程师签字的由总包资料员提请专业监理工程师签字；

（3）由总承包单位负责汇集整理所有有关施工资料；

（4）需要移交的资料及时交给建设单位。

典 型 习 题

实务操作和案例分析题一

【背景资料】

某公司承建的市政桥梁工程中，桥梁引道与现有城市次干道呈T形平面交叉，次干道边坡坡率1：2，采用植草防护；引道位于种植滩地，线位上现存池塘一处（长15m、宽12m、深1.5m）；引道两侧边坡采用挡土墙支护；桥台采用重力式桥台，基础为φ120cm混凝土钻孔灌注桩。引道纵断面如图1-15所示，挡土墙横截面如图1-16所示。

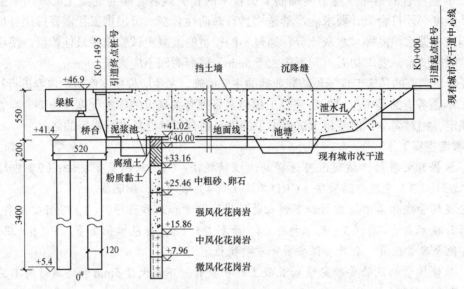

图1-15　引道纵断面示意图（里程、标高单位：m；尺寸单位：cm）

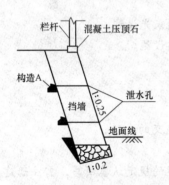

图1-16　挡土墙横截面示意图

项目部编制的引道路堤及桥台施工方案有如下内容：

（1）桩基泥浆池设置于台后引道滩地上，公司现有如下桩基施工机械可供选用：正循环回转钻、反循环回转钻、潜水钻、冲击钻、长螺旋钻机、静力压桩机。

（2）引道路堤在挡土墙及桥台施工完成后进行，路基用合格的土方从现有城市次干道倾倒入路基后用机械摊铺碾压成型。施工工艺流程图如图1-17所示：

监理工程师在审查施工方案时指出：施工方案（2）中施工组织存在不妥之处，施工工艺流程图存在较多缺漏和错误，要求项目部改正。

在桩基施工期间，发生一起行人滑入泥浆池事故，但未造成伤害。

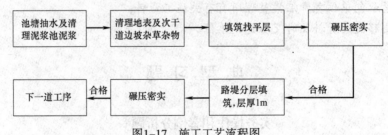

图1-17　施工工艺流程图

【问题】

1. 施工方案（1）中，项目部宜选择哪种桩基施工机械？说明理由。

2. 指出施工方案（2）中引道路堤填土施工组织存在的不妥之处，并改正。

3. 结合图1-17，补充和改正施工方案（2）中施工工艺流程的缺漏和错误之处。（用文字叙述）

4. 图1-16所示挡土墙属于哪种结构形式（类型）？写出图1-16中构造A的名称。

5. 针对"行人滑入泥浆池"的安全事故，指出桩基施工现场应采取哪些安全措施。

【参考答案】

1. 项目部宜选用冲击钻。

理由：本工程所处位置为风化岩层，冲击钻适用于黏性土、粉土、砂土、填土、碎石土及风化岩层。

2. 施工方案（2）中引道路堤填土施工组织存在的不妥之处及正确做法：

（1）不妥之处：引道路堤在挡土墙及桥台施工完成后进行。

正确做法：引道路堤在挡土墙施工前进行。

（2）不妥之处：土方直接从现有城市次干道倾倒入路基。

正确做法：应从城市次干道修筑临时便道运土，减少对社会交通干扰。

3. 补充和改正施工方案（2）中施工工艺流程的缺漏和错误之处：

（1）错误之处：路堤填土层厚1m，层厚太大。实际路堤填土的每层厚度人工夯实不能超过200mm，机械压实不超过300mm，最大不能超过400mm。

（2）本工程的施工方案还应该补充：① 清除地表腐殖（耕植土）；② 对池塘、泥浆池分层填筑、压实到地面标高后填筑施工找平层；③ 对次干道边坡台阶，每层台阶高度不宜大于30cm，宽度不应小于1m，台阶顶面应向内倾斜。

4. 挡土墙属于重力式挡土墙，构造A的名称是反滤层。

5. 桩基施工现场应采取的安全措施：（1）桩基施工现场应设置封闭围挡，非施工人员严禁进入施工现场。（2）泥浆沉淀池周围设置防护栏杆和警示标志，设置夜间警示灯。（3）加强施工人员安全教育。

实务操作和案例分析题二

【背景资料】

某公司承建一项路桥结合城镇主干路工程。桥台设计为重力式U形结构，基础采用扩大基础，持力层位于砂质黏土层，地层中有少量潜水；台后路基平均填土高度大于5m。场地地质自上而下分别为腐殖土层、粉质黏土层、砂质黏土层、砂卵石层等。桥台及台后路基立面如图1-18所示，路基典型横断面及路基压实度分区如图1-19所示。

施工过程中发生如下事件：

事件1：桥台扩大基础开挖施工过程中，基坑坑壁有少量潜水出露，项目部按施工方案要求，采取分层开挖和做好相应的排水措施，顺利完成了基坑开挖施工。

事件2：扩大基础混凝土结构施工前，项目部在基坑施工自检合格的基础上，邀请监理等单位进行实地验槽，检验项目包括：轴线偏位、基坑尺寸等。

事件3：路基施工前，项目部技术人员开展现场调查和测量复测工作，发现部分路段原地面横向坡度陡于1:5。在路基填筑施工时，项目部对原地面的植被及腐殖土层进行清理，并按规范要求对地表进行相应处理后，开始路基填筑施工。

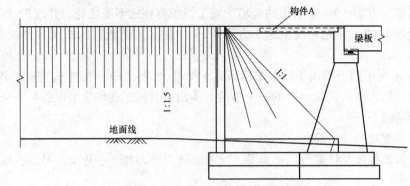

图1-18 桥台及台后路基立面示意图

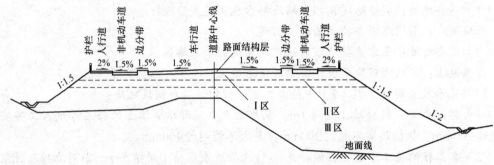

图1-19 路基典型横断面及路基压实度分区示意图

事件4：路基填筑采用合格的黏性土。项目部严格按规范规定的压实度对路基填土进行分区如下：① 路床顶面以下80cm范围内为Ⅰ区；② 路床顶面以下80～150cm范围内为Ⅱ区；③ 路床顶面以下大于150cm为Ⅲ区。

【问题】

1. 写出图1-18中构件A的名称及其主要作用。

2. 指出事件1中基坑排水最适宜的方法。

3. 事件2中，基坑验槽还应邀请哪些单位参加？补全基坑质量检验项目。

4. 事件3中，路基填筑前，项目部应如何对地表进行处理？

5. 写出图1-19中各压实度分区的压实度值（重型击实）。

【参考答案】

1. 图1-18中构件A的名称：桥头（台）搭板；

构件A的主要作用：防止桥头跳车（错台）现象。

2. 事件1中基坑排水最适宜的方法是集水明排法，即开挖过程中，采取边开挖、边用排水沟和集水井进行集水明排的方法。

3. 事件2中，基坑验槽应邀请的单位还有建设单位、设计单位、地质勘察（测）单位、质量监督部门。

基坑施工质量检验项目还有：基底高程（标高）、地基（底）承载力。

4. 事件3中，路基填筑前，项目部应采取的地表处理措施：原地面横向坡度陡于1:5时，应做成台阶形，每级台阶宽度不得小于1m，台阶顶面应向内倾斜。

5. 图1-19中，各分区的压实度：Ⅰ区——95%；Ⅱ区——93%；Ⅲ区——90%。

实务操作和案例分析题三

扫码学习

【背景资料】

某城道路局部为路堑路段，两侧采用浆砌块石重力式挡土墙护坡，挡土墙高出路面约3.5m、顶部宽度0.6m、底部宽度1.5m、基础埋深0.85m，如图1-20所示。

在夏季连续多日降雨后，该路段一侧约20m挡土墙突然坍塌，该侧行人和非机动车无法正常通行。

调查发现，该段挡土坍塌前顶部荷载无明显变化，坍塌后基础未见不均匀沉降，墙体块石砌筑砂浆饱粘结牢固，后背填土为杂填土，查见泄水孔淤塞不畅。

为恢复正常交通秩序，保证交通安全，相关部门决定在原位置重建现浇钢筋混凝土重力式挡土墙，如图1-21所示。

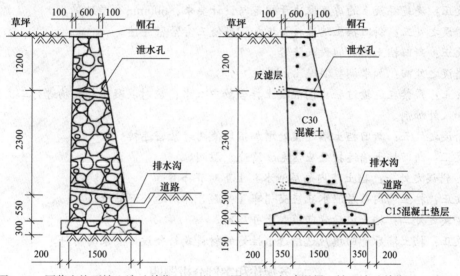

图1-20　原浆砌块石挡土墙（单位：mm）　图1-21　新建混凝土挡土墙（单位：mm）

施工单位编制了钢筋混凝土重力式挡土墙混凝土浇筑施工方案，其中包括：提前与商品混凝土厂沟通混凝土强度、方量及到场时间；第一车混凝土到场后立即开始浇筑；按每层600mm水平分层浇筑混凝土，下层混凝土初凝前进行上层混凝土浇筑；新旧挡土墙连接处墙加钢筋使两者紧密连接；如果发生交通拥堵导致混凝土运输时间过长，可适量加水调整混凝土和易性；提前了解天气预报并准备雨期施工措施等内容。

施工单位在挡土墙排水方面拟采取以下措施：在边坡潜在滑塌区外侧设置截水；挡土墙内每层泄水孔上下对齐布置；挡土墙后背回填黏土并压实等。

【问题】

1. 从受力角度分析挡土墙坍塌原因。

2. 写出混凝土重力式挡土墙的钢筋设置位置和结构形式特点。

3. 写出混凝土浇筑前钢筋验收除钢筋三种规格外应检查的内容。

4. 改正混凝土浇筑方案中存在的错误之处。

5. 改正挡土墙排水设计中存在的错误之处。

【参考答案】

1. 挡土墙坍塌原因：该挡土墙未设置反滤层，导致土体堵塞泄水孔进而使后背填土含水量过大，墙后土体抗剪强度降低产生滑动而引起坍塌。

2. 混凝土重力式挡土墙的钢筋应设置在墙趾底部和墙背位置。

重力式挡土墙的结构形式特点：（1）依靠墙体自重抵挡土压力作用；（2）在墙背设少量钢筋，并将墙趾展宽（必要时设少量钢筋）或基底设凸榫抵抗滑动；（3）可减薄墙体厚度，节省混凝土用量。

3. 混凝土浇筑前钢筋验收除钢筋品种规格外应检查的内容有：钢筋加工允许偏差、钢筋成型与安装允许偏差、钢筋弯制和末端弯钩、受力钢筋连接情况。

4. 错误之处一：混凝土到场后立即开始浇筑。

改正：混凝土到场后应先检查坍落度，观察拌合物的黏聚性和保水性。

错误之处二：按每层600mm水平分层浇筑混凝土。

改正：浇筑混凝土的厚度取决于规范与设计要求，600mm分层过厚。

错误之处三：新旧挡土墙连接处增加钢筋使三者紧密连接。

改正：新旧挡土墙之间设沉降缝。

错误之处四：加水调整混凝土和易性。

改正：严禁在运输过程中向混凝土拌合物中加水，应对混凝土拌合物进行二次快速搅拌或加入外加剂。

错误之处五：新旧挡土墙连接处增加钢筋使两者紧密连接。

改正：新旧挡土墙连接处应凿毛、清洗、湿润。

5. 错误之处一：挡土墙内每层泄水孔上下对齐布置。

改正：挡土墙内每层泄水孔应交错布置并避开伸缩缝与沉降缝。

错误之处二：挡土墙后背回填黏土并压实。

改正：挡土墙后背回填应选用透水性好的材料或符合设计要求的材料。

实务操作和案例分析题四

【背景资料】

某公司承接一座城市跨河桥A标，为上、下行分立的两幅桥，上部结构为现浇预应力混凝土连续箱梁结构，跨径为70m＋120m＋70m。建设中的轻轨交通工程B标高架桥在A标两幅桥梁中间修建，结构形式为现浇截面预应力混凝土连续箱梁，跨径为87.5m＋145m＋87.5m，三幅桥间距较近，B标高架桥上部结构底高于A标桥面3.5m以上。为方便施工协调，经议标，B标高架桥也由该公司承建。

A标两幅桥的上部结构采用碗扣式支架施工，由于所跨越河道流量较小，水面窄，项目部施工设计采用双孔管涵导流，回填河道并压实处理后作为支架基础，待上部结构施工完毕以后挖除，恢复原状。支架施工前，采用1.1倍的施工荷载对支架基础进行预压。支架搭设时，预留拱度考虑承受施工荷载后支架产生的弹性变形。B标晚于A标开工，由于河道疏浚贯通节点工期较早，导致B标上部结构不具备采用支架法施工条件。

【问题】

1. 该公司项目部设计导流管涵时，必须考虑哪些要求？

2. 支架预留拱度还应考虑哪些变形？

3. 支架施工前对支架基础预压的主要目的是什么？

4. B标连续梁施工采用何种方法最适合？说明这种施工方法的正确浇筑顺序。

【参考答案】

1. 设计导流管涵时，必须考虑：

（1）河道管涵的断面必须满足施工期间河水最大流量要求。

（2）管涵强度必须满足上部荷载要求。

（3）管涵长度必须满足支架地基宽度要求。

2. 支架预留拱度还应考虑支架受力产生的非弹性变形、支架基础沉陷和结构物本身受力后各种变形。

3. 支架施工前对支架基础预压的主要目的：

（1）消除地基在施工荷载下的不均匀沉降。

（2）检验地基承载力是否满足施工荷载要求。

（3）防止由于地基沉降产生梁体混凝土裂缝。

扫码学习

4. B标连续梁施工采用悬臂浇筑法最合适。

浇筑顺序为：墩顶梁段（0号块）→墩顶梁段（0号块）两侧对称悬浇梁段→边孔支架现浇梁段→主梁跨中合龙段。

实务操作和案例分析题五

【背景资料】

某公司承建一座市政桥梁工程，桥梁上部结构为9孔30m后张法预应力混凝土T梁，桥宽横断面布置T梁12片，T梁支座中心线距梁端600mm，T梁横截面如图1-22所示。

项目部进场后，拟在桥位线路上现有城市次干道旁租地建设T梁预制场，平面布置如图1-23所示，同时编制了预制场的建设方案：（1）混凝土采用商品混凝土；（2）预测台座数量按预制工期120d、每片梁预制占用台座时间为10d配置；（3）在T梁预制施工时，现浇湿接缝钢筋不弯折，两个相邻预制台座间要求具有宽度2m的支模及作业空间；（4）露天钢材堆场经整平碾压后表面铺砂厚50mm；（5）由于该次干道位于城市郊区，预制场用地范围采用高1.5m的松木桩挂网围护。

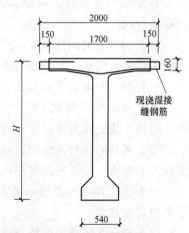

图1-22 T梁横截面示意图（单位：mm）

监理审批预制场建设方案时，指出预制场围护不符合规定，在施工过程中发生了如下事件：

事件1：雨期导致现场堆放的钢绞线外包装腐烂破损，钢绞线堆场处于潮湿状态。

事件2：T梁钢筋绑扎、钢绞线安装、支模等工作完成并检验合格后，项目部开始浇筑T梁混凝土，混凝土浇筑采用从一端向另一端全断面一次性浇筑完成。

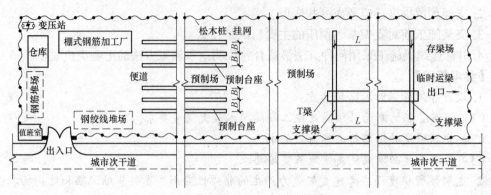

图1-23　T梁预制场平面布置示意图

【问题】

1. 全桥共有T梁多少片？为完成T梁预制任务最少应设置多少个预制台座？均需列式计算。

2. 列式计算图1-23中预制台座的间距B和支撑梁的间距L（单位以m表示）。

3. 给出预制场围护的正确做法。

4. 事件1中的钢绞线应如何存放？

5. 事件2中，T梁混凝土应如何正确浇筑？

【参考答案】

1. 全桥共有T梁数为：9×12＝108片。

每批需预制的T梁数为：120÷10＝12片。

为完成T梁预制，必须多个台座平行作业，因此，至少应设置预制台座数量为：108/12＝9台。

2. 预制台座的间距B为：2＋2＝4m。

支撑梁的间距L为：30－2×0.6＝28.8m。

3. 预制场围护的正确做法：

（1）施工现场围挡（墙）应沿工地四周连续设置，不得留有缺口，并根据地质、气候、围挡（墙）材料进行设计与计算，确保围挡（墙）的稳定性、安全性。

（2）围挡的用材应坚固、稳定、整洁、美观，宜选用砌体、金属材板等硬质材料，不宜使用彩布条、竹篱笆或安全网等。

（3）施工现场的围挡一般应不低于1.8m，在市区内应不低于2.5m，且应符合当地主管部门有关规定。

（4）禁止在围挡内侧堆放泥土、砂石等散状材料以及架管、模板等。

（5）雨后、大风后以及春融季节应当检查围挡的稳定性，发现问题及时处理。

4. 事件1中的钢绞线的存放要求：

（1）钢绞线禁止露天存放，必须入库；存放的仓库应干燥、防潮、通风良好、无腐蚀气体和介质，库房地面用混凝土硬化。

（2）露天仓库及现场临时存放应在地面上架设垫木，距离地面高度不得小于200mm，严禁与潮湿地面直接接触，并加盖篷布或搭盖防雨棚，存放时间不宜超过6个月。

（3）按批号、规格分类码放有序并挂牌标识。

5. 事件2中，T梁混凝土的正确浇筑方法如下。

（1）T梁混凝土应从一端向另一端采用水平分段、斜向分层的方法浇筑。

（2）分层下料、振捣，每层厚度不宜超过30cm，上层混凝土必须在下层混凝土振捣密实后方能浇筑。

（3）先浇筑马蹄段，后浇筑腹板，再浇筑顶板。

实务操作和案例分析题六

【背景资料】

某公司中标一座城市跨河桥梁，该桥跨河部分总长101.5m，上部结构为30m+41.5m+30m三跨预应力混凝土连续箱梁，采用支架现浇法施工。

项目部编制的支架安全专项施工方案的内容有：为满足河道18m宽通航要求，跨河中间部分采用贝雷梁-碗扣组合支架形式搭设门洞；其余部分均采用满堂式碗扣支架；满堂支架基础采用筑岛围堰，填料碾压密实；支架安全专项施工方案分为门洞支架和满堂支架两部分内容，并计算支架结构的强度和验算其稳定性。

项目部编制了混凝土浇筑施工方案，其中混凝土裂缝控制措施有：

（1）优化配合比，选择水化热较低的水泥，降低水泥水化热产生的热量；

（2）选择一天中气温较低的时候浇筑混凝土；

（3）对支架进行监测和维护，防止支架下沉变形；

（4）夏季施工保证混凝土养护用水及资源供给。

混凝土浇筑施工前，项目技术负责人和施工员在现场进行了口头安全技术交底。

【问题】

1. 支架安全专项施工方案还应补充哪些验算？说明理由。

2. 模板施工前还应对支架进行哪些试验？主要目的是什么？

3. 本工程搭设的门洞应采取哪些安全防护措施？

4. 对本工程混凝土裂缝的控制措施进行补充。

5. 项目部的安全技术交底方式是否正确？如不正确，给出正确做法。

【参考答案】

1. 还应补充的有刚度的验算。理由：门洞贝雷梁（桁架）和分配梁的最大挠度应小于规范允许值，以保证支承于门洞上部满堂式碗扣支架的稳定性。

2. 模板施工前还应对支架进行预压，主要是为了消除拼装间隙和地基沉降等非弹性变形，检验地基承载力是否满足施工荷载要求，防止由于地基不均匀沉降导致箱梁混凝土产生裂缝。为支架和模板的预留拱度调整提供技术依据。

3. 支架通行孔的两边应加护栏、限高架及安全警示标志，夜间应设置警示灯。施工中易受漂流物冲撞的河中支架应设牢固的防护设施。

4. 混凝土裂缝的控制措施有：

（1）充分利用混凝土的中后期强度，尽可能降低水泥用量；

（2）严格控制骨料的级配及其含泥量；

（3）选用合适的缓凝剂、碱水剂等外加剂，以改善混凝土的性能；

（4）控制好混凝土坍落度，不宜过大；

（5）采取分层浇筑混凝土，利用浇筑面散热，以大大减少施工中出现裂缝的可能性；

（6）采用内部降温法来降低混凝土内外温差；

（7）拆模后及时覆盖保温。

5. 项目部的安全技术交底方式不正确。

正确做法：项目部应严格技术管理，做好技术交底工作和安全技术交底工作，开工前，施工项目技术负责人应依据获准的施工方案向施工人员进行技术安全交底，强调工程难点、技术要点、安全措施、使作业人员掌握要点，明确责任。交底应当全员书面签字确认。

实务操作和案例分析题七

【背景资料】

某公司承建城市桥区泵站调蓄工程，其中调蓄池为地下式现浇钢筋混凝土结构，混凝土强度等级C35，池内平面尺寸为62.0m×17.3m，筏板基础。场地地下水类型为潜水，埋深6.6m。

设计基坑长63.8m，宽19.1m，深12.6m，围护结构采用ϕ800mm钻孔灌注桩排桩＋2道ϕ609mm钢支撑，桩间挂网喷射C20混凝土，桩顶设置钢筋混凝土冠梁。基坑围护桩外侧采用厚度700mm止水帷幕，如图1-24所示。

施工过程中，基坑土方开挖至深度8m处，侧壁出现渗漏，并夹带泥沙；迫于工期压力，项目部继续开挖施工；同时安排专人巡视现场，加大地表沉降、桩身水平变形等项目的监测频率。

按照规定，项目部编制了模板支架及混凝土浇筑专项施工方案，拟在基坑单侧设置泵车浇筑调蓄池结构混凝土。

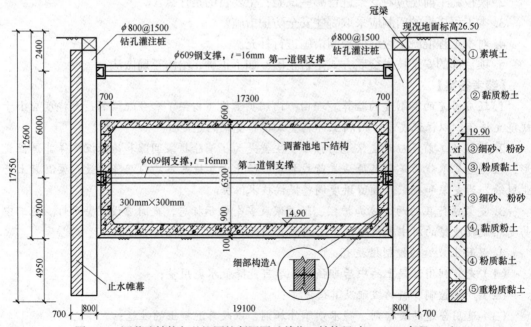

图1-24　调蓄池结构与基坑围护断网图（单位：结构尺寸：mm；高程：m）

【问题】

1. 列式计算池顶模板承受的结构自重分布荷载q(kN/m²)，(混凝土重度$\gamma=25$kN/m³)；根据计算结果，判断模板支架安全专项施工方案是否需要组织专家论证，说明理由。

2. 计算止水帷幕在地下水中的高度。

3. 指出基坑侧壁渗漏后，项目部继续开挖施工存在的风险。

4. 指出基坑施工过程中风险最大的时段，并简述稳定坑底应采取的措施。

5. 写出图1-24中细部构造A的名称，并说明其留置位置的有关规定和施工要求。

6. 根据本工程特点，试述调蓄池混凝土浇筑工艺应满足的技术要求。

【参考答案】

1. 结构自重分布荷载$q=[(62.0\times17.3\times0.6)\times25]\div(62.0\times17.3)=0.6\times25=15$kN/m²，该混凝土模板支架安全专项施工方案需要组织专家论证。

理由：施工总荷载15kN/m²及以上的混凝土模板支撑工程所编制的安全专项方案需要进行专家论证。

2. 地面标高为26.5m，地下水埋深6.6m。因此，地下水位标高为：26.5-6.6=19.9m。

止水帷幕在地下水中高度为：19.9-(26.5-17.55)=10.95m或17.55-6.6=10.95m。

因此，截水帷幕在地下水中的高度为10.95m。

3. 基坑侧壁渗漏继续开挖的风险：如果渗漏水主要为清水，一般及时封堵不会造成太大的环境问题；而如果渗漏造成大量水土流失则会造成围护结构背后土体过大沉降，严重的会导致围护结构背后土体失去抗力造成基坑倾覆。

4. 基坑施工过程中风险最大时段是：基坑开挖至地下标高18.1m后，还未安装第二道支撑时。

稳定坑底应采取的措施：加深围护结构入土深度、坑底土体加固、坑内井点降水等措施，并适时施作底板结构。

5. 构造A名称：施工缝。

留置位置有关规定：宜留在腋角上面不小于200mm处。

施工要求：施工缝内安装止水带；侧墙浇筑前，施工缝的衔接部位应凿毛、清理干净。

6. 混凝土浇筑应分层交圈、连续浇筑（或一次性浇筑），一次浇筑量应适应各施工环节的实际能力。混凝土应振捣密实，使表面呈现浮浆、不出气泡和不再沉落，孔洞部位的下部需重点振捣。尽量在夜间浇筑混凝土，浇筑后加强养护控制内外温差。浇筑过程中设专人维护支架。

实务操作和案例分析题八

【背景资料】

某公司承建一座再生水厂扩建工程。项目部进场后，结合地质情况，按照设计图纸编制了施工组织设计。

基坑开挖尺寸为70.8m（长）×65m（宽）×5.2m（深），基坑断面如图1-25所示，图中可见地下水位较高，为-1.5m，方案中考虑在基坑周边设置真空井点降水。项目部按照以下流程完成了井点布置：高压水套管冲击成孔→冲击钻孔→A→填滤料→B→连接水泵→

漏水漏气检查→试运行，调试完成后开始抽水。

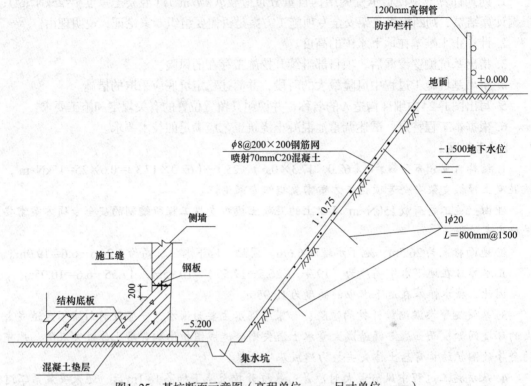

图1-25　基坑断面示意图（高程单位：m；尺寸单位：mm）

因结构施工恰逢雨期，项目部采用1:0.75放坡开挖，挂钢筋网喷射C20混凝土护面，施工工艺流程如下：修坡→C→挂钢筋网→D→养护。

基坑支护开挖完成后项目部组织了坑底验收，确认合格后开始进行结构施工，监理工程师现场巡视发现，钢筋加工区部分钢筋锈蚀。不同规格钢筋混放。加工完成的钢筋未经检验即投入使用，要求项目部整改。

结构底板混凝土分六仓施工，每仓在底板腋角上200mm高处设施工缝，并设置了一道钢板。

【问题】

1. 补充井点降水工艺流程中A、B工作内容，并说明降水期间应注意的事项。

2. 请指出基坑挂网护坡工艺流程中，C、D的内容。

3. 坑底验收应由哪些单位参加？

4. 项目部现场钢筋存放应满足哪些要求？

5. 请说明施工缝处设置钢板的作用和安装技术要求。

【参考答案】

1. 井点降水工艺流程中A的工作内容是安装井点管；B的工作内容是黏土封堵。

降水期间应注意的事项有：（1）应对水位及涌水量等进行监测，发现异常应及时反馈。（2）当发现基坑（槽）出水、涌砂，应立即查明原因，采取处理措施。（3）对所有井点、排水管、配电设施应有明显的安全保护标识。（4）降水期间应对抽水设备和运行状况进行维护检查，每天检查不应少于2次。（5）当井内水位上升且接近基坑底部时，应及时处理，使水位恢复到设计深度。（6）冬期降水时，对地面排水管网应采取防冻措施。（7）当发生停电时，应及时更换电源，保持正常降水。

2. 基坑挂网护坡工艺流程中，C的内容是安装锚固钢筋；D的内容是喷混凝土。

3. 坑底验收应由施工单位、监理单位、建设单位、勘察单位、设计单位参加。

4. 项目部现场钢筋存放应满足的要求有：（1）堆放的钢筋应覆盖或在工棚内堆放。（2）不同规格钢筋应分类堆放。（3）加工完成成品、半成品应及时验收。（4）钢筋堆放应挂牌标明。（5）堆放高度应符合安全要求。（6）钢筋就近堆放，减少二次搬运。

5. 施工缝处设置钢板的作用：止水。

安装技术要点：（1）止水带应平整、尺寸准确，其表面的铁锈、油污应清除干净，不得有砂眼、钉孔。（2）接头应按其厚度分别采用折叠咬接或搭接；搭接长度不得小于20mm，咬接或搭接必须采用双面焊接。（3）在伸缩缝中的部分应涂刷防锈和防腐涂料。（4）止水带安装应牢固，位置准确，其中心线应与变形缝中心线对正，带面不得有裂纹、孔洞等。不得在止水带上穿孔或用铁钉固定就位。

实务操作和案例分析题九

【背景资料】

某公司中标承建污水截流工程，内容有：新建提升泵站一座，位于城市绿地内，地下部分为内径5m的圆形混凝土结构，底板高程−9.0m；新敷设D1200mm和D1400mm柔性接口钢筋混凝土管道546m，管顶覆土深度4.8~5.5m，检查井间距50~80m；A段管道从高速铁路桥跨中穿过，B段管道垂直穿越城市道路，工程纵向剖面如图1-26所示。场地地下水为层间水，赋存于粉质黏土、重粉质黏土层，水量较大。设计采用明挖法施工，辅以井点降水和局部注浆加固施工技术措施。

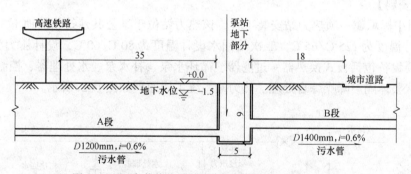

图1-26 污水截流工程纵向剖面示意图（单位：m）

施工前，项目部进场调研发现：高铁桥墩柱基础为摩擦桩；城市道路车流量较大；地下水位较高，水量大，土层渗透系数较小。项目部依据施工图设计拟定了施工方案，并组织对施工方案进行专家论证。根据专家论证意见，项目部提出工程变更，并调整了施工方案如下：（1）取消井点降水技术措施；（2）泵站地下部分采用沉井法施工；（3）管道采用密闭式顶管机顶管施工。该项工程变更获得建设单位的批准。项目部按照设计变更情况，向建设单位提出调整工程费用的申请。

【问题】

1. 简述工程变更采取（1）和（3）措施具有哪些优越性。

2. 给出工程变更后泵站地下部分和新建管道的完工顺序，并分别给出两者的验收试验项目。

3. 指出沉井下沉和沉井封底的方法。

4. 列出设计变更后的工程费用调整项目。

【参考答案】

1. 工程变更（1）的主要优越性：

取消井点降水技术措施可避免因降水引起的沉降对交通设施产生不良影响和路面破坏，保证线路运行安全。

工程变更（3）的主要优越性：

顶管机施工精度高，对地面交通影响小。

2. （1）完工顺序：沉井封底→A、B段管道顶进接驳。

（2）试验项目：泵站地下部分应进行满水试验。A、B段管道应分别进行闭水试验。

3. 沉井下沉采用不排水下沉方法；沉井封底采用水下封底方法。

4. 设计变更后的工程费用调整项目：

（1）减少井点施工和运行费用。

（2）增加沉井下沉施工费用。

（3）增加顶管机械使用费用。

（4）调整顶管施工专用管材与承插柔性接口管材价差。

（5）减少土方施工费用。

实务操作和案例分析题十

【背景资料】

A公司中标承建一项热力站安装工程，该热力站位于某公共建筑物的地下一层。一次给回水设计温度为125℃/65℃，二次给回水设计温度为80℃/60℃，设计压力为1.6MPa；热力站主要设备包括板式换热器、过滤器、循环水泵、补水泵、水处理器、控制器、温控阀等；采取整体隔声降噪综合处理。热力站系统工作原理如图1-27所示。

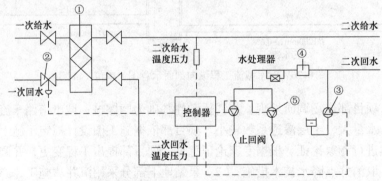

图1-27 热力站系统工作原理图

工程实施过程中发生如下事件：

事件1：安装工程开始前，A公司与公共建筑物的土建施工单位在监理单位的主持下对预埋吊点、设备基础、预留套管（孔洞）进行了复验，划定了纵向、横向安装基准线和标高基准点，并办理了书面交接手续。设备基础复验项目包括纵轴线和横轴线的坐标位置、基础面上的预埋钢板和基础平面的水平度、基础垂直度、外形尺寸、预留地脚螺栓孔中心线位置。

事件2：鉴于工程的专业性较强，A公司决定将工程交由具有独立法人资格和相应资质，且具有多年施工经验的下属B公司来完成。

事件3：为方便施工，B公司进场后拟利用建筑结构作为起吊、搬运设备的临时承力构件，并征得了建设、监理单位的同意。

事件4：工程施工过程中，质量监督部门对热力站工程进行监督检查，发现施工资料中施工单位一栏均填写B公司，且A公司未在施工现场设立项目管理机构。A公司与B公司涉嫌违反《建筑法》相关规定。

【问题】

1. 按照系统形式分类，该热力站所处供热管网属于开式系统还是闭式系统？说明理由。

2. 写出图1-27中编号为①、②、③、④、⑤的设备名称。

3. 事件1中，设备基础的复验项目还应包括哪些内容？

4. 事件3中，B公司的做法还应征得哪方的同意？说明理由。

5. 结合事件2与事件4，写出A公司与B公司的违规之处。

【参考答案】

1. 该供热管网属于闭式系统，因为一次热网与二次热网采用换热器连接。

2. 在图1-27中：①——板式换热器；②——温控阀；③——补水泵；④——过滤器；⑤——循环水泵。

3. 事件1中，设备基础的复验项目还应包括：不同平面的标高（高程）、预留地脚螺栓孔的深度。

4. 事件3中，B公司的做法还应征得建筑结构原设计单位的同意，因为设计单位要对结构的承载力（受力）进行核算（验算、复核），符合要求后方可使用。

5. A公司与B公司的违规之处：违法转包。

实务操作和案例分析题十一

【背景资料】

某公司中标承建中压燃气管线工程，管径 $DN300mm$，长26km，合同价3600万元。管道沟槽开挖过程中，遇地质勘察未探明的废弃砖沟，经现场监理口头同意，施工项目部组织人员、机具及时清除了砖沟，进行换填级配碎石处理，使工程增加了合同外的工程量。项目部就此向发包方提出计量支付，遭到计量工程师的拒绝。

监理在工程检查中发现：

（1）现场正在焊接作业的两名焊工是公司临时增援人员，均已在公司总部从事管理岗位半年以上；

（2）管道准备连接施焊的数个坡口处有油渍等杂物，检查后向项目部发出整改通知。

【问题】

1. 项目部处理废弃砖沟在程序上是否妥当？如不妥当，写出正确的程序。

2. 简述计量工程师拒绝此项计量支付的理由。

3. 两名新增焊工是否符合上岗条件？说明理由。

4. 管道连接施焊的坡口处应如何处理方能符合有关规范的要求？

【参考答案】

1. 项目部处理废弃砖沟在程序上不妥当，应由建设方组织有关方面验槽，并应由设计方提出变更设计。

2. 计量工程师拒绝此项计量支付的理由：计量支付的依据是工程合同，变更设计应履行程序，监理工程师应有书面指令。

3. 两名新增焊工不符合上岗条件。

理由：间断焊接时间超过6个月，再次上岗前应重新考试；承担其他材质燃气管道安装的人员，必须经过培训，并经考试合格。

4. 管道连接坡口处及两侧10mm范围应清除油渍、锈、毛刺等杂物，清理合格后应及时施焊。

实务操作和案例分析题十二

【背景资料】

某公司中标承建中压A燃气管线工程，管道直径DN30mm，长26km，合同价3600万元。管道沟槽开挖过程中，遇到地质勘察时未探明的废弃砖沟，经现场监理工程师口头同意，施工项目部组织人员、机具及时清除了砖沟，进行换填级配砂石处理，使工程增加了合同外的工作量。项目部就此向发包方提出计量支付，遭到监理工程师拒绝。

监理工程师在工程检查中发现：

（1）现场正在焊接作业的两名焊工是公司临时增援人员，均已在公司总部从事管理岗位半年以上；

（2）管道准备连接施焊的数个坡口处有油渍等杂物，检查后向项目部发出整改通知。

【问题】

1. 项目部处理废弃砖沟在程序上是否妥当？如不妥当，写出正确的程序。

2. 简述监理工程师拒绝此项计量支付的理由。

3. 两名新增焊接人员是否符合上岗条件？为什么？

4. 管道连接施焊的坡口处应如何处理方能符合有关规范的要求？

【参考答案】

1. 项目部处理废弃砖沟在程序上不妥。

正确程序：应由设计人验收地基，并由设计人提出处理意见。施工项目部应按设计图纸和要求施工。

2. 监理工程师拒绝此项计量支付的理由：监理工程师是按施工合同文件执行计量支付的。项目部应就此项增加的工作量，事先征得设计变更或洽商和收集充分证据。

3. 两名新增焊接人员不符合上岗条件。

理由：规范规定，凡中断焊接工作6个月以上焊工正式复焊前，应重新参加焊工考试。

4. 管道连接施焊的坡口处应将坡口及两侧10mm范围内油、漆、锈、毛刺等污物进行清理，清理合格后应及时施焊。

实务操作和案例分析题十三

【背景资料】

A公司承建一项DN400mm应急热力管线工程，采用钢筋混凝土高支架方式架设，利用波纹管补偿器进行热位移补偿。

在进行图纸会审时，A公司技术负责人提出：以前施工过钢筋混凝土支架架设DN400mm管道的类似工程，其支架配筋与本工程基本相同，故本工程支架的配筋可能偏少，请设计予以考虑。设计人员现场答复：将对支架进行复核，在未回复之前，要求施工单位按图施工。

A公司编制了施工组织设计，履行了报批手续后组织钢筋混凝土支架施工班组和管道安装班组进场施工。

设计对支架图纸复核后，发现配筋确有问题，此时部分支架已施工完成，经与建设单位协商，决定对支架进行加固处理。设计人员口头告知A公司加固处理方法，要求A公司按此方法加固即可。

钢筋混凝土支架施工完成后，支架施工班组通知安装班组进行安装。

安装班组在进行对口焊接时，发现部分管道与补偿器不同轴，且对口错边量较大。经对支架进行复测，发现存在质量缺陷（与支架加固无关），经处理合格。

【问题】

1. 列举图纸会审的组织单位和参加单位，指出会审后形成文件的名称。
2. 针对支架加固处理，给出正确的变更程序。
3. 指出补偿器与管道不同轴及错边的危害。
4. 安装班组应对支架的哪些项目进行复测？

【参考答案】

1. 图纸会审的组织单位：建设单位。

图纸会审的参加单位：施工单位、设计单位、监理单位。

会审后形成文件的名称：图纸会审记录。

2. 针对支架加固处理，正确的变更程序：设计单位出具支架加固处理的变更图纸，发出设计变更通知单，监理工程师签发变更指令，施工单位按照指令修改施工组织设计，并重新办理施工组织设计的变更审批手续。如有重大变更，需原设计审核部门审定后方可实施。

3. 补偿器与管道不同轴的危害：造成焊接位置应力集中，可能会导致焊口部位破坏。同时也会严重影响到补偿器正常的伸缩补偿作用。

补偿器与管道错边的危险：影响焊口焊接质量，使焊接质量不能满足规范要求，同时会影响到管道内介质流通。

4. 安装班组应对支架的以下项目进行复测：支架高程；支架中心点平面位置；支架的偏移方向；支架的偏移量；支架的几何尺寸。

实务操作和案例分析题十四

【背景资料】

某公司承接了一项市政排水管道工程，管道为DN1200mm的混凝土管，合同价为1000万元，采用明挖开槽施工。

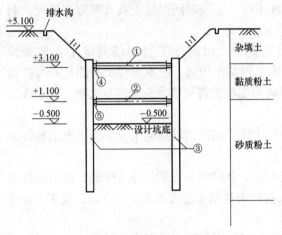

①②—钢支撑 ③—钢板桩 ④⑤—围檩

图1-28 沟槽基坑支护剖面图

（高程单位：m）

项目部进场后立即编制施工组织设计，拟将表层杂填土放坡挖除后再打设钢板桩，设置两道水平钢支撑及型钢围檩，沟槽支护如图1-28所示。沟槽拟采用机械开挖至设计标高，清槽后浇筑混凝土基础；混凝土直接从商品混凝土输送车上卸料到坑底。

在施工至下管工序时，发生了如下事件：起重机支腿距沟槽边缘较近致使沟槽局部变形过大，导致起重机倾覆；正在吊装的混凝土管道掉入沟槽，导致一名施工人员重伤。施工负责人立即将伤员送到医院救治，同时将起重机拖离现场，用了2d时间对沟槽进行清理加固。在这些工作完成后，项目部把事故和处理情况汇报至上级主管部门。

【问题】

1. 根据建造师执业工程规模标准，本工程属于小型、中型还是大型工程？说明该工程规模类型的限定条件。

2. 本沟槽开挖深度是多少？

3. 用图中序号①～⑤及"→"表示支护体系施工和拆除的先后顺序。

4. 指出施工组织设计中错误之处并给出正确做法。

【参考答案】

1. 根据建造师执业工程规模标准，本工程属于中型工程。

该工程规模类型的限定条件：管径0.8～1.5m，单项工程合同额1000万～3000万元。

2. 本沟槽开挖深度是5.6m。

3. 支护体系施工的先后顺序：③→④→①→⑤→②。

支护体系拆除的先后顺序：②→⑤→①→④→③。

4. 施工组织设计中错误之处及正确做法如下。

（1）错误之处：将表层杂填土放坡挖除后再打设钢板桩。

正确做法：先把钢板桩打入砂质粉土后，再放坡挖除杂填土。

（2）错误之处：采用机械开挖至设计标高。

正确做法：采用机械开挖时，应预留200～300mm，由人工挖至设计标高，整平。

（3）错误之处：清槽后浇筑混凝土基础。

正确做法：清槽后，检查验收合格方可浇筑混凝土基础。

（4）错误之处：混凝土直接从商品混凝土输送车上卸料到坑底。

正确做法：应采用串筒、溜槽输送混凝土。

实务操作和案例分析题十五

【背景资料】

某施工单位承建一项城市污水主干管道工程，全长1000m。设计管材采用Ⅱ级承插式钢筋混凝土管，管道内径d1000mm，壁厚100mm；沟槽平均开挖深度为3m，底部开挖宽度设计无要求。场地地层以硬塑粉质黏土为主，土质均匀，地下水位于槽底设计标高以下，施工期为旱季。

项目部编制的施工方案明确了下列事项：

（1）将管道的施工工序分解为：① 沟槽放坡开挖；② 砌筑检查井；③ 下（布）管；④ 管道安装；⑤ 管道基础与垫层；⑥ 沟槽回填；⑦ 闭水试验。

施工工艺流程：①→A→③→④→②→B→C。

（2）根据现场施工条件、管材类型及接口方式等因素确定了管道沟槽底部一侧的工作面宽度为500mm，沟槽边坡坡度为1：0.5。

（3）质量管理体系中，管道施工过程质量控制实行企业的"三检制"流程。

（4）根据沟槽平均开挖深度及沟槽开挖断面估算沟槽开挖土方量（不考虑检查井等构筑物对土方量估算值的影响）。

（5）由于施工场地受限及环境保护要求，沟槽开挖土方必须外运，土方外运量根据表1-16估算。外运用土方车辆容量为10m³/车·次，外运单价为100元/车·次。

土方体积换算系数表   表1-16

虚方	松填	天然密实	夯填
1.00	0.83	0.77	0.67
1.20	1.00	0.92	0.80
1.30	1.09	1.00	0.87
1.50	1.25	1.15	1.00

【问题】

1. 写出施工方案（1）中管道施工工艺流程中A、B、C的名称（用背景资料中提供的序号①~⑦或工序名称做答）。

2. 写出确定管道沟槽边坡坡度的主要依据。

3. 写出施工方案（3）中"三检制"的具体内容。

4. 根据施工方案（4）、（5），列式计算管道沟槽开挖土方量（天然密实体积）及土方外运的直接成本。

5. 指出本工程闭水试验管段的抽取原则。

【参考答案】

1. A——⑤（管道基础与垫层）；B——⑦（闭水试验）；C——⑥（沟槽回填）。

2. 确定边坡坡度的主要依据：土的类别、坡顶荷载、地下水位、沟槽开挖深度、沟槽支撑。

3. 施工方案（3）中的三检制指的是：班组自检、工序或工种间互检、专业检查（专检）。

4. （1）沟槽开挖土方量：

沟槽开挖宽度底部：（1000＋2×100）＋2×500＝2200mm＝2.2m；

顶部：2.2＋3×0.5×2＝5.2m；

土方开挖量：（2.2＋5.2）/2×3×1000＝11100m³。

（2）土方外运的直接成本：

外运土方量（虚方）：11100×1.3＝14430m³；

外运车次数：14430/10＝1443 车次；

外运土方直接成本：1443×100＝144300 元＝14.43 万元。

5. 闭水试验管段的抽取原则：试验管道应按井距分隔，抽样选取，带井试验；管道内径大于700mm时，可按管道井段数量抽样选取1/3进行试验；试验不合格时，抽样井段数量应在抽样基础上加倍进行试验。

实务操作和案例分析题十六

【背景资料】

某公司承建一项天然气管线工程，全长1380m，公称外径 DN110mm，采用聚乙烯燃气管道（SDR11 PE100），直埋敷设，热熔连接。

工程实施过程中发生了如下事件：

事件1：开工前，项目部对现场焊工的执业资格进行检查。

事件2：管材进场后，监理工程师检查发现聚乙烯直管现场露天堆放，且堆放高度达1.8m，项目部既未采取安全措施，也未采用棚护。监理工程师签发通知单要求项目部进行整改，并按表1-17所列项目及方法对管材进行检查。

事件3：管道焊接前，项目部组织焊工进行现场试焊，试焊后，项目部相关人员对管道连接接头的质量进行了检查，并根据检查情况完善了焊接作业指导书。

聚乙烯管材进场检查项目及检查方法 表1-17

检查项目	检查方法
A	查看资料
检测报告	查看资料
使用的聚乙烯原料级别和牌号	查看资料
B	目测
颜色	目测
长度	量测
不圆度	量测
外径及壁厚	量测
生产日期	查看资料
产品标志	目测

【问题】

1. 事件1中，本工程管道焊接的焊工应具备哪些资格条件？

2. 事件2中，指出直管堆放的最高高度应为多少米，并应采取哪些安全措施？管道采用棚护的主要目的是什么？

3. 写出表1-17中检查项目A和B的名称？

4. 事件3中，指出热熔对焊工艺评定检验与试验项目有哪些？

5. 事件3中，聚乙烯管道连接接头质量检查包括哪些项目？

【参考答案】

1. 焊工应具备的资格条件：

（1）经过专门培训，并经考试合格（或具有相应资格证书）；

（2）间断安装时间超过6个月，再次上岗前应重新考试和技术评定。

2.（1）最高堆放高度是1.5m，并应采取防止直管滚动的保护措施。

（2）采用棚护的主要目的是防止暴晒（或紫外线的照射），减缓管材老化现象的发生。

3. 检查项目A的名称：检验合格证；检查项目B的名称：外观。

4. 聚乙烯管道热熔对焊工艺的评定检验和试验项目：拉伸强度、耐压试验（或强度试验）。

5. 连接接头质量检查的项目应包括：翻边对称性、接头对正性（或错边量）、翻边切除。

实务操作和案例分析题十七

【背景资料】

某项目部中标一项燃气管道工程。主管道全长1.615km，设计压力为2.5MPa，采用（$\phi219\times7.9$）mm螺旋焊管；三条支线管道长分别为600m、200m、100m，采用（$\phi89\times5$）mm无缝钢管。管道采用埋地敷设，平均埋深为1.4m，场地地下水位于地表下1.6m。

项目部在沟槽开挖过程中遇到了原勘察报告未揭示的废弃砖沟，项目部经现场监理口头同意并拍照后，组织人力和机械对砖沟进行了清除。事后仅以照片为依据申请合同外增加的工程量确认。

因清除砖沟造成局部沟槽超挖近1m，项目部用原土进行了回填，并分层夯实处理。

由于施工工期紧，项目部抽调了已经在管理部门工作的张某、王某、李某和赵某4人为外援。4人均持有压力容器与压力管道特种设备操作人员资格证（焊接）、焊工合格证书，且从事的工作在证书有效期及合格范围内。其中，张某、王某从焊工岗位转入管理岗3个月，李某和赵某从事管理工作已超过半年以上。

【问题】

1. 此工程的管道属于高、中、低压中的哪类管道？

2. 本工程干线、支线可分别选择何种方式清扫（有气体吹扫和清管球清扫两种方式供选择）？为什么？

3. 清除废弃砖沟合同外工程量还应补充哪些资料才能被确认？

4. 项目部采用原土回填超挖砖沟的方式不正确，正确做法是什么？

5. 4名外援焊工是否均满足直接上岗操作条件？说明理由。

【参考答案】

1. 此工程的管道属于高压管道。

2. 本工程干线可选择清管球清扫方式清扫；支线可选择气体吹扫方式清扫。

理由：干线采用公称直径大于或等于100mm的钢管，宜采用清管球清扫；支线采用公称直径小于100mm的钢管，可采用气体吹扫。

3. 清除废弃砖沟合同外工程量还应补充：变更通知书和工程量确认单，才能够计量工程量。

4. 项目部回填超挖砖沟的正确做法：有地下水时，应采用级配砂石或天然砂回填处理。

5. 张某、王某满足直接上岗操作条件。李某和赵某不满足直接上岗操作条件。

理由：承担燃气钢质管道、设备焊接的人员，必须具有锅炉压力容器压力管道特种设备操作人员资格证（焊接）、焊工合格证书，且在证书的有效期及合格范围内从事焊接工作。间断焊接时间超过6个月，再次上岗前应重新考试；承担其他材质燃气管道安装的人员，必须经过培训，并经考试合格，间断安装时间超过6个月，再次上岗前应重新考试和技术评定。

第二章　市政公用工程合同管理

2011—2020年度实务操作和案例分析题考点分布

年份 考点	2011年	2012年	2013年	2014年	2015年	2016年	2017年	2018年	2019年	2020年
发包人的义务							●			
承包人的义务									●	
设计变更							●			●
工程索赔		●	●	●	●	●	●			
招标程序	●					●				
标书的编制	●									
投标				●						
联合体投标				●						

【专家指导】

　　合同管理内容中，索赔类型的题目是历年考试的常考点，一般都会结合合同责任及进度延误进行综合考查，答题时要结合背景资料中给出的重要信息，进行分析后再作答。除了索赔外，还应掌握招标投标的相关知识，这一内容不会占很大的分值比重，着重掌握招标投标的程序。

要 点 归 纳

1. 招标方式【高频考点】

　　（1）公开招标。采用公开招标方式的，招标人应当发布招标公告，邀请不特定的法人或者其他组织投标。依法必须进行施工招标项目的招标公告，应当在国家指定的报刊和信息网络上发布。

　　（2）邀请招标。采用邀请招标方式的，招标人应当向3家以上具备承担施工招标项目的能力、资信良好的特定法人或者其他组织发出投标邀请书。

2. 资格审查【重要考点】

　　（1）资格预审。指在投标前对潜在投标人进行的资格审查。

　　（2）资格后审。指在开标后对投标人进行的资格审查。

3. 投标保证金有效期【高频考点】

　　投标保证金有效期应当与投标有效期一致。

4. 投标报价策略【重要考点】

（1）投标策略是投标人经营决策的组成部分，从投标的全过程分析主要表现有生存型、竞争型和盈利型。

（2）组价后还可采取投标报价技巧，以既不提高总价、不影响中标，又能获得较好的经济回报为原则，调整内部各个项目的报价。

（3）保证质量、工期的前提下，在保证预期的利润及考虑一定风险的基础上确定最低成本价，在此基础上采取适当的投标技巧可以提高投标文件的竞争性。最常用的投标技巧是不平衡报价法。

5. 合同文件（或称合同）组成【重要考点】

合同协议书、中标通知书、投标函及投标函附录、专用合同条款、通用合同条款、技术标准和要求、图纸、已标价工程量清单以及其他合同文件。

6. 发包人的义务【重要考点】

（1）遵守法律：发包人在履行合同过程中应遵守法律，并保证承包人免于承担因发包人违反法律而引起的任何责任。

（2）发出开工通知：发包人应委托监理人按照约定向承包人发出开工通知。

（3）提供施工场地：发包人应按专用合同条款约定向承包人提供施工场地，以及施工场地内地下管线和地下设施等有关资料，并保证资料的真实、准确、完整。

（4）协助承包人办理证件和批件：发包人应协助承包人办理法律规定的有关施工证件和批件。

（5）组织设计交底：发包人应根据合同进度计划，组织设计单位向承包人进行设计交底。

（6）支付合同价款：发包人应按合同约定向承包人及时支付合同价款。

（7）组织竣工验收：发包人应按合同约定及时组织竣工验收。

（8）其他义务：发包人应履行合同约定的其他义务。

7. 承包人的义务【重要考点】

（1）承包人应按合同约定以及监理人的指示，实施、完成全部工程，并修补工程中的任何缺陷。

（2）除合同另有约定外，承包人应提供为按照合同完成工程所需的劳务、材料、施工设备、工程设备和其他物品，以及按合同约定的临时设施等。

（3）承包人应对所有现场作业、所有施工方法和全部工程的完备性、稳定性和安全性负责。

（4）承包人应按照法律规定和合同约定，负责施工场地及其周边环境与生态的保护工作。

（5）工程接收证书颁发前，承包人应负责照管和维护工程。工程接收证书颁发时尚有部分未竣工工程的，承包人还应负责该未竣工工程的照管和维护工作，直至竣工后移交给发包人为止。

（6）承包人应履行合同约定的其他义务。

8. 合同变更【高频考点】

（1）施工过程中遇到的合同变更，如工程量增减，质量及特性变更，工程标高、基线、尺寸等变更，施工顺序变化，永久工程附加工作、设备、材料和服务的变更等，当事人协商一致，可以变更合同；项目负责人必须掌握变更情况，遵照有关规定及时办理变更手续。

（2）承包人根据施工合同，向监理工程师提出变更申请；监理工程师进行审查，将审查结果通知承包人。监理工程师向承包人提出变更令。

（3）承包人必须掌握索赔知识，在有正当理由和充分证据条件下按规定进行索赔；按施工合同文件有关规定办理索赔手续；准确、合理地计算索赔工期和费用。

9. 工程索赔的处理原则【重要考点】

（1）有正当索赔理由和充分证据。

（2）必须以合同为依据，按施工合同文件有关规定办理。

（3）准确、合理地记录索赔事件并计算索赔工期、费用。

10. 承包人索赔的程序【高频考点】

提出索赔意向通知→提交索赔申请报告及有关资料→审核索赔申请→持续性索赔事件。

11. 工程索赔项目【重要考点】

（1）延期发出图纸产生的索赔。

（2）恶劣的气候条件导致的索赔。

（3）工程变更导致的索赔。

（4）以承包人能力不可预见引起的索赔。

（5）由外部环境引起的索赔。

（6）监理工程师指令导致的索赔。

（7）其他原因导致的承包人的索赔。

12. 索赔的管理【重要考点】

（1）由于索赔引起费用或工期的增加，往往成为上级主管部门复查的对象。为真实、准确反映索赔情况，承包人应建立、健全工程索赔台账或档案。

（2）索赔台账应反映索赔发生的原因，索赔发生的时间、索赔意向提交时间、索赔结束时间，索赔申请工期和费用，监理工程师审核结果，发包人审批结果等内容。

（3）对合同工期内发生的每笔索赔均应及时登记。工程完工时应形成完整的资料，作为工程竣工资料的组成部分。

13. 合同风险的管理与防范措施【重要考点】

（1）合同风险的规避：

充分利用合同条款；增设保值条款；增设风险合同条款；增设有关支付条款；外汇风险的回避；减少承包人资金、设备的投入；加强索赔管理，进行合理索赔。

（2）风险的分散和转移：向保险公司投保；向分包商转移部分风险。

（3）确定和控制风险费：

工程项目部必须加强成本控制，制定成本控制目标和保证措施。编制成本控制计划时，每一类费用及总成本计划都应适当留有余地。

历 年 真 题

实务操作和案例分析题一［2015年真题］

【背景资料】

某公司中标污水处理厂升级改造工程，处理规模为70万 m^3/d，其中包括中水处理系统。中水处理系统的配水井为矩形钢筋混凝土半地下室结构，平面尺寸17.6m×14.4m，高11.8m，设计水深9m；底板、顶板厚度分别为1.1m、0.25m。

施工过程中发生了如下事件：

事件1：配水井基坑边坡坡度1∶0.7（基坑开挖不受地下水影响），采用厚度6~10cm的细石混凝土护面。配水井顶板现浇施工采用扣件式钢管支架，支架剖面如图2-1所示。方案报公司审批时，主管部门认为基坑缺少降、排水设施，顶板支架缺少重要杆件，要求修改补充。

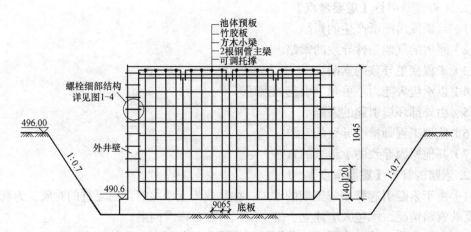

图2-1 配水井顶板支架剖面示意图（标高单位：m；尺寸单位：cm）

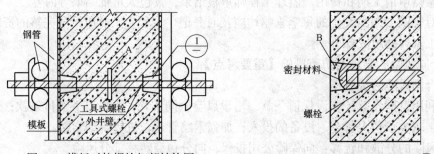

图2-2 模板对拉螺栓细部结构图　　　图2-3 拆模后螺栓孔处置节点①图

事件2：在基坑开挖时，现场施工员认为土质较好，拟取消细石混凝土护面，被监理工程师发现后制止。

事件3：项目部识别了现场施工的主要危险源，其中配水井施工现场主要易燃易爆物品包括隔离剂、油漆稀释料……项目部针对危险源编制了应急预案，给出了具体预防措施。

事件4：施工过程中，由于设备安装工期压力，中水管道未进行功能性试验就进行了道路施工（中水管在道路两侧）。试运行时中水管道出现问题，破开道路对中水管进行修复造成经济损失180万元，施工单位为此向建设单位提出费用索赔。

【问题】

1. 图2-1中基坑缺少哪些降、排水设施？顶板支架缺少哪些重要杆件？

2. 指出图2-2、图2-3中A、B名称，简述本工程采用这种形式螺栓的原因？

3. 事件2中，监理工程师为什么会制止现场施工员行为？取消细石混凝土护面应履行什么手续？

4. 事件3中，现场的易燃易爆物品危险源还应包括哪些？

5. 事件4所造成的损失能否索赔？说明理由。

6. 配水井满水试验至少应分几次？分别列出每次充水高度。

【解题方略】

1. 本题考查的是基坑内的降、排水设施情况以及各种构件的设置要求。根据背景资料可知开挖不受地下水影响，因此不用考虑基坑的井点降水。基坑施工期间可能会遇到下雨，所以需要集水井、截水沟及排水沟。第二小问较简单，但是需要结合题目回答。

2. 本题考查的是钢筋混凝土构筑物的相关知识。考生的识图能力在考试中测试次数较少，但不失为一个很好的考核方法，考生应注意掌握，很可能会再次出现在考试中。

3. 本题考查的是专项施工方案编制与论证的要求。掌握专项方案的编制、论证与修改的相关知识是解答本题的关键。

4. 本题考查的是施工现场易燃、易爆物体危险源。解答本题时，应仔细阅读案例中所给条件，再结合所学习的知识，合理地答出现场的易燃、易爆物体危险源。

5. 本题考查的是施工合同的索赔知识。这一知识点经常出现在考题中，其解题关键在于分清责任，分析清楚产生问题原因的主体责任中首要因素和关键点，解决索赔问题的关键是"谁过错，谁负责，谁赔偿"。几乎每年都会出现在考试中，考生应注意掌握。

6. 本题考查的是关于配水井的满水试验要求。无论在选择题中还是案例题中，出现的概率都较高，考生应给予重视。

【参考答案】

1. 基坑缺少的降、排水设施有：集水井、截水沟、排水沟。

顶板支架缺少水平杆、扫地杆和剪刀撑。

2. A—止水环；B—聚合物水泥砂浆。

采用此种形式螺栓的原因：配水池为给水排水构筑物，防渗要求较高，所以，必须采用有止水构造的螺栓。

3. 监理工程师制止现场施工员行为的原因：现场施工员未严格按专项施工方案施工。

取消细石混凝土护面应履行的手续：由于取消护面属于方案变更，因此应重新编制、论证，并经原批准程序批准后方可实施。

4. 现场的易燃易爆物体危险源还应包括：氧气、乙炔、竹胶板、方木。

5. 施工单位不能索赔。

原因：施工单位未按规范规定（倒序）施工，属于施工单位自身责任。

6. 满水试验至少需要三次。

分为三次注水试验时：第一次充水至设计水深的1/3（充水至3m）；第二次充水至设计水深的2/3（充水至6m）；第三次充水至设计水深（充水至9m）。

实务操作和案例分析题二［2014年真题］

【背景资料】

某市新建生活垃圾填埋场。工程规模为日消纳量200t。向社会公开招标，采用资格后审并设最高限价，接受联合体投标。A公司缺少防渗系统施工业绩，为加大中标机会，与有业绩的B公司组成联合体投标；C公司和D公司组成联合体投标，同时C公司又单独参加该项目的投标；参加投标的还有E、F、G等其他公司，其中E公司投标报价高于限价，F公司报价最低。

A公司中标后准备单独与建设单位签订合同，并将防渗系统的施工分包给报价更优的C公司，被建设单位拒绝并要求A公司立即改正。

项目部进场后，确定了本工程的施工质量控制要求，重点加强施工过程质量控制，确保施工质量；项目部编制了渗沥液收集导排系统和防渗系统的专项施工方案，其中收集导排系统采用HDPE渗沥液收集花管，其连接工艺流程如图2-4所示。

图2-4　HDPE管焊接施工工艺流程图

【问题】

1. 上述投标中无效投标有哪些？为什么？
2. A公司应如何改正才符合建设单位要求？
3. 施工质量过程控制包含哪些内容？
4. 指出工艺流程图中①、②、③的工序名称。
5. 补充渗沥液收集导排系统的施工内容。

【解题方略】

1. 本题考查的是招标投标的相关规定。考生要清楚地了解联合体投标的概念与要求，C公司属于联合体投标的一方，所以不得单独投标；E公司投标报价高于限价，违背了招标文件的实质要求。

2. 本题考查的是联合体投标。根据案例中所提到的信息，确定哪些公司符合联合体投标的要求，然后合理分配工程并签订合同。

3. 本题考查的是施工质量控制的内容。考生根据考试用书中所学的内容，按部就班地答出施工质量过程控制所包含内容即可。应特别注意分项工程（工序）控制及特殊过程控制。

4. 本题考查的是HDPE管焊接施工工艺流程。这一知识点属于新版考试用书中增加的知识点，没有复习到的考生能写出正确答案并不容易，因此对于这些地方应给予重视。

5. 本题考查的是渗沥液收集导排系统施工。渗沥液收集导排系统施工主要有导排层摊铺、收集花管连接、收集渠码砌等施工过程。

【参考答案】

1. 上述投标中，C公司的投标文件无效；C公司和D公司组成的联合体投标文件无效；E公司的投标文件无效。

理由：C公司作为联合体协议的一方，不得再以自己名义单独投标或者参加其他联合体投标；E公司投标报价高于限价，违背了招标文件的实质性内容。

2. A公司与B公司共同与建设单位签订合同。防渗系统由B公司施工。

3. 施工过程质量控制内容：

（1）分项工程（工序）控制。

（2）特殊过程控制。

（3）不合格产品控制。

4. 工艺流程图中，①为管材准备就位；②为预热；③为加压对接。

5. 渗沥液收集导排系统施工内容还应包括：导排层摊铺、收集渠码砌。

实务操作和案例分析题三［2013年真题］

【背景资料】

A公司为某水厂改扩建工程总承包单位。工程包括新建滤池、沉淀池、清水池、进水管道及相应的设备安装。其中设备安装经招标后由B公司实施。施工期间，水厂要保持正常运营。新建清水池为地下式构筑物。池体平面尺寸为128m×30m，高度为7.5m，纵向设两道变形缝，其横断面及变形缝构造如图2-5、图2-6所示。鉴于清水池为薄壁结构且有顶板，方案确定清水池高度方向上分三次浇筑混凝土，并合理划分清水池的施工段。

A公司项目部进场后将临时设施中生产设备搭设在施工的构筑物附近，其余的临时设施搭设在原厂区构筑物之间的空地上，并与水厂签订施工现场管理协议。B公司进场后，A公司项目部安排B公司临时设施搭设在厂区内的滤料堆场附近，造成部分滤料损失。水厂物资部门向B公司提出赔偿滤料损失的要求。

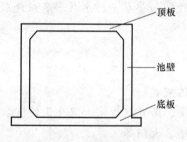

图2-5　清水池横断面示意图

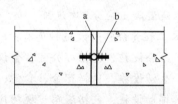

图2-6　变形缝构造示意图

【问题】

1. 分析本案例中施工环境的主要特点。

2. 清水池高度方向施工需设置几道施工缝，应分别在什么部位？

3. 指出图2-6中a、b材料的名称。

4. 简述清水池划分施工段的主要依据和施工顺序，清水池混凝土应分几次浇筑？

5. 列出本工程其余临时设施种类，指出现场管理协议的责任主体。

6. 简述水厂物资部门的索赔程序。

【解题方略】

1. 本题考查的是"人、机、料、法、环"中的环境。考试用书中介绍了相关内容，但篇幅不多。需分析背景资料，结合市政工程的施工环境特点作答。

2. 本题考查的是施工缝的设置。关于构筑物施工缝的设置应符合规定,顶、底板均不得留置水平施工缝,若留置垂直施工缝,应符合施工要求。

3. 本题考查的是考生的识图能力。仔细观察案例中所给图片及案例题题意,根据图片所给出的变形缝所在位置来确定材料名称。

4. 本题考查的是清水池划分施工段的主要依据及施工流程,是很常见的考点,考生应着重记忆。水处理(调蓄)构筑物的钢筋混凝土池体大多采用现浇混凝土施工。浇筑混凝土时应依据结构形式分段、分层连续进行,浇筑层高度应根据结构特点、钢筋疏密决定。当清水池设有变形缝时应按照变形缝分仓浇筑,即清水池混凝土应分3×3=9次浇筑。

5. 本题考查的是施工现场临时设施的种类。考生应清楚临时设施的种类,本案例中所列的临时设施属于生产设施,还需要补充办公设施、生活设施、辅助设施。

6. 本题考查的是建设单位向施工单位的索赔。考生应根据工程索赔的处理原则,对本案例进行索赔。

【参考答案】

1. 本案例中施工环境的主要特点:露天施工,环境复杂,危险性大,交叉作业多,特种作业多,需要协调多,场地限制,新旧工程同时建设,生产不停,环保文明。

2. 清水池高度方向施工需设置2道施工缝。一道设在池壁下腋角上面不小于200mm处,另一道设在顶板与侧壁腋角下部。

3. 图2-6中,a材料的名称为防水嵌缝材料;b材料的名称为中埋式止水带。

4. 清水池划分施工段的主要依据:(1)相关规范要求;(2)设计特殊性要求;(3)施工缝、变形缝、立柱的位置;(4)现有机械设备条件及劳动力情况;(5)划分应有利于安全和质量;(6)方便施工。

清水池施工顺序:测量放样→基坑开挖→基础处理→垫层→防水层→底板浇筑→池壁浇筑→顶板浇筑→功能性试验。

清水池混凝土应分9次浇筑。

5. 本工程其余临时设施种类有:

(1)办公设施,包括办公室、会议室、保卫传达室。

(2)生活设施,包括宿舍、食堂、厕所、淋浴室、阅览娱乐室、卫生保健室。

(3)辅助设施,包括道路、现场排水设施、围墙、大门等。

现场管理协议的责任主体:A公司和水厂。

6. 水厂物资部门应由企业出面,通过监理单位进行反索赔。应根据总承包合同向A公司提出索赔,由A公司再根据分包合同向B公司追偿。但水厂应在一定时间内提供有效损失证明、明确索赔理由和对象,提出索赔金额。

典 型 习 题

实务操作和案例分析题一

【背景资料】

A公司中标某城市污水处理厂的中水扩建工程,合同工期10个月,合同价为固定总价，工程主要包括沉淀池和滤池等现浇混凝土水池。拟建水池距现有建（构）筑物最近距离5m，其地下部分最深为3.6m，厂区地下水位在地面下约2.0m。

A公司施工项目部编制了施工组织设计，其中含有现浇混凝土水池施工方案和基坑施工方案。基坑施工方案包括降水井点设计施工、土方开挖、边坡围护和沉降观测等内容。现浇混凝土水池施工方案包括模板支架设计及安装拆除，钢筋加工，混凝土供应及止水带、预埋件安装等。在报建设方和监理方审批时，被要求增加内容后再报批。

施工过程中发生以下事件：

事件1：混凝土供应商未能提供骨料的产地证明和有效的碱含量检测报告，被质量监督部门明令停用，造成2周工期损失和2万元的经济损失。

事件2：考虑外锚施工对现有建（构）筑物的损坏风险，项目部参照以往经验将原基坑施工方案的外锚护坡改为土钉护坡；实施后发生部分护坡滑裂事故。

事件3：在确认施工区域地下水位普遍上升后，设计单位重新进行抗浮验算，在新建池体增设了配重结构，增加了工作量。

【问题】

1. 补充现浇混凝土水池施工方案的内容。

2. 就事件1中的工期和经济损失，A公司可向建设方或混凝土供应商提出索赔吗？为什么？

3. 分析并指出事件2在技术决策方面存在的问题。

4. 事件3增加工作量能否索赔？说明理由。

【参考答案】

1. 本工程的现浇混凝土水池施工方案应补充混凝土的原材料控制、配合比设计、浇筑作业、养护等内容。

2. A公司不能向建设方索赔工期和经济损失。因为是A公司自身失误，属于A公司的行为责任或风险责任。

A公司可向混凝土供应商索赔经济损失。因为是供应商不履行或未能正确履行进场验收规定。因为向A公司提供骨料的质量保证资料。

3. 基坑外锚护坡改为土钉护坡，使基坑支护结构改变，应经稳定性计算和变形验算，不应参照以往经验进行技术决策。

4. 能提出索赔，理由是池体增加配重结构属设计变更。相关法规规定，工程项目已施工再进行设计变更，造成工程施工项目增加或局部尺寸、数量变化等均可索赔。

实务操作和案例分析题二

【背景资料】

某公司承建一城市道路工程，道路全长3000m，穿过部分农田和水塘，需要借土回填和抛石挤淤。工程采用工程量清单计价，合同约定分部分项工程量增加（减少）幅度在15%以内时，执行原有综合单价。工程量增幅大于15%时，超出部分按原综合单价的0.9倍计算；工程量减幅大于15%时，减少后剩余部分按原综合单价的1.1倍计算。

项目部在路基正式压实前选取了200m作为试验段，通过试验确定了合适吨位的压路机和压实方式。工程施工中发生如下事件：

事件1：项目技术负责人现场检查时发现压路机碾压时先高后低，先快后慢，先静后振，由路基中心向边缘碾压。技术负责人当即要求操作人员停止作业，并指出其错误，要求改正。

事件2：路基施工期间，有块办理过征地手续的农田因补偿问题发生纠纷，导致施工无法进行，为此延误工期20d，施工单位提出工期和费用索赔。

事件3：工程竣工结算时，借土回填和抛石挤淤工程量变化情况见表2-1。

工程量变化情况表　　　　　　　　　　表2-1

分部分项工程	综合单价（元/m³）	清单工程量（m³）	实际工程量（m³）
借土回填	21	25000	30000
抛石挤淤	76	16000	12800

【问题】

1. 除确定合适吨位的压路机和压实方式外，试验段还应确定哪些技术参数？

2. 分别指出事件1中压实作业的错误之处并写出正确做法。

3. 事件2中，施工单位的索赔是否成立？说明理由。

4. 分别计算事件3借土回填和抛石挤淤的费用。

【参考答案】

1. 试验段还应确定的技术参数：确定路基预沉量值；按压实要求，确定压实遍数；确定路基宽度内每层虚铺厚度。

2. 事件1中压实作业的错误之处及正确做法。

（1）错误之处：压路机碾压时先高后低，先快后慢。

正确做法：压路机碾压时应先轻后重、先静后振、先低后高、先慢后快，轮迹重叠。

（2）错误之处：压路机碾压时由路基中心向边缘碾压。

正确做法：压路机碾压应从路基边缘向中央进行，压路机轮外缘距路基边应保持安全距离。

3. 事件2中施工单位的索赔成立。

理由：因农田补偿问题延误工期20d，并且导致施工无法进行，是建设单位的责任。

4. 由于（30000-25000）÷25000＝20%＞15%。

因此，合同约定范围内（15%以内）的费用为：$25000 \times (1+15\%) \times 21 = 603750$ 元；超出15%部分的费用为：$[30000-25000 \times (1+15\%)] \times 21 \times 0.9 = 23625$ 元；借土回填的费用为：$603750 + 23625 = 627375$ 元。

由于（12800-16000）÷16000＝-20%，工程量减幅大于15%，减少后剩余部分按原综合单价的1.1倍计算，抛石挤淤的费用为：$12800 \times 76 \times 1.1 = 1070080$ 元。

实务操作和案例分析题三

【背景资料】

某建设单位与A市政工程公司（简称A公司）签订管涵总承包合同，管涵总长800m。A公司将工程全部分包给B公司（简称B公司），并提取了5%的管理费。A公司与B公司签订的分包合同中约定：（1）出现争议后通过仲裁解决；（2）B公司在施工工地发生安全事故后，应赔偿A公司合同总价的0.5%作为补偿。

B公司采用放坡开挖基槽再施工管涵的施工方法。施工期间A公司派驻现场安全员发现某段基槽土层松软，有失稳迹象，随即要求B公司在此段基槽及时设置板桩临时支撑。但B公司以工期紧及现有板桩长度较短为由，决定在开挖基槽2m深后再设置支撑，且加快基槽开挖施工进度，结果发生基槽局部坍塌，造成一名工人重伤。

建设行政主管部门在检查时，发现B公司安全生产许可证过期，责令其停工。A公司随后向B公司下达了终止分包合同通知书。B公司以合同经双方自愿签订为由诉至人民法院，要求A公司继续履行合同或承担违约责任并赔偿经济损失。

【问题】

1. 对发生的安全事故，反映出A公司和B公司分别在安全管理上存在什么具体问题？

2. B公司处理软弱土层基槽做法违反规范中的什么规定？

3. 法院是否应当受理B公司的诉讼？为什么？

4. 该分包合同是否有效？请说明法律依据。

5. 该分包合同是否应当继续履行？针对已完成工作量应当如何结算？

6. 发生事故后B公司是否应该支付合同总价的0.5%作为补偿？说明理由。

【参考答案】

1. A公司责任：将工程全部分包给B公司，并提取5%的管理费；未对B公司的资质进行审查；未采取有效措施制止B公司施工。

B公司责任：不服从A公司现场管理；安全生产许可证过期。

2. B公司处理软弱土层基槽的做法违反了《给水排水管道工程施工及验收规范》GB 50268—2008的相关规定，软弱土层基坑开挖不得超过1.0m，以后开挖与支撑交替进行，每次交替的深度宜为0.4~0.8m。

3. 法院不应当受理B公司的诉讼。

理由：分包合同中约定出现争议后通过仲裁解决。

4. 该分包合同无效。

根据《建筑法》，该工程属于非法转包。根据《民法典》合同编的有关规定，违反法律或行政法规的强制性规定的合同无效。

5. 该分包合同不应当继续履行。

已完工作量质量合格应予以支付工程款；质量不合格返修后合格应予以支付工程款；质量不合格返修后仍不合格不予支付工程款。

6. 发生事故后B公司不应该支付合同总价的0.5%作为补偿。

理由：《民法典》合同编规定，无效合同自始没有法律约束力。除合同中独立存在的有关解决争议方法的条款有效，其他条款均无效。

实务操作和案例分析题四

【背景资料】

某项目部承接一项直径为4.8m的隧道工程，起始里程为DK10＋100，终点里程为DK10＋868，环宽为1.2m，采用土压平衡盾构施工。盾构隧道穿越地层主要为淤泥质黏土和粉砂土。项目施工过程中发生了以下事件：

事件1：盾构始发时，发现洞门处地质情况与勘察报告不符，需改变加固形式。加固施工造成工期延误10d，增加费用30万元。

事件2：盾构侧面下穿一座房屋后，由于项目部设定的盾构土仓压力过低，造成房屋最大沉降达到50mm。穿越后房屋沉降继续发展，项目部采用二次注浆进行控制。最终房屋出现裂缝，维修费用为40万元。

事件3：随着盾构逐渐进入全断面粉砂地层，出现掘进速度明显下降现象，并且刀盘扭矩和总推力逐渐增大，最终停止盾构推进。经分析为粉砂流塑性过差引起，项目部对粉砂采取改良措施后继续推进，造成工期延误5d，费用增加25万元。

区间隧道贯通后计算出平均推进速度为8环/d。

【问题】

1. 事件1、2、3中，项目部可索赔的工期和费用各是多少，说明理由。

2. 事件2中二次注浆的注浆量和注浆压力应如何确定？

3. 事件3中采用何种材料可以改良粉砂的流塑性？

4. 整个隧道掘进的完成时间是多少天（写出计算过程）？

【参考答案】

1.（1）事件1中，项目部可索赔的工期为10d，可索赔的费用为30万元。

理由：勘察报告是由发包方提供的，应对其准确性负责。

（2）事件2中，项目部既不可以索赔工期，也不可以索赔费用。

理由：项目部施工技术出现问题而造成的，应由项目部承担责任。

（3）事件3中，项目部既不可以索赔工期，也不可以索赔费用。

理由：盾构隧道穿越地层主要为淤泥质黏土和粉砂土，这是项目部明确的事实，属于项目部技术欠缺造成的，应由项目部承担责任。

2. 事件2中二次注浆的注浆量和注浆压力应根据环境条件和沉降监测结果等确定。

3. 事件3中应采用矿物系（如膨润土泥浆）、界面活性剂系（如泡沫）等改良材料。

4. 整个隧道掘进的完成时间为：（868－100）÷（1.2×8）＝80d。

实务操作和案例分析题五

【背景资料】

A公司中标的某城市高架跨线桥工程，为15跨25m预应力简支梁结构，桥面宽22m；采用ϕ1200mm钻孔灌注桩基础，埋置式承台，Y形独立式立柱。工程工期210d，中标价2850万元。经过成本预测分析，项目目标成本为2600万元，其中管理成本（间接成本）占10%。根据总体安排，组建了以一级注册建造师（市政公用工程专业）王某为项目负责人的管理班子。施工过程中发生如下事件：

事件1：编制目标成本时发现投标报价清单中灌注桩单价偏高，桥面沥青混凝土面层单价偏低。

事件2：工程开工2个月后，因资金不足，贷款500万元，共支付利息30万元。

事件3：某承台开挖基坑时发现文物，按上级有关部门要求停工30d，导致总工期拖延10d，未发生直接成本损失。

【问题】

1. 王某担任本工程项目负责人符合建造师管理有关规定吗？说明理由。

2. 试用不平衡报价法解释事件1中A公司投标报价的做法。

3. 本项目利息支出应计入哪类成本？项目目标成本中直接成本是多少？

4. 针对事件3，项目部可以提出哪些索赔要求？说明理由。

【参考答案】

1. 王某担任本工程项目负责人符合建造师管理有关规定。

理由：一级建造师可以担任单跨跨度25m且单项工程合同额2850万元的桥梁工程的项目负责人。

2. A公司投标报价时将能够早日结算收回工程款的项目提高了单价，对于后期项目则降低了单价，这样既不提高总价、不影响中标，又能在结算时得到更理想的经济效益。

3. 本项目利息支出应计入企业管理费。项目目标成本中直接成本为：2600×（1－10%）＝2340万元。

4. 针对事件3，项目部可以提出工期和费用索赔要求。

理由：发现文物属于不可预见事件，其责任由发包人承担。

实务操作和案例分析题六

【背景资料】

A公司中标某市城区高架路工程第二标段。本工程包括高架桥梁、地面辅道及其他附属工程；工程采用工程量清单计价，并在清单中列出了措施项目；双方签订了建设工程施工合同，其中约定工程款支付方式为按月计量支付，并约定发生争议时向工程所在地仲裁委员会申请仲裁。

对清单中某措施项目，A公司报价100万元。施工中，由于该措施项目实际发生费用为180万元，A公司拟向建设单位提出索赔。

建设单位推荐B公司分包钻孔灌注桩工程，A公司审查了B公司的资质后，与B公司签订了工程分包合同。在施工过程中，由于B公司操作人员违章作业，损坏通信光缆，造成大范围通信中断，A公司为此支付了50万元补偿款。

A公司为了应对地方材料可能涨价的风险，中标后即与某石料厂签订了价值400万元的道路基层碎石料的采购合同，约定了交货日期及违约责任（规定违约金为合同价款的5%）并交付了50万元定金。到了交货期，对方以价格上涨为由提出中止合同，A公司认为对方违约，计划提出索赔。

施工过程中，经建设单位同意，为保护既有地下管线，增加了部分工作内容，而原清单中没有相同项目。

工程竣工，保修期满后，建设单位无故拖欠A公司工程款，经多次催要无果。A公司计划对建设单位提起诉讼。

【问题】

1. 本工程是什么方式的计价合同？它有什么特点？

2. A公司应该承担B公司造成损失的责任吗？说明理由。

3. A公司可向石料厂提出哪两种索赔要求？并计算相应索赔额。

4. 上述资料中变更部分的合同价款应根据什么原则确定？

5. 对建设单位拖欠工程款的行为，A公司可以对建设单位提起诉讼吗？说明原因。如果建设单位拒绝支付工程款，A公司应如何通过法律途径解决本工程拖欠款问题？

【参考答案】

1. 本工程的计价合同为单价合同。

单价合同的特点：单价优先，工程量清单中数量是参考数量。

2. A公司应该承担B公司造成损失的责任。

理由：总包单位对分包单位应该承担连带责任，A公司可以根据分包合同追究B公司的经济责任，由B公司承担50万元的经济损失。

3. A公司可向石料厂提出的索赔要求及索赔金额如下：

（1）支付违约金并返还定金（选择违约金条款），索赔额为：$400 \times 5\% + 50 = 70$万元；

（2）双倍返还定金（选择定金条款），索赔额为：$50 \times 2 = 100$万元。

4. 资料中变更部分的合同价款应根据以下原则确定：

（1）如果合同中有类似价格，则参照类似价格。

（2）如果合同中没有适用价格又无类似价格，则由承包方提出适合的变更价格，计量工程师批准执行；这一批准的变更应与承包商协商一致，否则按合同纠纷处理。

5. 对建设单位拖欠工程款的行为，A公司不能对建设单位提起诉讼。

理由：双方在合同中约定了仲裁的条款，不能提起诉讼。

如果建设单位拒绝支付工程款，A公司可以向工程所在地的仲裁委员会申请仲裁，如果建设单位不执行仲裁，则可以向人民法院申请强制执行。

实务操作和案例分析题七

【背景资料】

施工总承包单位与建设单位于2016年2月20日签订了某桥梁工程施工合同。合同中约定：

（1）人工费综合单价为45元/工日；

（2）一周内非承包方原因停水、停电造成的停工累计达8h可顺延工期1d；

（3）工程于3月15日开工。

施工过程中发生如下事件：

事件1：3月19—3月20日遇罕见台风暴雨迫使基坑开挖暂停，造成人员窝工20工日，一台挖掘机陷入淤泥中。

事件2：3月21日施工总承包单位租赁一台塔式起重机（1500元/台班）吊出陷入淤泥中的挖掘机（500元/台班），并进行维修保养，导致停工2d，3月23日上午8时恢复基坑开挖工作。

事件3：5月10日结构施工时，监理工程师口头紧急通知停工，5月11日监理工程师发出因设计修改而暂停施工令，5月14日施工总承包单位接到监理工程师要求5月15日复工的指令。期间造成人员窝工300工日。

事件4：6月30日全钢模板吊装施工时，因供电局检修线路停电导致工程停工8h。

针对事件1～3，施工总承包单位及时向建设单位提出了工期和费用索赔。

【问题】

1. 事件1～3中，施工总承包单位提出的工期和费用索赔是否成立？分别说明理由。

2. 事件1～3中，施工总承包单位可获得的工期和费用索赔各是多少？

3. 事件4中，施工总承包单位可否获得工期顺延？说明理由。

【参考答案】

1. 施工总承包单位就事件1~3提出的工期和费用索赔是否成立的判定及理由如下：

（1）事件1：工期索赔成立，费用索赔不成立。

理由：由于不可抗力造成的工期可以顺延，但窝工费用不给予补偿。

（2）事件2：工期和费用索赔不成立。

理由：租赁的塔式起重机维修保养属于承包商自身的责任。

（3）事件3：工期和费用索赔成立。

理由：由于设计变更造成的工期延误和费用增加的责任应由建设单位承担。

2. 事件1~3中，施工总承包单位可获得的工期索赔：

事件1：可索赔工期2d。

事件3：可索赔工期5d。

共计可索赔工期7d。

事件1~3中，施工总承包单位可获得的费用索赔：

$300 \times 45 = 13500$ 元。

3. 事件4中，施工总承包单位可以获得工期顺延。

理由：合同中约定，一周内非承包方原因停水、停电造成的停工累计达8h可顺延工期1d，事件4是由供电局检修线路停电导致工程停工8h，因此可以获得工期顺延。

实务操作和案例分析题八

【背景资料】

某实施监理的城市桥梁工程项目分为A、B、C共3个单项工程，经有关部门批准采取公开招标的形式分别确定了3个中标人并签订了合同。A、B、C 3个单项工程合同条款中有如下规定：

1. A工程在施工图设计完成前，建设单位通过招标选择了一家总承包单位承包该工程的施工任务。由于设计工作尚未完成，承包范围内待实施工程的工程量难以确定，双方商定拟采用总价合同形式签订施工合同，以减少双方的风险。合同条款中规定：

（1）建设单位向施工单位提供施工场地的工程地质和地下主要管网线路资料，供施工单位参考使用。

（2）施工单位按建设单位代表批准的施工组织设计（或施工方案）组织施工，建设单位不应承担因此引起的工期延误和费用增加的责任。

（3）施工单位不能将工程转包，但允许分包。

2. B工程合同额为6000万元，总工期为25个月，工程分两期进行验收，第一期为15个月，第二期为10个月。在工程实施过程中，出现了下列情况。

（1）工程开工后，从第2个月开始连续3个月建设单位未支付承包商应付的工程进度款。为此，承包商向建设单位发出要求付款通知，并提出对拖延支付的工程进度款应计利息的要求，其数额从监理工程师计量签字后第12天起计息。建设单位认为该3个月未支付工程款可以作为偿还预付款而予以抵消，因此拒绝支付。为此，承包商以建设单位违反合同中关于预付款扣还的规定，以及拖欠工程款导致无法继续施工为由而停止施工，并要求建设单位承担违约责任。

（2）工程进行到第9个月时，国务院有关部门发出通知，指令压缩国家基建投资，要求某些建设项目暂停施工，该项目属于指令停工项目。因此，建设单位向承包商提出暂时中止执行合同实施的通知。为此，承包商要求建设单位承担单方面中止合同给承包方造成的经济损失赔偿责任。

（3）复工后，在工程后期施工时，工地遭遇当地百年以来最大的降雨，工程被迫暂停施工，部分已完工程受损，现场场地遭到破坏，最终使工期拖延了2个月。为此，建设单位要求承包商承担工期拖延所造成的经济损失责任和赶工的责任。

3. C工程在施工招标文件中规定工期按工期定额计算，工期为540d。但在施工合同中，开工日期为2010年9月1日，竣工日期为2012年3月31日，日历天数为578d。

【问题】

1. A单项工程合同中建设单位与施工单位选择总价合同形式是否妥当？合同条款中有哪些不妥之处？说明理由。

2. B单项工程合同执行过程中出现的问题应如何处理？

3. C单项工程合同的合同工期应为多少天？

【参考答案】

1. A单项工程采用总价合同形式不妥。因为项目工程量难以确定，双方风险较大。

合同条款中的不妥之处：建设单位向施工单位提供施工场地的工程地质和地下主要管网线路资料，施工单位参考使用。

理由：建设单位向施工单位提供施工场地的工程地质和地下主要管网线路资料，应保证资料（数据）真实、准确，作为施工单位现场施工的依据。

2.（1）建设单位连续3个月未按合同规定支付工程进度款，应承担金钱债务及违约责任，承包商提出要求付款并计入利息是合理的。但除专门规定外，通常计息期及利息数额应当从发包方监理工程师签字后第15天起计算，而不应是承包商所提出的第12天起开始计算。另外，建设单位以所欠的工程进度款作为偿还预付款为借口拒绝支付，不符合工程计量、支付和预付款扣还的一般规定，是不能接受的。

（2）由于国家指令性计划有重大修改或因政策上的原因强制工程停工，造成合同的执行暂时中止，这属于法律上、事实上不能履约的除外责任，不属于建设单位违约和单方面中止合同，故建设单位不承担违约责任和经济损失赔偿责任。

（3）承包商因遭遇不可抗力被迫停工，根据《民法典》合同编规定，建设单位可以不承担工期拖延的经济责任，建设单位应当给予工期顺延，但不补偿费用。

3. 按照合同文件的解释顺序，协议条款与招标文件在内容上有矛盾时，应以协议条款为准，应认定工期目标为578d。

实务操作和案例分析题九

【背景资料】

某实施监理的市政工程，工程实施过程中发生以下事件：

事件1：甲施工单位将其编制的施工组织设计报送建设单位。建设单位考虑到工程的复杂性，要求项目监理机构审核该施工组织设计；施工组织设计经监理单位技术负责人审核签字后，通过专业监理工程师转交给甲施工单位。

事件2：甲施工单位依据施工合同将深基坑开挖工程分包给乙施工单位，乙施工单位将其编制的深基坑支护专项施工方案报送项目监理机构，专业监理工程师接收并审核批准了该方案。

事件3：主体工程施工过程中，因不可抗力造成损失。甲施工单位及时向项目监理机构提出索赔申请，并附有相关证明材料，要求补偿的经济损失如下：

（1）在建工程损失26万元；

（2）施工单位受伤人员医药费、补偿金4.5万元；

（3）施工机具损坏损失12万元；

（4）施工机械闲置、施工人员窝工损失5.6万元；

（5）工程清理、修复费用3.5万元。

事件4：甲施工单位组织工程竣工预验收后，向项目监理机构提交了工程竣工报验单。项目监理机构组织工程竣工验收后，向建设单位提交了工程质量评估报告。

【问题】

1. 指出事件1中的不妥之处，写出正确做法。

2. 指出事件2中专业监理工程师做法的不妥之处，写出正确做法。

3. 逐项分析事件3中的经济损失是否应补偿给甲施工单位，分别说明理由。项目监理机构应批准的补偿金额为多少万元？

4. 指出事件4中的不妥之处，写出正确做法。

【参考答案】

1. 事件1中的不妥之处及正确做法如下：

（1）不妥之处：甲施工单位将其编制的施工组织设计报送建设单位。

正确做法：甲施工单位将其编制的施工组织设计报送监理单位。

（2）不妥之处：施工组织设计经监理单位技术负责人审核签字。

正确做法：施工组织设计应经总监理工程师审核。

（3）不妥之处：施工组织设计经审核签字后，通过专业监理工程师转交给甲施工单位。

正确做法：施工组织设计经审核签字后，由项目监理机构报送建设单位。

2. 事件2中专业监理工程师做法的不妥之处及正确做法：

（1）不妥之处：专业监理工程师接收乙施工单位提交的深基坑支护专项施工方案。

正确做法：乙施工单位作为分包单位，其编制的深基坑支护专项施工方案应经甲施工单位（施工总承包单位）报送项目监理机构。因此，专业监理工程师应接收甲施工单位提交的专项施工方案。

（2）不妥之处：专业监理工程师接收并审核批准了深基坑支护专项施工方案。

正确做法：根据《建设工程安全生产管理条例》（国务院令第393号）规定，深基坑支护专项施工方案需经总承包单位技术负责人、总监理工程师签字后方可实施。

3.（1）在建工程损失26万元的经济损失应补偿给施工单位，因不可抗力造成工程本身的损失，由建设单位承担。

（2）施工单位受伤人员医药费、补偿金4.5万元的经济损失不应补偿给施工单位，因不可抗力造成承、发包双方人员的伤亡损失，分别由各自负责。

（3）因施工机具损坏而造成的12万元的经济损失不应补偿给施工单位，因不可抗力造成承包人机械设备损坏及停工损失，由承包人承担。

（4）施工机械闲置、施工人员窝工而造成的5.6万元的经济损失不应补偿给甲施工单位，因不可抗力造成承包人机械设备损坏及停工损失，由承包人承担。

（5）工程清理、修复费用3.5万元的经济损失应补偿给甲施工单位，因不可抗力增加的工程所需清理、修复费用，由建设单位承担。

项目监理机构应批准的补偿金额为：26＋3.5＝29.5万元。

4. 事件4中的不妥之处及正确做法如下：

（1）不妥之处：甲施工单位组织工程竣工预验收。

正确做法：应由总监理工程师组织工程竣工预验收。

（2）不妥之处：甲施工单位向项目监理机构提交了工程竣工报验单。

正确做法：总监理工程师组织工程竣工预验收，对存在的问题，应及时要求承包单位整改；整改完毕由总监理工程师签署工程竣工报验单。

（3）不妥之处：项目监理机构组织工程竣工验收。

正确做法：应由建设单位组织工程竣工验收。

（4）不妥之处：组织工程竣工验收后，项目监理机构向建设单位提交了工程质量评估报告。

正确做法：在总监理工程师签署工程竣工报验单的基础上，提出工程质量评估报告，并应经总监理工程师和监理单位技术负责人审核签字。

实务操作和案例分析题十

【背景资料】

某施工单位承揽了一项排水厂站的总承包工程，在施工过程中发生了如下事件：

事件1：施工单位与某材料供应商所签订的材料供应合同中未明确材料的供应时间。急需材料时，施工单位要求材料供应商马上将所需材料运抵施工现场，遭到材料供应商的拒绝。2d后才将材料运到施工现场。

事件2：某设备供应商由于进行设备调试，超过合同约定期限交付施工单位订购的设备，恰好此时该设备价格下降，施工单位按下降后的价格支付给设备供应商，设备供应商要求以原价执行，双方产生争执。

事件3：施工单位与某施工机械租赁公司签订的租赁合同约定期限已到，施工单位将租赁的机械交还租赁公司并交付租赁费，此时，双方签订的合同终止。

事件4：该施工单位与某分包单位所签订的合同中明确规定要降低分包工程的质量，从而减少分包单位的合同价款，为施工单位创造更高的利润。

【问题】

1. 事件1中材料供应商的做法是否正确，为什么？

2. 根据事件1，合同当事人在约定合同内容时，要包括哪些方面的条款？

3. 事件2中施工单位的做法是否正确，为什么？

4. 事件3中合同终止的原因是什么？除此之外，还有什么情况可以使合同的权利义务终止？

5. 事件4中的合同当事人签订的合同是否有效？

6. 在什么情况下可导致合同无效？

【参考答案】

1. 材料供应商的做法正确。

理由：当履行期限不明确的，债务人可以随时履行，债权人也可以随时要求履行，但应当给对方必要的准备时间。

2. 合同当事人在约定合同内容时，要约定以下条款：

当事人的名称或者姓名和住所，标的，数量，质量，价款或者报酬，履行期限、地点和方式，违约责任，解决争议的方法。

3. 事件2中施工单位的做法正确。

理由：逾期交付标的物的，遇价格上涨时，按照原价格执行；价格下降时，按照新价格执行。

4. 事件3中合同终止的原因：债务已经按照约定履行。

可以使合同终止的其他情形：合同解除，债务相互抵消，债权人依法将标的物提存，债权人免除债务，债权债务同归于一人，法律规定或者当事人约定终止的其他情形。

5. 事件4中，合同当事人签订的合同无效。

6. 以下情况可导致合同无效：

（1）一方以欺诈、胁迫的手段订立合同，损害国家利益。

（2）恶意串通，损害国家、集体或者第三人利益。

（3）以合法形式掩盖非法目的。

（4）损害社会公共利益。

（5）违反法律、行政法规的强制性规定。

实务操作和案例分析题十一

【背景资料】

某市政工程的施工方案和进度计划已获监理工程师批准。施工进度计划已经达成一致意见。合同规定由于建设单位责任造成施工窝工时，窝工费用按原人工费、机械台班费的60%计算。

在专用条款中，明确6级以上（含6级）大风、大雨、大雪、地震等自然灾害按不可抗力因素处理。工程师应在收到索赔报告之日起28d内予以确认，工程师无正当理由不确认时，自索赔报告送达之日起28d后视为索赔已经被确认。

根据双方商定，人工费定额为30元/工日，机械台班费为1000元/台班。

建筑公司在履行施工合同的过程中发生以下事件。

事件1：基坑开挖后发现地下情况和发包商提供的地质资料不符，有古河道，须将河道中的淤泥清除并对地基进行二次处理。为此，建设单位以书面形式通知施工单位停工10d，窝工费用合计为3000元。

事件2：2014年5月18日发生6级大风，一直到2014年5月21日开始施工，造成20名人工窝工。

事件3：2014年5月21日用30个工日修复因大雨冲坏的永久道路，2014年5月22日恢复正常挖掘工作。

事件4：2014年5月27日因租赁的挖掘机大修，挖掘工作停工2d，造成人工窝工10个工日。

事件5：2014年5月29日，因外部供电故障，使工期延误2d，造成20人窝工，2台施工机械窝工。

事件6：在施工过程中，发现因建设单位提供的图纸存在问题，故停工3d进行设计变更，造成人工窝工60个工日，机械窝工9个台班。

【问题】

1. 分别说明事件1~6的工期延误和费用增加应由谁承担，并说明理由。如是建设单位的责任应向承包单位补偿工期和费用分别为多少？

2. 建设单位应给予承包单位补偿工期多少天？补偿费用多少元？

【参考答案】

1. 工期延误和费用增加的承担责任的划分。

（1）事件1：应由建设单位承担延误的工期和增加的费用。

理由：是因建设单位造成的施工临时中断，从而导致承包商的工期延误和费用的增加。

建设单位应补偿承包单位工期10d，费用3000元。

（2）事件2：工期延误3d应由建设单位承担，造成20人窝工的费用应由承包单位承担。

理由：因为高于6级大风按合同约定属不可抗力。

建设单位应补偿承包单位工期3d。

（3）事件3：应由建设单位承担修复冲坏的永久道路所延误的工期和增加的费用。

理由：冲坏的永久道路是由于不可抗力（合同中约定的大雨）引起的道路损坏，应由建设单位承担其责任。

建设单位应补偿承包单位工期：1d。

建设单位应补偿承包单位的费用为：$30 \times 30 = 900$ 元。

（4）事件4：应由承包商承担由此造成的工期延误和费用增加。

理由：该事件的发生原因属承包商自身的责任。

（5）事件5：应由建设单位承担工期延误和费用增加的责任。

理由：外部供电故障属于建设单位应承担的风险。

建设单位应补偿承包单位工期2d。

建设单位应补偿承包单位的费用为：$2 \times 20 \times 30 \times 60\% + 2 \times 2 \times 1000 \times 60\% = 3120$ 元。

（6）事件6：应由建设单位承担工期的延误和费用增加的责任。

理由：施工图纸是由建设单位提供的，停工待图属于建设单位应承担的责任。

建设单位应补偿承包单位工期3d。建设单位应补偿承包单位费用为：$30 \times 60 \times 60\% + 9 \times 1000 \times 60\% = 6480$ 元。

2. 建设单位应给予承包单位补偿工期：$10 + 3 + 2 + 3 + 1 = 19d$。

建设单位应给予承包单位补偿费用为：$3000 + 900 + 3120 + 6480 = 13500$ 元。

实务操作和案例分析题十二

【背景资料】

某城市的道路改造工程，建设单位（发包人）与施工单位（总承包人）按照《建设工程施工合同（示范文本）》（GF—2017—0201）签订了施工合同。

在施工过程中，发生如下事件：

事件1：发包人未与总承包人协商便发出书面通知，要求本工程必须提前10d竣工。

事件2：挖方段遇到了工程地质勘探报告没有揭示的岩石层，破碎、移除拖延了23d时间。

事件3：工程拖延致使路基施工进入雨期，连续降雨使土壤含水量过大，无法进行压实作业，因此耽误了15d工期。

事件4：在工程即将竣工前，当地遭遇了龙卷风袭击，本工程路面层遭到损坏。总承包方报送了路面实际修复费用51840元，临时设施及停窝工损失费178000元的索赔资料，但发包方拒绝签认。

【问题】

1. 事件1中，发包人以通知书形式要求提前工期是否合法？说明理由。

2. 事件2造成的工期拖延和增加费用能否提出索赔，为什么？

3. 事件3造成的工期拖延和增加费用能否提出索赔，为什么？

4. 事件4中，总承包人提出的各项请求是否符合约定？分别说明理由。

【参考答案】

1. 事件1中，发包人以通知书形式要求提前工期不合法。

理由：建设单位（发包人）与施工单位（总承包人）已签订合同，合同当事人欲变更合同须征得对方当事人的同意，发包人不得任意压缩合同约定的合理工期。

2. 事件2挖方段破碎、移除岩石的处理工作引发的工期和费用应该提出索赔，发包人应予以受理。

理由：因为地质勘探资料不详是有经验的承包商预先无法预测到的，非承包人责任，并确实已造成了实际损失。

3. 事件3造成的工期拖延和费用增加不能提出索赔。

理由：因为连续降雨，造成路基无法施工，尽管有实际损失，但是有经验的承包商应能够预测及采取措施加以避免的；即便与事件2有因果关系，但事件2已进行索赔。因此应予驳回。

4. （1）路面实际修复费用的索赔请求符合约定。

理由：不可抗力发生后，工程本身的损害所造成的经济损失由发包人承担。

（2）临时设施损失费的索赔请求不符合约定。

理由：不可抗力发生后，临时设施损失费由承包人承担。

（3）停窝工损失费的索赔请求不符合约定。

理由：不可抗力发生后，停工损失由承包人承担。

实务操作和案例分析题十三

【背景资料】

某污水治理建安工程采用施工总承包模式，建设单位委托了监理单位对工程实施监理。根据合同约定，施工所需的钢材等主要材料由建设单位采购供应；人工费标准为70元/工日，发生人工窝工补偿标准为50元/工日，间接费、利润等均不予补偿。总承包单位经监理单位同意，将场外排污管工程分包给A分包商，将设备安装工程分包给B分包商。

施工过程中发生了下列事件：

事件1：场外排污管基槽开挖后，A分包商发现槽底局部有软弱下卧层。根据监理工程师指示，A分包商配合地质复查，用去10个工日；地质复查后，A分包商根据批准的处理方案进行地基处理，增加工程费用4万元。因地基复查和处理，使该分包工程施工期延长3d，人工窝工15个工日。为此，A分包商向建设单位提交了工期延期与费用索赔报告。

事件2：建设单位采购的钢筋在监理工程师见证下进行了取样送检，经有资质的检测单位检测，钢筋力学性能合格，监理工程师同意进场使用；但在使用中发现，钢筋焊接质量不合格。经进一步对钢筋进行检验，最终确认该批钢筋焊接性能不符合要求。

事件3：在主体结构施工中，因设计图纸出错导致部分已施工的结构返工，返工的费用2万元，施工期延长5d，人工窝工10个工日。

事件4：由于B分包商采购的设备辅件不合格导致设备试车不合格，需要重新采购并安装试车。

【问题】

1. 事件1中，A分包商向建设单位提交索赔报告是否妥当？说明理由。

2. 事件2中，总承包单位和监理单位是否应对事件承担责任？说明理由。该事件可能会引起哪些索赔？

3. 事件1和事件3中，建设单位应给予承包商的合理补偿费用各为多少？说明理由。

4. 事件4中，重新采购并安装试车造成的工期与费用损失应由谁承担？说明理由。

【参考答案】

1. A分包商向建设单位提交索赔报告不妥。

理由：虽然属于不可预见的地质条件变化造成的工期延长、费用增加，是可以提出索赔的，但应该是向总承包商提交索赔报告。

2. 总承包单位和监理单位不对事件2承担责任。

理由：取样送检就是在监理单位的监督下，送有资质的检测单位进行检测，检测单位已证明钢筋力学性能合格。在使用时检测有质量问题应由建设单位承担责任。

该事件可能会引起费用和工期的索赔。

3. 事件1和事件3中，建设单位应给予的合理补偿费用如下：

（1）事件1给予的补偿费用为41450元。

理由：补偿费用为：工日×人工费标准＋窝工工日×窝工补偿标准＋增加工程费用＝10×70＋15×50＋40000＝41450元。

（2）事件3给予的补偿费用为20500元。

理由：补偿费用为：返工费用＋窝工工日×窝工补偿标准＝20000＋10×50＝20500元。

4. 事件4中，重新采购并安装试车造成的工期延长与费用损失应由B分包商承担。

理由：B分包商采购的设备辅件不合格导致设备试车不合格。

实务操作和案例分析题十四

【背景资料】

某建设单位和施工单位签订了某市政公用工程施工合同，合同中约定：建筑材料由建设单位提供；由于非施工单位原因造成的停工，机械补偿费为200元/台班，人工补偿费为50元/日工；总工期为120d；竣工时间提前奖励为3000元/d，误期损失赔偿费为5000元/d。经项目监理机构批准的施工进度计划如图2-7所示。

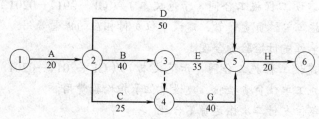

图2-7 施工进度计划（单位：d）

施工过程中发生如下事件：

事件1：工程进行中，建设单位要求施工单位对某一构件做破坏性试验，以验证设计参数的正确性。该试验需修建两间临时试验用房，施工单位提出建设单位应该支付该项试验费用和试验用房修建费用。建设单位认为，该试验费属建筑安装工程检验试验费，试验用房修建费属建筑安装工程措施费中的临时设施费，该两项费用已包含在施工合同价中。

事件2：建设单位提供的建筑材料经施工单位清点入库后，在专业监理工程师的见证下进行了检验，检验结果合格。其后，施工单位提出，建设单位应支付建筑材料的保管费和检验费；由于建筑材料需要进行二次搬运，建设单位还应支付该批材料的二次搬运费。

事件3：（1）由于建设单位要求对B工作的施工图纸进行修改，致使B工作停工3d（每停1d影响30工日、10台班）；

（2）由于机械租赁单位调度的原因，施工机械未能按时进场，使C工作的施工暂停5d（每停1d影响40工日、10台班）；

（3）由于建设单位负责供应的材料未能按计划到场，E工作停工6d（每停1d影响20工日、5台班）。施工单位就上述3种情况按正常的程序向项目监理机构提出了延长工期和补偿停工损失的要求。

事件4：在工程竣工验收时，为了鉴定某个关键构件的质量，总监理工程师建议采用试验方法进行检验，施工单位要求建设单位承担该项试验的费用。

该工程的实际工期为122d。

【问题】

1. 事件1中，建设单位的说法是否正确？为什么？

2. 逐项回答事件2中施工单位的要求是否合理，说明理由。

3. 逐项说明事件3中项目监理机构是否应批准施工单位提出的索赔，说明理由并给出审批结果（写出计算过程）。

4. 事件4中，试验检验费用应由谁承担？

5. 分析施工单位应该获得工期提前奖励，还是应该支付误期损失赔偿费，金额是多少？

【参考答案】

1. 事件1中，建设单位的说法不正确。

理由：依据《建筑安装工程费用项目组成》（建标［2013］44号）的规定，建筑安装工程费（或检验试验费）中不包括构件破坏性试验费，建筑安装工程措施费中的临时设施费不包括试验用房修建费用。

2.（1）要求建设单位支付保管费合理。

理由：依据《建设工程施工合同（示范文本）》（GF—2017—0201）的规定，建设单位提供的材料，由施工单位负责保管，建设单位支付相应的保管费用。

（2）要求建设单位支付检验费合理。

理由：依据《建设工程施工合同（示范文本）》（GF—2017—0201）的规定，建设单位提供的材料，由施工单位负责检验，建设单位承担检验费用。

（3）要求建设单位支付二次搬运费不合理。

理由：二次搬运费已包含在措施项目费中。

3. 如图 2-8 所示，粗实线表示关键线路。经分析可知，E 工作有 5d 总时差。

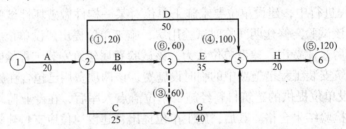

图2-8 施工进度计划（单位：d）

（1）B工作停工3d：应批准工期延长3d，因属建设单位原因（或因属非施工单位原因）且工作处于关键线路上，费用可以索赔。

应补偿停工损失为：$3 \times 30 \times 50 + 3 \times 10 \times 200 = 10500$ 元。

（2）C工作停工5d：工期索赔不予批准，停工损失不予补偿，因属施工单位原因。

（3）E工作停工6d：应批准工期延长1d，该停工虽属建设单位原因，但E工作有5d总时差，停工使总工期延长1d，费用可以索赔。

应补偿停工损失为：$6 \times 20 \times 50 + 6 \times 5 \times 200 = 12000$ 元。

4. 事件4中，若构件质量检验合格，由建设单位承担试验检验费用；若构件质量检验不合格，由施工单位承担试验检验费用。

5. 由于非施工单位原因使工作B和工作E停工，造成总工期延长4d，工期提前 $120 + 4 - 122 = 2d$，施工单位应获得工期提前奖励，应得金额为：$2 \times 3000 = 6000$ 元。

实务操作和案例分析题十五

【背景资料】

某市跨江大桥工程由政府投资建设，该项目为地方重点工程，可行性研究报告已获批准，核准的施工总承包招标方式为公开招标。该项目初步设计图纸正在审查中。为使大桥能尽早投入使用，项目法人决定立即启动招标程序。先以初步设计图纸为基础进行公开招标。项目法人直接委托了一家招标公司承担该项目的招标工作。

招标公司向项目法人建议：

（1）由于本项目采用的技术为国际先进水平，国内具有相应施工技术能力的企业不超过5家，建议直接改用邀请招标。

（2）由于初步设计图纸深度不够，为帮助项目法人控制工程投资，建议将部分价值较大的专业工程以暂估价形式包括在总承包范围内，待条件具备时，由项目法人主持定价，直接指定分包人。

（3）由于项目施工技术难度较高，建议评标方法采用综合评估法。同时，该建设行政主管部门认定该项目为重点工程，项目法人不能直接委托招标代理机构，而应由其指定该市某招标中心代理招标。

【问题】

1. 本项目是否具备工程施工总承包招标条件，为什么？

2. 招标公司的3条建议是否妥当，为什么？

3. 项目法人直接委托招标公司是否存在问题？说明理由。

4. 该市建设行政主管部门是否可以指定该市某招标中心为招标代理机构？说明理由。

【参考答案】

1. 本项目不具备工程施工总承包招标条件。

理由：项目初步设计图纸没有审查批准。

2. 第（1）条建议不妥。

理由：该项目为地方重点工程。根据《招标投标法》及其实施条例规定，国家重点项目、地方重点工程和国有资金占控股或者主导地位的依法必须进行招标的项目，除拟准可以采用邀请招标方式外，都应当实行公开招标。

第（2）条建议不妥。

理由：专业工程暂估价应按中标价或发包人、承包人与分包人最终确认价计算。

第（3）条建议妥当。

理由：综合评估法适用于技术性能相对复杂，对投标人的财务状况和融资能力要求较高的项目。

3. 项目法人直接委托招标公司不存在问题。

理由：项目法人与招标代理机构是一种委托与被委托的关系。

4. 该市建设行政主管部门不可以指定该市某招标中心为招标代理机构。

理由：建设行政主管部门只是对招标投标活动进行监督。

实务操作和案例分析题十六

【背景资料】

某工程项目由政府投资建设，建设单位委托某招标代理公司代理施工招标。该工程采用无标底公开招标方式选定施工单位。

工程实施中发生了下列事件：

事件1：工程招标时，A、B、C、D、E、F、G共7家投标单位通过资格预审，并在投标截止时间前提交了投标文件。评标时，发现A投标单位的投标文件虽加盖了公章，但没有投标单位法定代表人签字，只有法定代表人授权书中被授权人的签字（招标文件中对是否可由被授权人签字没有具体规定）；B投标单位的投标报价明显高于其他投标单位的投标报价，分析其原因是施工工艺落后造成的；C投标单位将招标文件中规定的工期380d作为投标工期，但在投标文件中明确表示如果中标，合同工期按定额工期400d签订；D投标单位投标文件中的总价金额汇总有误。

事件2：经评标委员会评审，推荐G、F、E投标单位为前3名中标候选人。在中标通知书发出前，建设单位要求监理单位分别找G、F、E投标单位重新报价，以价格低者为中标单位。按原投标价签订施工合同后，建设单位以中标单位再次以新报价签订协议书来作为实际履行合同的依据。招标代理公司认为建设单位的要求不妥，并提出了不同意见，建设单位最终接受了招标代理公司的意见，确定G投标单位为中标单位。

【问题】

1. 分别指出事件1中A、B、C、D投标单位的投标文件是否有效，说明理由。
2. 事件2中，建设单位的要求违反了招标投标有关法规的哪些具体规定？
3. 该建设单位与G投标单位应如何签订施工合同？

【参考答案】

1. 事件1中A、B、C、D投标单位的投标文件是否有效的判断及理由如下：

（1）A单位的投标文件有效。

理由：招标文件对此没有具体规定，签字人有法定代表人的授权书，签字有效。

（2）B单位的投标文件有效。

理由：未明确招标文件中设有拦标价，对高报价没有限制。

（3）C单位的投标文件无效。

理由：没有响应招标文件的实质性要求，附有招标人无法接受的条件。

（4）D单位的投标文件有效。

理由：总价金额汇总有误属于细微偏差，明显的计算错误允许补正。

2. 事件2中，建设单位的要求违反了招标投标有关法规的以下具体规定：

（1）确定中标人前，招标人不得与投标人就投标价格、投标方案等实质性内容进行协商。

（2）招标人与中标人必须按照招标文件和中标人的投标文件订立合同，双方私下不得再行订立背离合同实质性内容的其他协议。

3. 该项目应自中标通知书发出后30d内按招标文件和G投标单位的投标文件签订书面合同，双方不得再签订背离合同实质性内容的其他协议。

实务操作和案例分析题十七

【背景资料】

某大型工程项目由政府投资建设，建设单位委托某招标代理公司代理施工招标。招标代理公司确定该项目采用公开招标方式招标，招标公告在当地政府规定的招标信息网上发布，招标文件对省内的投标人与省外的投标人提出了不同的要求。招标文件中规定，投标担保可采用投标保证金或投标保函方式担保。评标方法采用经评审的最低投标价法。投标有效期为50d。

建设单位对招标代理公司提出以下要求：为了避免潜在的投标人过多，项目招标公告只在本市日报上发布，且采用邀请招标方式招标。

项目施工招标信息发布以后，共有10家潜在的投标人报名参加投标。建设单位认为报名参加投标的人数太多，为减少评标工作量，要求招标代理公司仅对报名的潜在投标人的资质条件、业绩进行资格审查。

经过标书评审，A投标人被确定为中标候选人，A投标人的投标报价为6000万元。发出中标通知书后，招标人和A投标人进行合同谈判，希望A投标人能再压缩工期、降低费用。经谈判后双方达成一致，不压缩工期，降价费用3%。

【问题】

1. 该工程项目招标公告和招标文件有无不妥之处？给出正确做法。

2. 建设单位对招标代理公司提出的要求是否正确？说明理由。

3. 该项目施工合同价格应是多少？

【参考答案】

1. 该工程项目招标公告和招标文件的不妥之处及正确做法如下：

（1）不妥之处：招标公告仅在当地政府规定的招标信息网上发布。

正确做法：公开招标项目的招标公告，必须在指定媒介发布，任何单位和个人不得非法限制招标公告的发布地点和发布范围。

（2）不妥之处：对省内的投标人与省外的投标人提出了不同的要求。

正确做法：公开招标应当平等地对待所有的投标人，不允许对不同的投标人提出不同的要求。

2. 建设单位对招标代理公司提出的要求不正确。

理由：因该工程项目由政府投资建设，相关法规规定，全部使用国有资金投资或者国有资金投资占控股或者主导地位的项目，应当采用公开招标方式招标。如果采用邀请招标方式招标，应由有关部门批准。

3. 该项目施工合同价格应为6000万元。

实务操作和案例分析题十八

【背景资料】

某市政工程，预算投资4500万元，建设工期为10个月。工程采用公开招标的方式确定承包商。按照《招标投标法》和《建筑法》的规定，建设单位编制了招标文件，并向当地的建设行政管理部门提出了招标申请书，得到了批准。

建设单位依照有关招标投标程序进行公开招标。

由于该工程在设计上比较复杂，根据当地建设局的建议，要求参加投标的主体单位最低不得低于二级资质。拟参加此次投标的5家单位中A、B、D单位为二级资质，C单位为三级资质，E单位为一级资质，而C单位的法定代表人是建设单位某主要领导的亲戚，建设单位招标工作领导小组在资格预审时出现了分歧，正在犹豫不决时，C单位拟准备组成联合体投标，经C单位的法定代表人私下活动，建设单位同意让C与A联合承包工程，并明确向A暗示，如果不接受这个投标方案，则该工程的中标将授予B单位。A为了获得该项工程，同意了与C联合承包该工程，并同意将某部分主要工程交给C单位施工。于是A和C联合投标获得成功。A与建设单位签订了工程施工合同，A与C也签订了联合承包工程的协议。

【问题】

1. 简述施工招标的公开招标程序。

2. 在上述招标过程中，作为该项目的建设单位其行为是否合法？原因何在？

3. 从上述资料来看，A和C组成的投标联合体是否有效？为什么？

4. 通常情况下，招标人和投标人串通投标的行为有哪些表现形式？

【参考答案】

1. 施工公开招标的程序一般为：

（1）由建设单位向招标管理机构提出招标申请书；

（2）由建设单位组建符合招标要求的招标班子；

（3）编制招标文件和标底；

（4）发布招标公告或发出投标邀请书；

（5）投标单位申请投标；

（6）对投标单位进行资质审查；

（7）向合格的投标单位发招标文件及设计图纸、技术资料等；

（8）组织投标单位踏勘现场，并对招标文件答疑；

（9）接收投标文件；

（10）召开开标会议，审查投标标书；

（11）组织评标，决定中标单位；

（12）发出中标通知书；

（13）建设单位与中标单位签订承包发包合同。

2. 该项目的建设单位的行为不合法。

理由：作为该项目的建设单位，为了照顾某些个人关系，指使A和C强行联合，并最终排斥了B、D、E这3个单位可能中标的机会，构成了不正当竞争，违反了《招标投标法》中关于不得强制投标人组成联合体共同投标，不得限制投标人之间的竞争的强制性规定。

3. A和C组成的投标联合体无效。

理由：根据《招标投标法》规定，两个以上法人或者其他组织可以组成一个联合体，以一个投标人的身份共同投标。联合体各方均应当具备承担招标项目的相应能力；国家有关规定或者招标文件对投标人资格条件有规定的，联合体各方均应当具备规定的相应资格条件。由同一专业单位组成的联合体，按照资质等级较低的单位确定资质等级。本案例中，A和C组成的投标联合体不符合对投标单位主体资格条件的要求，所以是无效的。

4. 招标人与投标人串通投标的行为表现如下：

（1）招标人在开标前开启投标文件并将有关信息泄露给其他投标人；

（2）招标人直接或者间接向投标人泄露标底、评标委员会成员等信息；

（3）招标人明示或者暗示投标人压低或者抬高投标报价；

（4）招标人授意投标人撤换、修改投标文件；

（5）招标人明示或者暗示投标人为特定投标人中标提供方便；

（6）招标人与投标人为谋求特定投标人中标而采取的其他串通行为。

实务操作和案例分析题十九

【背景资料】

某市政工程项目，该工程设计已完成，施工图纸齐备，施工现场已完成"三通一平"

工作，已具备开工条件。工程施工招标委托招标代理机构采用公开招标方式代理招标。招标代理机构编制了标底（800万元）和招标文件。

招标文件中要求工程总工期为365d。按国家工期定额规定，该工程的工期应为460d。通过资格预审并参加投标的共有A、B、C、D、E 5家施工单位。

开标会议由招标代理机构主持，开标结果是这5家投标单位的报价均高出标底近300万元：这一异常引起了建设单位的注意，为了避免招标失败，建设单位提出由招标代理机构重新复核和制定新的标底，招标代理机构复核标底后，确认是由于工作失误，漏算部分工程项目，使标底偏低。在修正错误后，招标代理机构确定了新的标底。A、B、C这3家投标单位认为新的标底不合理，向招标人要求撤回投标文件。

由于上述问题纠纷导致定标工作在原定的投标有效期内一直没有完成。为早日开工，该建设单位更改了原定工期和工程结算方式等条件，指定了其中一家施工单位中标。

【问题】

1. 根据该工程的具体条件，招标师应向建设单位推荐采用何种合同（按付款方式划分）？为什么？

2. 根据该工程的特点和建设单位的要求，在工程的标底中是否应含有赶工措施费？为什么？

3. 上述招标工作存在哪些问题？

4. A、B、C这3家投标单位要求撤回投标文件的做法是否正确？为什么？

5. 如果招标失败，招标人可否另行招标？投标单位的损失是否应由招标人赔偿？为什么？

【参考答案】

1. 根据该工程的具体条件，招标师应向建设单位推荐采用总价合同。

理由：因该工程施工图齐备，现场条件满足开工要求，工期为1年，风险较小。

2. 根据该工程的特点和建设单位的要求，在工程的标底中应该含有赶工措施费。

理由：因该工程工期压缩率为：（460－365）/460＝20.7%＞20%。

3. 在招标工作中，存在以下问题：

（1）开标以后，又重新确定标底；

（2）在投标有效期内没有完成定标工作；

（3）更改招标文件的合同工期和工程结算条件；

（4）直接指定施工单位。

4. A、B、C这3家投标单位要求撤回投标文件的做法不正确。

理由：投标是一种要约行为。

5.（1）如果招标失败，招标人可以重新组织招标。

（2）投标单位的损失不应由招标人赔偿。

理由：招标属于要约邀请。

实务操作和案例分析题二十

【背景资料】

某大型市政工程项目，经省有关部门批准后决定采取邀请招标方式招标。招标人于

2011年3月8日向通过资格预审的A、B、C、D、E共5家施工承包企业发出了投标邀请书，5家企业接受了邀请并于规定时间内购买了招标文件。

招标文件规定：2011年4月20日下午4时为投标截止时间，2011年5月10日发出中标通知书日。在2011年4月20日上午A、B、D、E这4家企业提交了投标文件，但C企业于2011年4月20日下午5时才送达。2011年4月23日由当地招标投标监督办公室主持进行了公开开标。

评标委员会共有7人组成，其中当地招标投标监督办公室1人，公证处1人，招标人1人，技术、经济专家4人。评标时发现B企业投标文件有项目经理签字并盖了公章，但无法定代表人签字和授权委托书；D企业投标报价的大写金额与小写金额不一致；E企业对某分项工程报价有漏项。招标人于2011年5月10日向A企业发出了中标通知书，双方于2011年6月12日签订了书面合同。

【问题】

1. 分别指出对B企业、C企业、D企业和E企业的投标文件应如何处理，并说明理由。
2. 指出评标委员会人员组成的不妥之处。
3. 指出招标人与中标企业6月12日签订合同是否妥当，并说明理由。

【参考答案】

1.（1）B企业的投标文件应按废标处理。

理由：投标文件无法定代表人签字和授权委托书。

（2）C企业的投标文件应不予处理。

理由：C企业的投标文件未按招标文件要求的提交投标文件的时间提交。

（3）D企业的投标文件应进行修正处理。

理由：投标报价的大写金额与小写金额不一致，属于细微偏差，不可作为废标处理。

（4）E企业的投标文件应按有效标书处理。

理由：对某分项工程报价有漏项情况不影响标书的有效性。

2. 评标委员会人员组成的不妥之处：

（1）评标委员会人员组成不应包括当地招标投标监督办公室和公证处人员。

（2）评标委员会的技术、经济专家人数少于成员总数的2/3。

3. 招标人与中标企业6月12日签订合同不妥。

理由：根据《招标投标法》规定，招标人与中标人应当自中标通知书发出之日起30d内，按照招标文件和中标人的投标文件订立书面合同。

实务操作和案例分析题二十一

【背景资料】

某城市引水工程，输水管道为长980m、$DN3500mm$钢管，采用顶管法施工；工作井尺寸8m×20m，挖深15m，围护结构为$\phi 800mm$钻孔灌注桩，设四道支撑。

工作井挖土前，经检测发现3根钻孔灌注桩桩身强度偏低，造成围护结构达不到设计要求。调查结果表明混凝土的粗、细骨料合格。

顶管施工前，项目部把原施工组织设计确定的顶管分节长度由6.6m改为8.8m，仍采用原龙门式起重机下管方案，并准备在现场予以实施。监理工程师认为此做法违反有关规定并存在安全隐患，予以制止。

顶管正常顶进过程中，随顶程增加，总顶力持续增加，在顶程达1/3时，总顶力接近后背设计允许最大荷载。

【问题】

1. 钻孔灌注桩桩身强度偏低的原因可能有哪些？应如何补救？

2. 说明项目部变更施工方案的正确做法。

3. 改变管节长度后，应对原龙门式起重机下管方案中哪些安全隐患点进行安全验算？

4. 顶力随顶程持续增加的原因是什么？应采取哪些措施处理？

【参考答案】

1. 钻孔灌注桩桩身强度偏低的原因可能是：施工现场混凝土配合比控制不严；搅拌时间不够和水泥质量差。

补救措施：应会同主管部门、设计单位、工程监理以及施工单位的上级领导单位，共同研究，提出切实可行的处理办法；在技术方面应在桩强度偏低处补桩并多加支撑；桩周围土壤注浆加固；对强度偏低的桩施加预应力。

2. 项目部变更施工方案的正确做法：应按照规范标准进行结构稳定性、强度等内容的核算，并做出相应的施工专项设计，配备必要的施工详图。重新编制专项施工方案，并报监理工程师审批批准后执行。

3. 改变管节长度后，应重新验算起吊能力是否满足，包括自身强度、刚度和稳定性；地基承载力、吊点设置和钢丝绳安全系数；制动装置；钢管吊装受力后的变形。

4. 顶力随顶程持续增加的原因是顶入土体管道的长度增加，随着顶程增加，阻力增大。应采取的处理措施：（1）注入膨润土泥浆减小阻力；（2）在顶程达1/3处加设中继间。

第三章　市政公用工程施工成本管理

2011—2020年度实务操作和案例分析题考点分布

考点　　　　　　　　年份	2011年	2012年	2013年	2014年	2015年	2016年	2017年	2018年	2019年	2020年
工程量清单计价的应用		●			●					

【专家指导】

近些年关于成本考核的越来越少了，这一考点通常会以选择题的形式来考核，实务操作和案例分析题部分基本不再涉及了。

要 点 归 纳

1. 概算文件的编审程序和质量控制【重要考点】

（1）设计概算文件编制的有关单位应当一起制定编制原则、方法，以及确定合理的概算投资水平，对设计概算的编制质量、投资水平负责。

（2）项目设计负责人和概算负责人对全部设计概算的质量负责；概算文件编制人员应参与设计方案的讨论；设计人员要树立以经济效益为中心的观念，严格按照批准的工程内容及投资额度设计，提出满足概算文件编制深度的技术资料；概算文件编制人员对投资的合理性负责。

（3）概算文件需经编制单位自审，建设单位（项目业主）复审，工程造价主管部门审批。

（4）概算文件的编制与审查人员必须具有国家注册造价工程师资格，或者具有省市（行业）颁发的造价员资格证，并根据工程项目大小按持证专业承担相应的编审工作。

（5）各造价协会（或者行业）、造价主管部门可根据所主管的工程特点制定概算编制质量的管理办法，并对编制人员采取相应的措施进行考核。

2. 工程量清单计价有关规定【高频考点】

（1）使用国有资金投资的建设工程，必须采用工程量清单计价。

（2）工程量清单应采用综合单价计价。

（3）措施项目中的安全文明施工费必须按国家或省级、行业建设主管部门的规定计算，不得作为竞争性费用。

（4）实行工程量清单计价的招标投标的建设工程项目，其招标标底、投标报价的编制、合同价款确定与调整、工程结算应按《建设工程工程量清单计价规范》GB 50500—2013执行。

（5）《建设工程工程量清单计价规范》GB 50500—2013规定，建设工程发承包及实施阶段的工程造价应由分部分项工程费、措施项目费、其他项目费、规费和税金组成。

1）分部分项工程量清单应采用综合单价法计价。

2）招标文件中的工程量清单标明的工程量是投标人投标报价的共同基础，竣工结算的工程量按发、承包双方在合同中约定应予计量且实际完成的工程量确定。

3）措施项目清单计价，可以计算工程量的措施项目应按分部分项工程量清单的方式采用综合单价计价；其余的措施项目可以"项"为单位来计价，应包括除规费、税金外的全部费用。

4）措施项目清单中的安全文明施工费应按照国家或省级、行业建设主管部门的规定计价，不得作为竞争性费用。

5）规费和税金应按国家或省级、行业建设主管部门的规定计算，不得作为竞争性费用。

（6）风险费用隐含于已标价工程量清单综合单价中，用于化解发、承包人双方在工程合同中约定内容和范围内的市场价格波动的风险费用。

3. 工程量清单编制依据【重要考点】

（1）《建设工程工程量清单计价规范》GB 50500—2013。

（2）国家或省级、行业建设主管部门颁布的计价依据和办法。

（3）建设工程设计文件。

（4）与建设工程项目有关的标准、规范、技术资料。

（5）招标文件及其补充文件、通知、答疑文件。

（6）施工现场情况、工程特点及常规施工方案。

（7）其他相关资料。

4. 因不可抗力事件导致的费用，发、承包人双方应按以下原则分担并调整工程价款【重要考点】

（1）工程本身的损害、因工程损害导致第三方人员伤亡和财产损失以及运至施工现场用于施工的材料和待安装的设备的损害，由发包人承担。

（2）发包人、承包人人员伤亡由其所在单位负责，并承担相应费用。

（3）承包人施工机具设备的损坏及停工损失，由承包人承担。

（4）停工期间，承包人应发包人要求留在施工现场的必要的管理人员及保卫人员的费用，由发包人承担。

（5）工程所需清理、修复费用，由发包人承担。

（6）工程价款调整报告应由受益方在合同约定时间内向合同的另一方提出，经对方确认后调整合同价款。

5. 施工成本管理方法的选用原则【重要考点】

（1）实用性原则。

（2）灵活性原则。

（3）坚定性原则。

（4）开拓性原则。

6. 施工成本管理基本原则【重要考点】

（1）领导者推动原则（企业领导和项目经理）。

（2）以人为本，全员参与原则。

（3）目标分解，责任明确原则。

（4）管理层次与管理内容（对象）一致性原则。

（5）工程项目成本控制的动态性、及时性、准确性原则。

（6）成本管理信息化原则。

7. 施工成本控制主要依据【重要考点】

（1）工程承包合同。

（2）施工成本计划。

（3）进度报告。

（4）工程变更。

8. 施工成本目标控制的方法【重要考点】

（1）理论上的方法：

制度控制、定额控制、指标控制、价值工程和挣值法等。

（2）施工成本控制重点：

1）劳务分包管理和控制。

2）材料费的控制。

3）施工机械使用费的控制。

9. 项目施工成本分析的任务【重要考点】

（1）正确计算成本计划的执行结果，计算产生的差异。

（2）找出产生差异的原因。

（3）对成本计划的执行情况进行正确评价。

（4）提出进一步降低成本的措施和方案。

10. 项目施工成本分析的内容【重要考点】

（1）按施工进展进行的成本分析：分部分项工程分析、月（季）度成本分析、年度成本分析、竣工成本分析。

（2）按成本项目进行的成本分析：人工费分析、材料费分析、机械使用费分析、专业分包费分析、项目管理费分析。

（3）针对特定问题和与成本有关事项的分析：施工索赔分析、成本盈亏异常分析、工期成本分析、资金成本分析、技术组织措施节约效果分析、其他有利因素和不利因素对成本影响的分析。

历 年 真 题

实务操作和案例分析题［2012 年真题］

【背景资料】

A 公司中标承建某污水处理厂扩建工程，新建构筑物包括沉淀池、曝气池及进水泵房，其中沉淀池采用预制装配式预应力混凝土结构，池体直径为 40m，池壁高 6m，设计水深4.5m。

鉴于运行管理因素，在沉淀池施工前，建设单位将预制装配式预应力混凝土结构变更为现浇无粘结预应力结构，并与施工单位签订了变更协议。

项目部重新编制了施工方案，列出池壁施工主要工序：①安装模板；②绑扎钢筋；③浇筑混凝土；④安装预应力筋；⑤张拉预应力。同时，明确了各工序的施工技术措施，方案中还包括满水试验。

项目部造价管理部门重新校对工程量清单，并对底板、池壁、无粘结预应力三个项目的综合单价及主要的措施费进行调整后报建设单位。

施工过程中发生如下事件：预应力张拉作业时平台突然失稳，一名张拉作业人员从平台上坠落到地面摔成重伤；项目部及时上报A公司并参与事故调查，查清事故原因后，继续进行张拉施工。

【问题】

1. 将背景资料中工序按常规流程进行排序（用序号排列）。

2. 沉淀池满水试验的浸湿面积由哪些部分组成？

3. 根据《建设工程工程量清单计价规范》GB 50500—2008，变更后的沉淀池底板、池壁、预应力的综合单价分别应如何确定？

4. 沉淀池施工的措施费项目应如何调整？

5. 根据有关事故处理原则，继续张拉施工前还应做好哪些工作？

【解题方略】

1. 本题考查的是池壁施工工序。只要考生明白各个工序的作用及它们之间的上下顺序即可作答。

2. 本题考查的是沉淀池满水试验的相关内容。题目问的是沉淀池满水试验的浸湿面积，应严谨的表述为池内底，而池壁只有设计水位以下部位才会进行满水试验，所以浸湿面积为设计水位以下的池壁（不含内隔墙）和池内底两部分组成。

3. 本题考查的是综合单价的确定。关于《建设工程工程量清单计价规范》的内容考生应注意掌握。

4. 本题考查的是工程量清单计价的有关规定。《建设工程工程量清单计价规范》GB 50500—2008现已被《建设工程工程量清单计价规范》GB 50500—2013替代，本题答案依据当年考试所用规范作答。《建设工程工程量清单计价规范》GB 50500—2013中关于这部分内容的规定是："（1）措施项目清单中的安全文明施工费按照国家或省级、行业建设主管部门的规定计价，不得作为竞争性费用，即不应做调整。（2）引起措施项目发生变化，造成施工组织设计或施工方案变更，原措施费中已有的措施项目，按原有措施费的组价方法调整；原措施费中没有的措施项目，由承包人根据措施项目变更情况，提出适当的措施费变更，经发包人确认后调整。"

5. 本题考查的是预应力张拉的注意事项。要求考生具有一定的现场施工经验，熟悉预应力张拉的相关知识，考生应结合背景资料中的有关工程情况答题。

【参考答案】

1. 背景资料中工序的常规流程：②→④→①→③→⑤。

2. 沉淀池满水试验的浸湿面积由设计水位以下池壁（不含内隔墙）、池内底两部分组成。

3. 变更后的沉淀池底板、池壁、预应力混凝土的综合单价的确定：（1）沉淀池底板的综合单价执行原合同综合单价；（2）预应力的综合单价参照由项目部重新提出综合单价，经建设单位确认后执行；（3）池壁的综合单价参照本项目的曝气池综合单价确定。

4. 本案例中，装配结构改现浇结构，应调整：（1）新增现浇模板费用；（2）新增预应力的费用；（3）调整原装配的吊具费。

5. 继续张拉施工前应做好的工作：（1）对事故责任者进行处罚；（2）对相关人员进行安全教育；（3）制定整改措施并进行整改。

典 型 习 题

实务操作和案例分析题一

【背景资料】

某公司中标天津开发区供热管网工程后，组建了施工项目部。项目经理组织人员编制施工组织设计和成本管理计划。施工过程中项目部根据现场情况变化、企业下达的目标成本和承包合同价格，对部分分项工程价格和组成内容进行了调整，并在计算成本后，修订了成本管理计划。根据修订的成本管理计划，项目部对人工费、材料费、施工机具使用费的支出严格控制，规定项目所支出的费用均要由项目经理批准。

【问题】

1. 项目部修订成本管理计划有何不妥之处？

2. 施工成本管理的流程有哪些？

3. 项目部工、料、机的成本支出，需要如何管理？

4. 项目部在对项目施工过程进行成本管理时，有哪些基本原则？

【参考答案】

1. 项目部在修改成本管理计划时未对施工组织设计进行细化分析和相应变化是不妥的。施工组织设计是实现项目成本控制的核心内容之一，调整部分分项工程价格组成的依据除了合同价格之外，还应对相应施工方案细化分析，并进行必要变动。

2. 施工成本管理的基本流程：成本预测→成本计划→成本控制→成本核算→成本分析→成本考核。

3. 对于工（人）的管理包括本单位职工和劳务人员两个部分，应根据成本管理计划的不同要求来制定不同的责任制及考核指标；对于料（材）的管理应从源头抓起，从采购到材料进场要经过严格的程序，确保材料的质量、数量和供货日期；未经项目经理签认的单据无效。但对机械的管理特别是租赁机械，要办理协议，明确单价，明确实际使用台班数，合理调度和调配避免造成浪费，严格按实际发生的使用台班签认，并及时结算。

4. 包括：领导者推动原则；以人为本，全员参与原则；目标分解，责任明确的原则；管理层次与管理内容（对象）一致性原则；工程项目成本控制的动态性、及时性、准确性原则；成本管理信息化原则。

实务操作和案例分析题二

【背景资料】

A公司竞标承建某高速公路工程。开工后不久，由于沥青、玄武岩石料等材料的市场价格变动，在成本控制目标管理上，项目部面临预算价格与市场价格严重背离而使采购成本失去控制的局面。为此项目经理要求加强成本考核和索赔等项成本管理工作。

路基强夯处理工程包括挖方、填方、点夯、满夯。由于工程量无法准确确定，故施工合同规定：按施工图预算方式计价；承包人必须严格按照施工图及施工合同规定的内容及技术要求施工；工程量由计量工程师负责计量。

施工过程中，在进行到设计施工图所规定的处理范围边缘时，承包人在取得旁站监理工程师认可的情况下，将夯击范围适当扩大。施工完成后，承包人将扩大的工程量向计量工程师提出了计量支付的要求，遭到拒绝。在施工中，承包人根据监理工程师的指令就部分工程进行了变更。

在土方开挖时，正值南方梅雨季节，遇到了数天季节性的大雨，土壤含水量过大，无法进行强夯施工，耽误了部分工期。承包人就此提出了延长工期和补偿停工期间窝工损失的索赔。

【问题】

1. 施工项目成本管理的内容包括哪些？

2. 施工成本目标可从哪些方面进行控制？

3. 工程变更部分的合同价款应根据什么原则确定？

4. 监理工程师是否应该受理承包人提出的延长工期和费用补偿的索赔？为什么？

【参考答案】

1. 施工项目成本管理的内容包括：

（1）在工程施工过程中以尽量少的物质消耗和工力消耗来满足合同约定，降低成本；

（2）在控制目标成本情况下，开源节流，向管理要效益，靠管理求生存和发展；

（3）在企业和项目管理体系中建立成本管理责任制和激励机制。

2. 施工成本目标可从以下几方面进行控制：

（1）人工费的控制；

（2）材料费的控制；

（3）支架脚手架、模板等周转设备使用费的控制；

（4）施工机械使用费的控制；

（5）构件加工费和分包工程费的控制。

3. 变更价款按如下原则确定：

（1）合同中有适用于变更工程的价格（单价），按已有价格计价。

（2）合同中只有类似变更工程的价格，可参照类似价格变更合同价款。

（3）合同中既无适用价格又无类似价格，由承包人提出适当的变更价格，计量工程师批准执行。这一批准的变更，应与承包人协商一致，否则将按合同纠纷处理。

4. 不应受理。

理由：有经验的承包人应能够预测到雨期施工，而且应该采取措施避免土壤含水过大，因此责任在承包人。

实务操作和案例分析题三

【背景资料】

某公司中标承建一条城镇道路工程，原设计是水泥混凝土路面，但因拆迁延期，严重影响了工程进度，为满足按期竣工通车的要求，建设方将水泥混凝土路面改为沥青混合料路面。对这一重大变更，施工项目部在成本管理方面拟采取如下应对措施：

（1）依据施工图，根据国家统一定额、取费标准编制施工图预算，然后依据施工图预算打八折，作为沥青混合料路面工程承包价与建设方签订补充合同；以施工图预算七折作为沥青混合料路面工程目标成本。

（2）要求工程技术人员的成本管理责任如下：落实质量成本降低额和合理化建议产生的降低成本额。

（3）要求材料人员控制好以下成本管理环节：① 计量验收；② 降低采购成本；③ 限额领料；④ 及时供货；⑤ 减少资金占用；⑥ 旧料回收利用。

（4）要求测量人员按技术规程和设计文件要求，对路面宽度和厚度实施精确测量控制。

【问题】

1. 简述施工成本管理流程。

2. 对工程技术人员成本管理责任要求是否全面？如果不全面请补充。

3. 沥青路面工程承包价和目标成本的确定方法是否正确？原因是什么？

4. 请说明要求测量人员对路面宽度和厚度实施精确测量控制与成本控制的关系。

【参考答案】

1. 施工成本管理的基本流程：成本预测（人工费、材料费、机具使用等）→管理决策→管理计划→成本过程控制（人力、物力、财力等）→成本核算（财务核算、统计核算、业务核算等）→分析和考核。

2. 对工程技术人员成本管理责任要求不全面。

应补充：（1）根据现场实际情况，科学合理的布置施工现场平面，为文明施工、绿色施工创造条件，减少浪费；（2）严格执行技术安全方案，减少一般事故，消灭重大安全事故和质量事故，将事故成本减少到最低。

3. 沥青路面工程承包价和目标成本的确定方法不正确。

原因：（1）计算承包价时要根据必需的资料，依据招标文件、设计图纸、施工组织设计、市场价格、相关定额及计价方法进行仔细的计算；（2）计算目标成本（即计划成本）时要根据国家统一定额和企业的施工定额取费编制"施工图预算"。项目部做法会增加成本风险。

4. 项目经理要求测量人员对路面宽度和厚度实施精确测量，一方面保证施工质量，另一方面也是控制施工成本的措施。因为沥青混合料每层的配合比不同，价格差较大，通常越到上面层价格越贵，只有精确控制路面宽度、高度（实际上是每层厚度），才能减少不应有的消耗和支出，严格按成本计划和成本目标控制成本。

实务操作和案例分析题四

【背景资料】

某公司中标一市政工程后，组建了施工项目部。施工单位（乙方）与建设单位（甲方）签订了承建该工程的施工合同，合同工期为41周。合同约定，工期每提前（或拖后）1d奖励（或罚款）2500元。乙方提交了一份粗略的施工网络进度计划，并得到甲方的批准。该网络进度计划如图3-1所示。

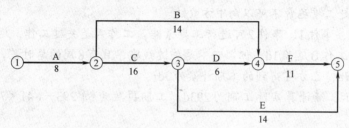

图3-1　经批准的施工进度计划（单位：周，黑粗线为关键线路）

施工过程中发生了如下事件：

事件1：A工作施工后，发现局部有软土层，乙方配合地质复查，配合用工10个工日。根据批准的地基处理方案，乙方增加直接费5万元。因地基复查使基础施工工期延长3d，人工窝工15个工日。

事件2：B工作施工时，因某处设计尺寸不当，甲方要求拆除已施工部分，重新施工，因此造成增加用工30个工日，材料费、机械台班费计2万元，B工作工期拖延1d。

事件3：C工作施工中，因施工机械故障，造成人工窝工8个工日，该工作工期延长4d。

事件4：E工作因乙方购买线材料质量不合格，甲方令乙方重新购买，因此造成该项工作多用人工8个工日，该工作工期延长4d，材料损失费1万元。

事件5：鉴于工期较紧，经甲方同意，乙方在F工作施工时采取了加快施工的技术措施，使得该工作工期缩短了1d，该项技术组织措施费为0.6万元。

其余各项工作实际作业工期和费用与原计划相符。

【问题】

1. 该网络计划中哪些工作是主要控制对象（关键工作），计划工期是多少？

2. 针对上述每一事件，分别简述乙方能否向甲方提出工期及费用索赔，说明理由。

3. 该工程可得到的工期补偿为多少天？工期奖（罚）款是多少？

4. 合同约定人工费标准是30元／工日，窝工人工费补偿标准是18元／工日，该工程其他直接费、间接费等综合费率为30%。在工程清算时，乙方应得到的索赔款为多少？

【参考答案】

1. 关键线路上的工作（即关键工作）为重点控制对象，包括工作A、C、D、F。

计划工期为：8＋16＋6＋11=41周。

2. 各事件中，乙方能否向甲方提出工期及费用索赔的判断及理由如下：

事件1：因地质条件的变化引起的，属于甲方应承担的风险，既可以索赔费用，也可以索赔工期。

103

事件2：乙方费用的增加是由甲方原因造成的，可提出费用索赔。非关键工作总时差为8周，拖延1d，不能获得工期索赔。

事件3：因施工机械故障引起的，属于承包商自己应承担的风险，与甲方无关，不能向甲方提出索赔。

事件4：因乙方购买的施工材料的质量不合格引起的，属于承包商自己应承担的责任，与甲方无关，不能向甲方提出索赔。

事件5：虽然是因加快施工引起的，并且已经取得甲方同意，但是在合同中有工期奖罚的条款，因此赶工措施费不可以向甲方索赔。

3. 综上所述，事件1、事件2可进行工期索赔。工作A是关键工作，延长3d，可获得3d的工期补偿；工作B延长1d，但因它不是关键线路，且有8周的总时差，所以，不能获得工期补偿。因此，乙方可得到的工期补偿为3d。

如图3-2所示，经计算实际工期为293d，工期罚款为：$[293-(41×7+3)]×2500=7500$ 元。

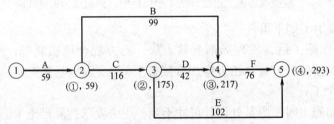

图3-2　实际施工进度（单位：d，黑粗线为关键线路）

4. 在工程清算时，乙方应得到的索赔款计算如下：

事件1：索赔款额为：$(10×30+15×18+50000)×(1+30\%)=65741$ 元。

事件2：索赔款额为：$(30×30+20000)×(1+30\%)=27170$ 元。

索赔款总额为：$65741+27170=92911$ 元。

实务操作和案例分析题五

【背景资料】

某城市供热管道工程，甲施工单位按照施工合同约定，拟将B、F两项分部工程分别分包给乙、丙施工单位。经总监理工程师批准的施工总进度计划如图3-3所示，各项工作匀速进展。

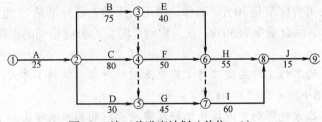

图3-3　施工总进度计划（单位：d）

工程实施过程中发生以下事件。

事件1：工程开工前，建设单位未将委托给监理单位的监理内容和权限书面告知甲施工单位。甲施工单位向建设单位提交了乙施工单位"分包单位资格报审表"及营业执照、企业资质等级证书、安全生产许可文件和分包合同等材料，申请批准乙施工单位进场，建设单位将该报审材料转交给项目监理机构。

事件2：甲施工单位与乙施工单位签订了B分部工程的分包合同。B分部工程开工45d后，建设单位要求设计单位修改设计，造成乙施工单位停工15d，窝工损失合计8万元。修改设计后，B分部工程价款由原来的500万元增加到560万元。甲施工单位要求乙施工单位在30d内完成剩余工程，乙施工单位向甲施工单位提出补偿3万元的赶工费，甲施工单位确认了赶工费补偿。

事件3：由于事件2中B分部工程修改设计，乙施工单位向项目监理机构提出工程延期的申请。

【问题】

1. 事件1中，分别指出建设单位、甲施工单位做法的不妥之处，说明理由。甲施工单位提交的乙施工单位分包资格材料还应包括哪些内容？

2. 事件2中，考虑设计修改和费用补偿，乙施工单位完成B分部工程每月（按30d计）应获得的工程价款分别为多少万元？B分部工程的最终合同价款为多少万元？

3. 事件3中，乙施工单位的做法有何不妥？写出正确做法。B分部工程的实际工期是多少天？

4. 事件3中，B分部工程修改设计对F分部工程的进度以及对工程总工期有何影响？分别说明理由。

【参考答案】

1.（1）建设单位做法的不妥之处：工程开工前，建设单位未将委托给监理单位的监理内容和权限书面告知甲施工单位。

理由：《建筑法》规定，实施建筑工程监理前，建设单位应当将委托的工程监理单位、监理的内容及监理权限，书面通知被监理的建筑施工企业。

（2）甲施工单位做法的不妥之处：甲施工单位向建设单位提交了乙施工单位"分包单位资格报审表"及营业执照、企业资质等级证书、安全生产许可文件和分包合同等材料。

理由：甲施工单位选定乙分包单位后，应向监理工程师提交"分包单位资质报审表"。

甲施工单位提交的乙施工单位分包资格材料还应包括：特殊行业施工许可证、国外（境外）企业在国内承包工程许可证、分包单位的业绩、拟分包工程的内容和范围、专职管理人员和特种作业人员的资格证、上岗证。

2. B分部工程第1个月应获得的工程价款为：500/（75/30）=200万元。

B分部工程第2个月应获得的工程价款为：500/（75/15）+8=108万元。

B分部工程第3个月应获得的工程价款为：500/（75/30）+（560−500）+3=263万元。

B分部工程的最终合同价款为：200+108+263=571万元。

3. 乙施工单位做法的不妥之处：乙施工单位向项目监理机构提出工程延期的申请。

正确做法：乙施工单位向甲施工单位提出工程延期申请，甲施工单位再向项目监理机构提出工程延期的申请。

B分部工程的实际工期是90d。

4. B分部工程修改设计对F分部工程的进度以及对工程总工期影响的判断及理由如下。

（1）B分部工程修改设计对F分部工程进度的影响：使F分部工程进度推迟了10d。

理由：工作B为工作F的紧前工作，工作B的持续时间拖延了15d，但其自由时差为5d，就使F分部工程进度推迟10d。

（2）B分部工程修改设计对工程总工期的影响：使总工期延长10d。

理由：由于B分部工程的修改设计使F分部工程进度推迟了10d，而工作F属于关键工作，就使总工期相应延长10d。

实务操作和案例分析题六

【背景资料】

某市政工程，甲乙双方根据《建设工程施工合同（示范文本）》（GF—2017—0201）签订施工承包合同。项目实施过程中发生如下事件：

事件1：公司委派另一处于后期收尾阶段项目的项目经理兼任该项目的项目经理。由于项目经理较忙，责成项目总工程师组织编制该项目的项目管理实施规划。项目总工程师认为该项目施工组织设计编制详细、完善，满足指导现场施工的要求，可以直接用施工组织设计代替项目管理实施规划，不需要再单独编制。

事件2：开工后不久，由于建设单位需求调整，造成工程设计重大修改，施工单位及时对原施工组织设计进行修改和补充，并重新报审后按此组织施工。

事件3：施工过程中，总监理工程师要求对已隐蔽的某部位重新剥离检查，施工单位认为已通过隐蔽验收，不同意再次检查。经建设单位协调后剥离检查，发现施工质量存在问题。施工单位予以修复，并向建设单位提出因此次剥离检查及修复所导致的工期索赔和费用索赔。

事件4：本工程合同价款为3540万元，施工承包合同中约定可针对人工费、材料费价格变化对竣工结算价进行调整。可调整各部分费用占总价款的百分比，基准期、竣工当期价格指数见表3-1。

价格指数表　　　　　　　　　　　　　　　　　　　　　表3-1

可调整项目	人工	材料一	材料二	材料三	材料四
费用比重（%）	20	12	8	21	14
基期价格指数	100	120	115	108	115
当期价格指数	105	127	105	120	120

【问题】

1. 指出事件1中不妥之处，并分别说明理由。

2. 除事件2中设计重大修改外，还有哪些情况也会引起施工组织设计需要修改或补充（至少列出三项）？

3. 事件3中，施工单位不同意剥离检查是否合理？为什么？分别判断施工单位提出的工期索赔和费用索赔是否成立，并分别说明理由。

4. 列式计算人工费、材料费调整后的竣工结算价款是多少万元（保留两位小数）。

【参考答案】

1. 事件1中的不妥之处及理由。

（1）不妥之处：公司委派另一处于后期收尾阶段项目的项目经理兼任该项目的项目经理。

理由：项目经理不应同时承担两个或两个以上未完项目领导岗位的工作。

（2）不妥之处：责成项目总工程师组织编制该项目的项目管理实施规划。

理由：项目管理实施规划应由项目经理组织编制。

（3）不妥之处：直接用施工组织设计代替项目管理实施规划。

理由：大中型项目应单独编制项目管理实施规划。

2. 除事件2中设计重大修改外，会引起施工组织设计修改或补充的情况还有：

（1）有关法律、法规、规范和标准实施、修订和废止；

（2）主要施工方法有重大调整；

（3）主要施工资源配置有重大调整；

（4）施工环境有重大改变。

3. 事件3中，施工单位不同意剥离检查不合理。

理由：覆盖工程隐蔽部位后，监理人对质量有疑问的，可要求承包人对已覆盖的部位进行钻孔探测或揭开重新检验，承包人应遵照执行。

施工单位提出的工期索赔和费用索赔都不成立。

理由：经检验证明工程质量符合合同要求的，由建设单位承担由此增加的费用和（或）工期延误，并支付施工单位合理利润；经检验证明工程质量不符合合同要求的，由此增加的费用和（或）工期延误由施工单位承担。

固定比重为：1－（20%＋12%＋8%＋21%＋14%）＝25%。

4. 人工费、材料费调整后的竣工结算价款为：$3540 \times (0.25 + 0.20 \times 105/100 + 0.12 \times 127/120 + 0.08 \times 105/115 + 0.21 \times 120/108 + 0.14 \times 120/115) = 3679.7$ 万元。

实务操作和案例分析题七

【背景资料】

某项目部承建一生活垃圾填埋场工程，规模为20万t，场地位于城乡接合部。填埋场防水层为土工合成材料膨润土垫（GCL），1层防渗层为高密度聚乙烯膜，项目部通过招标形式选择了高密度聚乙烯膜供应商及专业焊接队伍。

工程施工过程中发生以下事件：

事件1：原拟堆置的土方改成外运，增加了工程成本。为了做好索赔管理工作，经现场监理工程师签认，建立了正式、准确的索赔管理台账。索赔台账包含索赔意向提交时间、索赔结束时间、索赔申请工期和金额，每笔索赔都及时进行登记。

事件2：为满足高密度聚乙烯膜焊接进度要求，专业焊接队伍购进一台焊接机，经外观验收，立即进场作业。

事件3：为给高密度聚乙烯膜提供场地，对GCL层施工质量采取抽样检验方式检验，被质量监督局勒令停工，限期整改。

事件4：施工单位制定的GCL施工程序为：验收场地基础→选择防渗层土源→施工现

场按照相应的配合比拌合土样→土样现场摊铺、压实→分层施工同步检验→工序检验达标完成。

【问题】

1. 结合背景材料简述填埋场的土方施工应如何控制成本。

2. 索赔管理台账是否属于竣工资料? 还应包括哪些内容?

3. 给出事件2的正确处置方法。

4. 事件3中, 质量监督部门对GCL施工质量检验方式发出限期整改通知的原因是什么? 理由是什么?

5. 补充事件4中GCL施工程序的缺失环节。

【参考答案】

1. 填埋场的土方施工应准确计算填方和挖方工程量, 尽力避免二次搬运; 确定填土的合理压实系数, 获得较高的密实度; 做好土方施工机具的保养; 避开雨期施工等来控制成本。

2. 索赔管理台账属于竣工资料。还应包括的内容: 索赔发生的原因、索赔发生的时间、索赔意向提交时间、索赔结束时间、索赔申请工期和费用, 监理工程师审核结果、发包方审批结果等。

3. 事件2的正确处置方法: 应对进场使用的机具进行检查, 包括审查须进行强制检验的机具是否在有效期内, 新购置的焊接机须经过法定授权机构强制检测鉴定, 现场试焊, 检验合格后而且数量满足工期才能使用。

4. 事件3中, 质量监督部门对GCL施工质量检验方式发出限期整改通知的原因是施工单位对GCL层施工质量采取抽样检验方式不符合相关规定。

理由: 根据规定, 对GCL层施工质量应严格执行检验频率和质量标准。分区分层铺膜粘结膜缝, 分区同步检验及时返修。

5. 事件4中, GCL施工程序的缺失环节: 做多组不同掺量的试验、做多组土样的渗水试验、选择抗渗达标又比较经济的配合比作为施工配合比。

第四章 市政公用工程施工现场管理

2011—2020年度实务操作和案例分析题考点分布

考点＼年份	2011年	2012年	2013年	2014年	2015年	2016年	2017年	2018年	2019年	2020年
施工现场临时设施的种类			●							
施工现场封闭管理			●							●
专项方案的专家论证		●		●	●	●		●		
专项方案的编制		●								
专项方案的实施			●				●			●
施工部署和管理体系					●		●			
施工组织设计的审批			●							
交通导行方案设计原则					●	●				●
交通导行方案的实施	●						●			
劳务管理方法	●									

【专家指导】

本章在历年考试中考查的频次较高，考查内容主要集中在：（1）专项方案的编制、实施以及需要专家论证的工程范围；（2）交通导行方案的设计要求及具体实施；（3）施工现场封闭管理的具体措施及要求。

要 点 归 纳

1. 施工现场围挡（墙）的设置要求【高频考点】

（1）施工现场围挡（墙）应沿工地四周连续设置，不得留有缺口，并根据地质、气候、围挡（墙）材料进行设计与计算，确保围挡（墙）的稳定性、安全性。

（2）围挡的用材应坚固、稳定、整洁、美观，宜选用砌体、金属材板等硬质材料，不宜使用彩布条、竹篱笆或安全网等。

（3）施工现场的围挡一般应不低于1.8m，在市区内应不低于2.5m，且应符合当地主管部门有关规定。

（4）禁止在围挡内侧堆放泥土、砂石等散状材料以及架管、模板等。

（5）雨后、大风后以及春融季节应当检查围挡的稳定性，发现问题及时处理。

2. 施工现场的大门和出入口的要求【高频考点】

（1）施工现场应当有固定的出入口，出入口处应设置大门，并应在适当位置留有供紧急疏散的出口。

（2）施工现场的大门应牢固美观，大门上应标有企业名称或企业标识。

（3）出入口应当设置专职门卫及安保人员，制定门卫管理制度及交接班记录制度。

（4）施工现场的进口处应有整齐明显的"五牌一图"。

1）五牌：工程概况牌［内容一般应写明工程名称、面积、层数、建设单位、设计单位、施工单位、监理单位、开竣工日期、项目负责人（经理）以及联系电话］、管理人员名单及监督电话牌、消防安全牌、安全生产（无重大事故）牌、文明施工牌。有些地区还要签署文明施工承诺书，制作文明施工承诺牌。

2）一图：施工现场总平面图。

（5）标牌是施工现场重要标志的一项内容，所以不但内容应有针对性，同时标牌制作、挂设也应规范整齐、美观，字体工整。

3. 施工现场材料堆放与库存的要求【重要考点】

（1）由于城区施工场地受到严格控制，项目部应合理组织材料的进场，减少现场材料的堆放量，减少场地和仓库面积。

（2）对已进场的各种材料、机具设备，严格按照施工总平面布置图位置码放整齐。

（3）停放到位，且便于运输和装卸，应减少二次搬运。

（4）地势较高、坚实、平坦、回填土应分层夯实，要有排水措施，符合安全、防火的要求。

（5）各种材料应当按照品种、规格堆放，并设明显标牌，标明名称、规格和产地等。

（6）施工过程中做到"活完、料净、脚下清"。

4. 施工现场主要材料半成品的堆放要求【重要考点】

（1）大型工具，应当一头见齐。

（2）钢筋应当堆放整齐，用方木垫起，不宜放在潮湿处和暴露在外。

（3）砖应丁码成方垛，不准超高并距沟槽坑边不小于0.5m，防止坍塌。

（4）砂应堆成方，石子应当按不同粒径规格分别堆放成方。

（5）各种模板应当按规格分类堆放整齐，地面应平整坚实，叠放高度一般不宜超高1.6m；大模板存放应放在经专门设计的存架上，应当采用两块大模板面对面存放，当存放在施工楼层上时，应当满足自稳角度并有可靠的防倾倒措施。

（6）混凝土构件堆放场地应坚实、平整，按规格、型号堆放，垫木位置要正确，多层构件的垫木要上下对齐，垛位不准超高；混凝土墙板宜设插放架，插放架要焊接或绑扎牢固，防止倒塌。

5. 施工现场防治施工噪声污染【重要考点】

（1）施工现场应按照《环境噪声污染防治法》《建筑施工场界环境噪声排放标准》GB 12523—2011制定降噪措施，各单位应依据程序、文件规定对施工现场的噪声值进行监测和记录。

（2）施工现场的强噪声设备宜设置在远离居民区的一侧。

（3）对因生产工艺要求或其他特殊需要，确需在22时—次日6时期间进行强噪声施工的，施工前建设单位和施工单位应到有关部门提出申请，经批准后方可进行夜间施工，并协同当地居委会公告附近居民。

（4）夜间运输材料的车辆进入施工现场，严禁鸣笛，装卸材料应做到轻拿轻放。

（5）对使用时产生噪声和振动的施工机具，应当采取消声、吸声、隔声等有效控制和降低噪声；禁止在夜间进行打桩作业；在规定的时间内不得使用空压机等噪声大的机具设备，如必须使用，需采用隔声棚降噪。

6. 分包人员实行劳务实名制管理的意义【重要考点】

（1）实行劳务实名制管理，督促劳务企业、劳务人员依法签订劳动合同，明确双方权利义务，规范双方履约行为，使劳务用工管理逐步纳入规范有序的轨道，从根本上规避用工风险、减少劳动纠纷、促进企业稳定。

（2）实行劳务实名制管理，掌握劳务人员的技能水平、工作经历，有利于有计划、有针对性地加强农民工的培训，切实提高劳务人员的知识和技能水平，确保工程质量和安全生产。

（3）实行劳务实名制管理，逐人做好出勤、完成任务的记录，按时支付工资，张榜公示工资支付情况，使总包企业可以有效监督劳务企业的工资发放。

（4）实行劳务实名制管理，使总包企业了解劳务企业用工人数、工资总额，便于总包企业监督劳务企业按时、足额缴纳社会保险费。

7. 劳务实名制管理手段【重要考点】

（1）手工台账。

（2）电子EXCEL表格。

（3）IC卡（管理功能：人员信息管理、工资管理、考勤管理、门禁管理）。

8. 实名制管理监督检查

（1）项目部应每月进行一次劳务实名制管理检查。

（2）各法人单位应每季度进行一次项目部实名制管理检查，并对检查情况进行打分，年底进行综合评定。

9. 超过一定规模的危险性较大的分部分项工程范围（见表4-1）【高频考点】

超过一定规模的危险性较大的分部分项工程范围   表4-1

工程名称	工程范围
深基坑工程	开挖深度超过5m（含5m）的基坑（槽）的土方开挖、支护、降水工程
模板工程及支撑体系	（1）各类工具式模板工程：包括滑模、爬模、飞模、隧道模等工程。 （2）混凝土模板支撑工程：搭设高度8m及以上，或搭设跨度18m及以上，或施工总荷载（设计值）15kN/m² 及以上，或集中线荷载（设计值）20kN/m 及以上。 （3）承重支撑体系：用于钢结构安装等满堂支撑体系，承受单点集中荷载7kN 及以上
起重吊装及起重机械安装拆卸工程	（1）采用非常规起重设备、方法，且单件起吊重量在100kN 及以上的起重吊装工程。 （2）起重量300kN 及以上，或搭设总高度200m 及以上，或搭设基础标高在200m 及以上的起重机械安装和拆卸工程
脚手架工程	（1）搭设高度50m 及以上的落地式钢管脚手架工程。 （2）提升高度在150m 及以上的附着式升降脚手架工程或附着式升降操作平台工程。 （3）分段架体搭设高度20m 及以上的悬挑式脚手架工程
拆除工程	（1）码头、桥梁、高架、烟囱、水塔或拆除中容易引起有毒有害气（液）体或粉尘扩散、易燃易爆事故发生的特殊建、构筑物的拆除工程。 （2）文物保护建筑、优秀历史建筑或历史文化风貌区影响范围内的拆除工程

工程名称	工程范围
暗挖工程	采用矿山法、盾构法、顶管法施工的隧道、洞室工程
其他	（1）施工高度50m及以上的建筑幕墙安装工程。 （2）跨度36m及以上的钢结构安装工程，或跨度60m及以上的网架和索膜结构安装工程。 （3）开挖深度16m及以上的人工挖孔桩工程。 （4）水下作业工程。 （5）重量1000kN及以上的大型结构整体顶升、平移、转体等施工工艺。 （6）采用新技术、新工艺、新材料、新设备可能影响工程施工安全，尚无国家、行业及地方技术标准的分部分项工程

10. 专项施工方案编制【高频考点】

（1）实行施工总承包的，专项施工方案应当由施工总承包单位组织编制。危大工程实行分包的，专项施工方案可以由相关专业分包单位组织编制。

（2）专项施工方案应当包括以下主要内容：

1）工程概况：危大工程概况和特点、施工平面布置、施工要求和技术保证条件；

2）编制依据：相关法律、法规、规范性文件、标准、规范及施工图设计文件、施工组织设计等；

3）施工计划：包括施工进度计划、材料与设备计划；

4）施工工艺技术：技术参数、工艺流程、施工方法、操作要求、检查要求等；

5）施工安全保证措施：组织保障措施、技术措施、监测监控措施等；

6）施工管理及作业人员配备和分工：施工管理人员、专职安全生产管理人员、特种作业人员、其他作业人员等；

7）验收要求：验收标准、验收程序、验收内容、验收人员等；

8）应急处置措施；

9）计算书及相关施工图纸。

11. 专项施工方案的专家论证【高频考点】

（1）应出席论证会人员：

1）专家；

2）建设单位项目负责人；

3）有关勘察、设计单位项目技术负责人及相关人员；

4）总承包单位和分包单位技术负责人或授权委派的专业技术人员、项目负责人、项目技术负责人、专项施工方案编制人员、项目专职安全生产管理人员及相关人员；

5）监理单位项目总监理工程师及专业监理工程师。

（2）专家组构成：

专家应当从地方人民政府住房城乡建设主管部门建立的专家库中选取，符合专业要求且人数不得少于5名。与本工程有利害关系的人员不得以专家身份参加专家论证会。

（3）专家论证的主要内容：

1）专项施主方案内容是否完整、可行；

2）专项施工方案计算书和验算依据、施工图是否符合有关标准规范；

3）专项施工方案是否满足现场实际情况，并能够确保施工安全。

（4）论证报告：

专项方案经论证后，专家组应当提交论证报告。

12. 专项施工方案实施【重要考点】

（1）施工单位应当在施工现场显著位置公告危险性较大分部分项工程（简称"危大工程"）名称、施工时间和具体责任人员，并在危险区域设置安全警示标志。

（2）专项施工方案实施前，编制人员或者项目技术负责人应当向施工现场管理人员进行方案交底。施工现场管理人员应当向作业人员进行安全技术交底，并由双方和项目专职安全生产管理人员共同签字确认。

（3）施工单位应当严格按照专项施工方案组织施工，不得擅自修改专项施工方案。

（4）施工单位应当对危大工程施工作业人员进行登记，项目负责人应当在施工现场履职。

（5）监理单位应当结合危大工程专项施工方案编制监理实施细则，并对危大工程施工实施专项巡视检查。

（6）对于按照规定需要进行第三方监测的危大工程，建设单位应当委托具有相应勘察资质的单位进行监测。

（7）对于按照规定需要验收的危大工程，施工单位、监理单位应当组织相关人员进行验收。

（8）危大工程发生险情或者事故时，施工单位应当立即采取应急处置措施，并报告工程所在地住房城乡建设主管部门。

（9）施工、监理单位应当建立危大工程安全管理档案。

13. 交通导行方案设计原则【重要考点】

（1）施工期间交通导行方案设计是施工组织设计的重要组成部分，必须周密考虑各种因素，满足社会交通流量，保证高峰期的需求，选取最佳方案并制定有效的保护措施。

（2）交通导行方案要有利于施工组织和管理，确保车辆行人安全顺利通过施工区域；以使施工对人民群众、社会经济生活的影响降到最低。

（3）交通导行应纳入施工现场管理，交通导行应根据不同的施工阶段设计交通导行方案，一般遵循占一还一（即占用一条车道还一条施工便道）的原则。

（4）交通导行图应与现场平面布置图协调一致。

（5）采取不同的组织方式，保证交通流量、高峰期的需要。

14. 交通导行方案实施【高频考点】

（1）获得交通管理和道路管理部门的批准后组织实施：

1）占用慢行道和便道要获得交通管理和道路管理部门的批准，按照获准的交通疏导方案修建临时施工便线、便桥。

2）按照施工组织设计设置围挡，严格控制临时占路范围和时间，确保车辆行人安全顺利通过施工区域。

3）按照有关规定设置临时交通导行标志，设置路障、隔离设施。

4）组建现场人员协助交通管理部门疏导交通。

（2）交通导行措施：

1）严格划分警告区、上游过渡区、缓冲区、作业区、下游过渡区、终止区范围。

2）统一设置各种交通标志、隔离设施、夜间警示信号。

3）严格控制临时占路时间和范围，特别是分段导行时必须严格执行获准方案。

4）对作业工人进行安全教育、培训、考核，并应与作业队签订《施工交通安全责任合同》。

5）依据现场变化，及时引导交通车辆，为行人提供方便。

历 年 真 题

实务操作和案例分析题一［2020年真题］

【背景资料】

某单位承建城镇主干道大修工程，道路全长2km、红线宽50m，路幅分配情况如图4-1所示。现状路面结构为厚40mm AC-13细粒式沥青混凝土上面层，厚60mm AC-20中粒式沥青混凝土中面层，厚80mm AC-25粗粒式沥青混凝土下面层。工程主要内容为：①对道路破损部位进行翻挖补强；②铣刨40mm旧沥青混凝土上面层后，加铺厚40mm SMA-13沥青混凝土上面层。

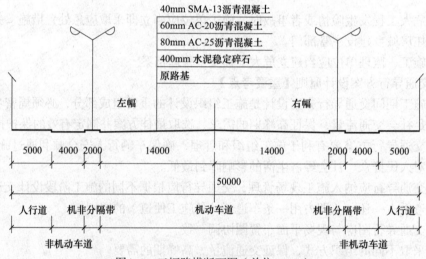

图4-1 三幅路横断面图（单位：mm）

接到任务后，项目部对现状道路进行综合调查，编制了施工组织设计和交通导行方案，并报监理单位及交通管理部门审批，导行方案如图4-2所示。因办理占道、挖掘等相关手续，实际开工日期比计划日期滞后2个月。

道路封闭施工过程中，发生如下事件：

事件1：项目部进场后对沉陷、坑槽等部位进行了翻挖探查，发现左幅基层存在大面积弹软现象，立即通知相关单位现场确定处理方案，拟采用400mm厚水泥稳定碎石分两层换填，并签字确认。

事件2：为保证工期，项目部集中力量迅速完成了水泥稳定碎石基层施工，监理单位组织验收结果为合格。项目部完成AC-25下面层施工后对纵向接缝进行简单清扫便开始摊

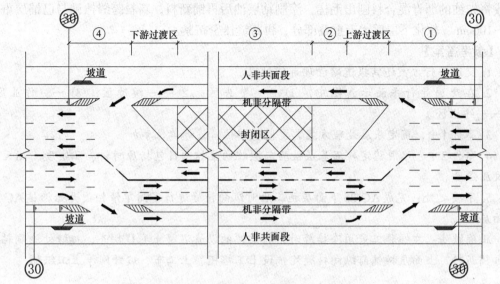

图4-2　左幅交通导行平面示意图

铺AC-20中面层，最后转换交通进行右幅施工。由于右幅道路基层没有破损现象，考虑到工期紧在沥青摊铺前对既有路面铣刨、修补后，项目部申请全路封闭施工，报告批准后开始进行上面层摊铺工作。

【问题】

1. 交通导行方案还需要报哪个部门审批？

2. 根据交通导行平面示意图，请指出图中①、②、③、④各为哪个疏导作业区？

3. 事件1中，确定基层处理方案需要哪些单位参加？

4. 事件2中，水泥稳定碎石基层检验与验收的主控项目有哪些？

5. 请指出沥青摊铺工作的不当之处，并给出正确做法。

【解题方略】

1. 本题考查的是交通导行方案实施。占用慢行道和便道要获得交通管理和道路管理部门的批准，按照获准的交通疏导方案修建临时施工便线、便桥。

2. 本题考查的是交通导行措施。交通导行措施主要包括：（1）严格划分警告区、上游过渡区、缓冲区、作业区、下游过渡区、终止区范围。（2）统一设置各种交通标志、隔离设施、夜间警示信号。（3）严格控制临时占路时间和范围，特别是分段导行时必须严格执行获准方案。（4）对作业工人进行安全教育、培训、考核，并应与作业队签订《施工交通安全责任合同》。（5）依据现场变化，及时引导交通车辆，为行人提供方便。

3. 本题考查的是设计变更。确定基层处理方案需要监理单位及设计单位参加。

4. 本题考查的是水泥稳定碎石基层检验与验收的主控项目。石灰稳定土、水泥稳定土、石灰粉煤灰稳定砂砾等无机结合料稳定基层质量检验项目主要有：集料级配、混合料配合比、含水量、拌合均匀性、基层压实度、7d无侧限抗压强度等。另外，参考《城镇道路工程施工与质量验收规范》CJJ 1—2008第7.8条的规定可知，水泥稳定碎石基层检验与验收的主控项目有：原材料、压实度、7d无侧限抗压强度。

5. 本题考查的是沥青路面纵向冷接缝的施工措施。半幅施工采用冷接缝时，宜加设挡板或将先铺的沥青混合料刨出毛槎，涂刷粘层油后再铺新料，新料跨缝摊铺与已铺层重叠50～100mm，软化下层后铲走重叠部分，再跨缝压密挤紧。

【参考答案】

1. 交通导行方案还需报道路管理部门批准。

2. 在交通导行平面示意图中，①——警告区；②——缓冲区；③——作业区；④——终止区。

3. 事件1中，确定基层处理方案需要监理单位、设计单位参加。

4. 事件2中，水泥稳定碎石基层检验与验收的主控项目包括原材料、压实度、7d无侧限抗压强度。

5. 不妥之处：完成AC-25下面层施工后对纵向接缝进行了简单清扫便开始摊铺AC-20中面层。

正确做法：左幅施工采用冷接缝时，将右幅的沥青混凝土毛槎切齐，接缝处涂刷粘层油再铺新料，上面层摊铺前纵向接缝处铺设土工格栅、土工布、玻纤网等土工织物。

实务操作和案例分析题二［2016年真题］

【背景资料】

某公司中标承建该市城郊接合部交通改扩建高架工程，该高架上部结构为现浇预应力钢筋混凝土连续箱梁，桥梁底板距地面高15m，宽17.5m，主线长720m，桥梁中心轴线位于既有道路边线。在既有道路中心线附近有埋深1.5m的现状DN500mm自来水管道和光纤线缆，平面布置如图4-3所示。高架桥跨越132m鱼塘和菜地。设计跨径组合为41.5m＋49m＋41.5m。其余为标准联。跨径组合为（28+28+28）m×7联。支架法施工。下部结构为：H形墩身下接10.5m×6.5m×3.3m承台（埋深在光纤线缆下0.5m），承台下设有直径1.2m，深18m的人工挖孔灌注桩。

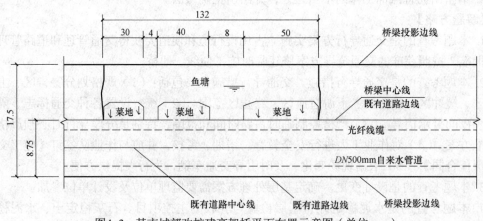

图4-3 某市城郊改扩建高架桥平面布置示意图（单位：m）

项目部进场后编制的施工组织设计提出了"支架地基加固处理"和"满堂支架设计"两个专项方案，在"支架地基加固处理"专项方案中，项目部认为在支架地基预压时的荷载应是不小于支架地基承受的混凝土结构物恒载的1.2倍即可，并根据相关规定组织召开了专家论证会，邀请了含本项目技术负责人在内的四位专家对方案内容进行了论证。专项方案经论证后，专家组提出了应补充该工程上部结构施工流程及支架地基预压荷载验算需修改完善的指导意见，项目部未按专家组要求补充该工程上部结构施工流程和支架地基预压荷载验算，只将其他少量问题做了修改，上报项目总监和建设单位项目负责人审批时未能通过。

【问题】

1. 写出该工程上部结构施工流程（自箱梁钢筋验收完成到落架结束，混凝土采用一次浇筑法）。

2. 编写"支架地基加固处理"专项方案的主要因素是什么？

3. "支架地基加固处理"后的合格判定标准是什么？

4. 项目部在支架地基预压方案中，还有哪些因素应进入预压荷载计算？

5. 该项目中除了"DN500mm自来水管道，光纤线缆保护方案"和"预应力张拉专项方案"以外还有哪些内容属于"危险性较大的分部分项工程"范围未上报专项方案，请补充。

6. 项目部邀请了含本项目技术负责人在内的四位专家对两个专项方案进行论证的结果是否有效？如无效请说明理由并写出正确做法。

【解题方略】

1. 本题考查的是后张预应力的施工程序以及支架法的施工程序，本题没有解题技巧，熟记即可。

2. 本题考查的是编写专项主案的主要因素。施工单位应当在危险性较大的分部分项工程施工前编制专项方案，考生应根据《危险性较大的分部分项工程安全管理办法》（建质［2009］87号）找出本案例中符合条件的分部分项工程。需要注意的是《危险性较大的分部分项工程安全管理办法》（建质［2009］87号）已作废。《住房城乡建设部办公厅关于实施〈危险性较大的分部分项工程安全管理规定〉有关问题的通知》（建办质［2018］31号）以及《危险性较大的分部分项工程安全管理规定》（住房城乡建设部令第37号，经住房城乡建设部令第47号修订）现已实行。

3. 本题考查的是对《钢管满堂支架预压技术规程》的掌握情况。考生应根据《钢管满堂支架预压技术规程》JGJ/T 194—2009规定，确定"支架地基加固处理"后的合格判定标准。

4. 本题考查的是预压荷载计算。根据《钢管满堂支架预压技术规程》JGJ/T 194—2009的规定，支架基础预压荷载不应小于支架基础承受的混凝土结构恒载与钢管支架、模板重量之和的1.2倍。

5. 本题考查的是危险性较大的分部分项工程的专项方案。考生应清楚危险性较大的分部分项工程的范围，然后从案例中找出符合条件的内容。本题答案依据《危险性较大的分部分项工程安全管理办法》（建质［2009］87号）作出，需要注意的是该办法已作废。《住房城乡建设部办公厅关于实施〈危险性较大的分部分项工程安全管理规定〉有关问题的通知》（建办质［2018］31号）以及《危险性较大的分部分项工程安全管理规定》（住房城乡建设部令第37号，经住房城乡建设部令第47号修订）现已实行。

6. 本题考查的是专项方案的论证。专项施工方案的专家组成员构成，应当由5名及以上（应组成单数）符合相关专业要求的专家组成。本项目参建各方的人员不得以专家身份参加专家论证会。专家组对专项施工方案审查论证时，需察看施工现场，并听取施工、监理等人员对施工方案、现场施工等情况的介绍。本题答案依据《危险性较大的分部分项工程安全管理办法》（建质〔2009〕87号）作出，需要注意的是该办法已作废。《住房城乡建设部办公厅关于实施〈危险性较大的分部分项工程安全管理规定〉有关问题的通知》（建办质〔2018〕31号）以及《危险性较大的分部分项工程安全管理规定》（住房城乡建设部令第37号，经住房城乡建设部令第47号修订）现已实行。

【参考答案】

1. 上部结构自钢筋验收后的流程：浇筑箱梁混凝土→养护→拆除侧模→预应力张拉→压浆施工。

2. 编写"支架地基加固处理"专项方案的因素有：

（1）鱼塘、菜地、填土；

（2）桥梁中心轴线两侧支架基础承载力不对称，软硬不均匀。

3. "支架地基加固处理"后合格的判定标准：

（1）24h的预压沉降量平均值小于1mm；

（2）72h的预压沉降量平均值小于5mm；

（3）支架基础预压报告合格；

（4）排水系统正常。

4. 进入预压荷载计算的因素还有：钢管支架重量、模板重量。

5. 属于"危险性较大的分部分项工程"的项目还有：

（1）"深度超过5m的基坑（槽）土方开挖"专项方案；

（2）"18m深人工挖孔桩"专项方案。

6. 论证结果无效。

理由：本项目参建单位人员不得以专家组专家身份参与方案论证，因此项目技术负责人作为专家参加论证错误。专家组应由5人以上单数符合专业要求的专家组成，本论证会只有4人，不符合要求。

正确做法：应由5名以上符合相关专业要求的专家组成专家组。本项目的参建各方不得以专家身份参加专家论证会。专项方案经论证后，专家组应当提交论证报告，对论证的内容提出明确的意见，并在论证报告上签字。该报告作为专项方案修复完善的指导意见。

专项方案应经施工企业技术负责人签字，并报总监和建设单位项目负责人签字后实施。

实务操作和案例分析题三［2016年真题］

【背景资料】

某公司承建的市政道路工程，长2km，与现况道路正交，合同工期为2015年6月1日—8月31日。道路路面底基层设计为厚300mm水泥稳定土；道路下方设计有一条DN1200mm钢筋混凝土雨水管道，该管道在道路交叉口处与现状道路下的现有DN300mm燃气管道正交。

施工前，项目部踏勘现场时，发现雨水管道上部外侧管壁与现况燃气管道底间距小于规范要求，并向建设单位提出变更设计的建议。经设计单位核实，同意将道路交叉口处的Y1~Y2井段的雨水管道变更为双排DN800mm双壁波纹管，设计变更后的管道平面位置与断面布置如图4-4、图4-5所示。项目部接到变更后提出了索赔申请，经计算，工程变更需增加造价10万元。

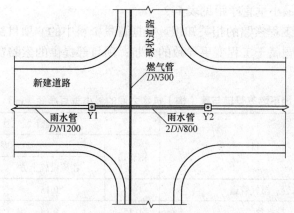

图4-4　设计变更后的管道平面位置示意图（单位：mm）

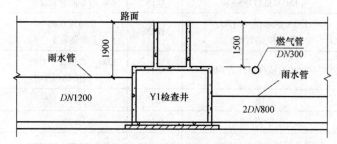

图4-5　设计变更后的管道断面布置示意图（单位：mm）

为减少管道施工对交通通行的影响，项目部制定了交叉路口的交通导行方案，并获得交通管理部门和路政管理部门的批准。交通导行措施的内容包括：

（1）严格控制临时占路时间和范围；

（2）在施工区域范围内规划了警告区、终止区等交通疏导作业区域；

（3）与施工作业队伍签订《施工安全责任合同》。

施工期间为雨期，项目部针对水泥稳定土底基层的施工制定了雨期施工质量控制措施如下：

（1）加强与气象站联系，掌握天气预报，安排在不下雨时施工；

（2）注意天气变化，防止水泥和混合料遭雨淋；

（3）做好防雨准备，在料场和搅拌站搭雨棚；

（4）降雨时应停止施工，对已摊铺的混合料尽快碾压密实。

【问题】

1. 排水管道在燃气管道下方时，其最小垂直距离应为多少米？

2. 按索赔事件的性质分类，项目部提出的索赔属于哪种类型？项目部应提供哪些索赔资料？

3. 交通疏导方案（2）中还应规划设置哪些交通疏导作业区域？

4. 交通疏导方案中还应补充哪些措施？

5. 补充和完善水泥稳定土底基层雨期施工质量控制措施。

【解题方略】

1. 本题考查的是地下燃气管道与建（构）筑物之间的最小垂直净距。地下燃气管道与建（构）筑物之间的最小垂直净距见表4-2。

2. 本题考查的是工程索赔的相关知识。根据背景资料中的"项目部接到变更后提出了索赔申请"可知，本题属于工程变更导致的索赔；项目部提供的索赔资料，其实是考核索赔程序的内容。

地下燃气管道与建（构）筑物之间的最小垂直净距（m）　　　　表 4-2

序号	项目		地下燃气管道		
			钢管道	塑料管道	
				在该设施上方	在该设施下方
1	给水管、燃气管道		0.15	0.15	0.15
2	排水管		0.15	0.15	0.20（加套管）
3	供热管	＜150℃直埋供热管	0.15	0.50（加套管）	1.30（加套管）
		＜150℃热水供热管沟，蒸汽供热管沟	0.15	0.40 或 0.20（加套管）	0.130（加套管）
		＜280℃蒸汽供热管沟	0.15	1.00（加套管）套管有降温措施可缩小	不允许
4	电缆	直埋	0.50	0.50	0.50
		在导管内	0.15	0.20	0.20
5	铁路（轨底）		1.20	—	1.20（加套管）
6	有轨电车（轨底）		1.00		

3. 本题考查的是交通导行措施的相关内容，相对来说较为简单，主要是对交通疏导作业区域的补充。

4. 本题考查的是交通导行措施的相关内容。交通导行措施包括：（1）严格划分警告区、上游过渡区、缓冲区、作业区、下游过渡区、终止区范围；（2）统一设置各种交通标志、隔离设施、夜间警示信号；（3）严格控制临时占路时间和范围，特别是分段导行时必须严格执行获准方案；（4）对作业工人进行安全教育、培训、考核，并应与作业队签订《施工交通安全责任合同》；（5）依据现场变化，及时引导交通车辆，为行人提供方便。

5. 本题考查的是雨期施工质量控制的相关内容。相比冬期施工，雨期施工考核的较少。注意在补充措施时，不要写与背景资料相同的那些措施。

【参考答案】

1. 排水管道在燃气管道下方时，最小垂直距离应为0.15m。

2.（1）按索赔事件的性质分类，项目部提出的索赔属于由于工程变更导致的索赔。

（2）项目部应提供的索赔资料包括：索赔正式通知函，设计变更单，变更图纸，变更项目的预算、清单等有关证据。

3. 交通疏导作业区域还包括：上游过渡区、缓冲区、作业区、下游过渡区。

4. 疏导方案中还应补充的措施包括：

（1）统一设置各种交通标志、隔离设施、夜间警示信号。

（2）对作业工人进行安全教育、培训、考核。

（3）依据现场变化，及时引导交通车辆，为行人提供方便。

（4）按施工组织设计设置围挡。

5. 水泥稳定土底基层雨期施工质量控制措施包括：

（1）对稳定类材料基层，应坚持拌多少、铺多少、压多少、完成多少。

（2）设置完善的排水系统，防、排结合，发现积水及时排除。

实务操作和案例分析题四［2015年真题］

【背景资料】

某公司承建一项道路改扩建工程，长3.3km，设计宽度40m，上下行双幅路；现况路面铣刨后加铺表面层形成上行机动车道，新建机动车道面层为三层热拌沥青混合料。工程内容还包括新建雨水、污水、给水、供热、燃气工程。工程采用工程量清单计价；合同要求4月1日开工，当年完工。

项目部进行了现况调查：工程位于城市繁华老城区，现况路宽12.5m，人机混行，经常拥堵；两侧密布的企事业单位和民居多处位于道路红线内；地下老旧管线多，待拆改移。在现场调查基础上，项目部分析了工程施工特点及存在的风险，对项目施工进行了综合部署。

施工前，项目部编制了交通导行方案，经有关管理部门批准后组织实施。

为保证沥青表面层的外观质量，项目部决定分幅、分段施工沥青底面层和中面层后放行交通，整幅摊铺施工表面层。施工过程中，由于拆迁进度滞后，致使表面层施工时间推迟到当年12月中旬。项目部对中面层进行了简单清理后摊铺表面层。

施工期间，根据建设单位意见，增加了3个接顺路口，结构与新建道路相同。路口施工质量验收合格后，项目部以增加的工作量作为合同变更调整费用的计算依据。

【问题】

1. 本工程施工部署应考虑哪些特点？

2. 简述本工程交通导行的整体思路。

3. 道路表面层施工做法有哪些质量隐患？针对隐患应采取哪些预防措施？

4. 接顺路口增加的工作量部分应如何计量计价？

【解题方略】

1. 本题考查的是施工部署的特点。施工部署包括：施工阶段的区域划分与安排、施工流程（顺序）、进度计划，工力（种）、材料、机具设备、运输计划。仔细分析案例中所提供的条件，对应施工部署的内容即可正确作答。

2. 本题考查的是交通导行的整体思路。交通导行方案是市政公用工程施工组织设计的重要组成部分，也是施工现场管理的重要任务之一。根据交通导行方案设计原则，结合案例内容合理地叙述本工程交通导行的整体思路。

3. 本题考查的是道路施工的相关内容。根据"施工过程中，由于拆迁进度滞后，致使表面层施工时间推迟到当年12月中旬。项目部对中面层进行了简单清理后摊铺表面层"即可发现存在的两项质量隐患，考生应综合考虑做出合理的预防措施。

4. 本题考查的是工程量清单计价的应用。根据案例可知，接顺路口增加的工作量部分是由建设单位提出，属于设计变更导致的合同价款调整。因此对于接顺路口增加的工程量部分当合同有约定时按约定处理；合同未约定时，应按实际完成工作量计量，单价采用清单中的综合单价计价，计算出调整增加的工程费用。

【参考答案】

1. 本工程施工部署应考虑的特点：

（1）除道路改扩建外还有新建雨水、污水、给水、供热、燃气工程，施工专业数量多，且专业工程交错，综合施工难度大；

（2）与城市交通、市民生活相互干扰；

（3）工程位于城市繁华老城区，现况路宽12.5m，人机混行，经常拥堵，交通道路状况较为复杂，安全环保文明施工保障措施要求高；

（4）地上、地下障碍物拆迁量大，影响施工部署。

2. 本工程交通导行的总体思路：

（1）应首先争取交通分流，减少施工压力；

（2）以现况道路作为社会交通便线，施工新建半幅路；

（3）以新建半幅道路作为社会交通便线，施工现况道路的管线、路面结构。

3. 道路表面层施工做法有关的隐患及预防措施：

（1）质量隐患：当年12月施工沥青表面层摊铺。因为12月份气温较低，而沥青摊铺时严禁在冬期施工的，摊铺温度过低，混合料就会报废。

预防措施：选择温度高的时间段施工，材料采取保温措施，摊铺碾压安排紧凑。

（2）质量隐患：对中面层进行简单清理后就施工表面层。因为提前开放交通，所以中面层和表面层之间的粘结力不能保证，只做简单的清理是不能达到良好的效果。

预防措施：加强对中面层的保护与清理，保证粘层油的施工质量。

4. 合同有约定时按约定处理；合同未约定时，增加部分应按实际完成工作量计量，单价采用清单中的综合单价计价，计算出调整增加的工程费用。

实务操作和案例分析题五［2013年真题］

【背景资料】

某公司低价中标跨越城市主干道的钢－混凝土组合结构桥梁工程，城市主干道横断面如图4-6所示。

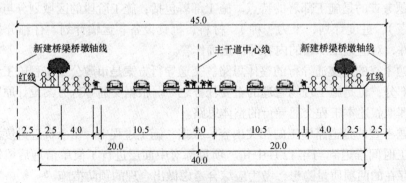

图4-6 城市主干道横断面图（单位：m）

三跨连续梁的桥跨组合：30m＋45m＋30m，钢梁（单箱单室钢箱梁）分5段工厂预制、现场架设拼接，分段长度22m＋20m＋21m＋20m＋22m，如图4-7所示。桥面板采用现浇后张预应力混凝土结构，由于钢梁拼接缝位于既有城市主干道上方，在主干道上方设置施工支架、搭设钢梁段拼接平台对现状道路交通存在干扰问题。针对本工程的特点，项目部编制了施工组织设计方案和支架专项方案，支架专项方案通过专家论证。依据招标文件和程序将钢梁加工分包给专业公司，签订了分包合同。

图4-7　钢梁预制分段图（单位：m）

【问题】

1. 除支架专项方案外，还需编制哪些专项方案？

2. 钢梁安装时，主干道应设几座支架？是否需要占用机动车道？并说明理由。

3. 施工支架专项方案需要哪些部门审批？

4. 钢梁加工分包经济合同签订需要注意哪些事项？

【解题方略】

1. 本题考查的是危险性较大的分部分项工程安全专项施工方案。考生应从案例中找出所涉及的工程，编制相关的专项方案。

2. 本题考查的是钢梁支架的设置，较为简单，根据案例所提供图纸及钢梁宽度，可以计算出钢梁安装需要占用的宽度。

3. 本题考查的是施工支架专项方案的审批，应把案例中涉及的工程项目找出来，然后进行相应的审批。

4. 本题考查的是签订分包合同的注意事项。分包经济合同的签订应从多方面考虑：（1）在分包合同中应明确的责任与义务；（2）针对本合同的要求；（3）须签订的相关协议等。

【参考答案】

1. 除支架专项方案外，还需编制的专项方案有：（1）基坑开挖、降水、支护方案；（2）预应力张拉及浇筑方案；（3）吊装及运输方案；（4）钢梁焊接及拼装方案。

2. 钢梁安装时，在主干道上应设两座支架。需要占用机动车道。

理由：通过分析图纸，梁的居中段长度为21m，主干道与绿化带宽24m，两头支架正好落在主干道内，离路边2m处。

3. 施工支架专项方案的审批：

（1）施工专项方案应经项目经理组织、技术负责人编制，应根据专家论证意见修改确定后，经施工单位技术负责人、项目总监理工程师审核签字后实施。

（2）本案例涉及包括园林绿化管理部门、路政管理部门、交通管理部门、物业产权单位等相关部门，应经过其审批同意。

（3）应报政府主管部门备案，如有变更，按原程序重新审批。

4. 钢梁加工分包经济合同签订注意事项：（1）分包合同必须依据总包合同签订，满足总包合同工期和质量方面的要求；（2）本案例属于低价合同，应按照施工图预算严格控制分包价格，留有余地；（3）应另行签订安全管理责任协议，明确双方需要协调配合的工作。

实务操作和案例分析题六〔2012 年真题〕

【背景资料】

A 公司中标某市污水管工程，总长 1.7km。采用 1.6～1.8m 混凝土管，其埋深为 −4.3～−4.1m，各井间距 8～10m。地质条件为黏性土层，地下水位置距离地面 −3.5m。项目部确定采用两台顶管机同时作业，一号顶管机从 8 号井作为始发井向北顶进，二号顶管机从 10 号井作为始发井向南顶进。工作井直接采用检查井位置（施工位置如图 4–8 所示）。A 公司编制了顶管工程施工方案，并已经通过专家论证。

施工过程中发生如下事件：

（1）因拆迁原因，使 9 号井不能开工。第二台顶管设备放置在项目部附近小区绿地暂存 28d。

（2）在穿越施工条件齐全后，为了满足建设方要求，项目部将 10 号井作为第二台顶管设备的始发井，向原 8 号井顶进。施工方案经项目经理批准后实施。

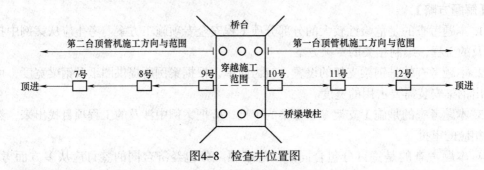

图 4–8　检查井位置图

【问题】

1. 本工程中工作井是否需要编制专项方案？说明理由。

2. 设备放在小区绿地暂存，应履行哪些程序或手续？

3. 10 号井改为向 8 号井顶进的始发井，应做好哪些技术准备工作？

4. 项目经理批准施工变更方案是否妥当？说明理由。

5. 项目部就事件（1）的拆迁影响，可否向建设方索赔？如可索赔，简述索赔项目。

【解题方略】

1. 本题考查的是专项方案的编制。施工单位应当在危险性较大的分部分项工程施工前编制专项方案；对于超过一定规模的危险性较大的分部分项工程，施工单位应当组织专家对专项方案进行论证。考生应对案例所提供的情况进行判断，看是否需要编制专项方案及进行论证。本题答案依据《危险性较大的分部分项工程安全管理办法》（建质〔2009〕87号）作出，需要注意的是该办法已作废。《住房城乡建设部办公厅关于实施〈危险性较大的分部分项工程安全管理规定〉有关问题的通知》（建办质〔2018〕31号）以及《危险性较大的分部分项工程安全管理规定》（住房城乡建设部令第37号，经住房城乡建设部令第47号修订）现已实行。

2. 本题考查的是占用绿地知识。占用小区绿地除了小区业主委员会和管理处同意外还需经城市人民政府城市绿化行政主管部门批准。很多考生认为无须经城市人民政府城市绿化行政主管部门批准，这是错误的。根据《城市绿化条例》的规定，居住区绿地的绿化，由城市人民政府绿化行政主管部门根据实际情况确定单位管理。

3. 本题考查的是顶管法的相关内容。考生应对案例中给出的条件进行充分考虑，结合背景资料作答。

4. 本题考查的是专项方案专家论证的相关知识。说明理由时首先应说明本工程需要组织专家论证；其次应回答出专家论证需要变更时的做法；最后说明应如何履行签字审批手续。本题答案依据《危险性较大的分部分项工程安全管理办法》（建质〔2009〕87号）作出，需要注意的是该办法已作废。《住房城乡建设部办公厅关于实施〈危险性较大的分部分项工程安全管理规定〉有关问题的通知》（建办质〔2018〕31号）以及《危险性较大的分部分项工程安全管理规定》（住房城乡建设部令第37号，经住房城乡建设部令第47号修订）现已实行。

5. 本题考查的是索赔的相关知识。这一知识点经常出现在考试中，考生一定要掌握好。本案例中"因拆迁原因，使9号井不能开工"，这属于建设单位的责任，可以进行索赔。

【参考答案】

1. 本工程中工作井需要编制专项方案。

理由：工作井是采用检查井改造的，其埋深为 −4.3～−4.1m，最浅处深度都达到 −5.7m，混凝土管直径 1.6～1.8m，带水顶管作业，属于危险性较大的分部分项工程，必须编制施工专项方案，且须经专家论证。

2. 设备放在小区绿地暂存，应履行的程序或手续：须经城市人民政府城市绿化行政主管部门同意，并按照有关规定办理临时用地手续；征得小区业主委员会和管理处同意，签订补偿协议或承诺书。

3. 10号井改为向8号井顶进的始发井，应做好的技术准备工作：必须执行变更程序；开工前必须编制专项施工方案，并按规定程序报批；技术负责人对全体施工人员进行书面技术交底，交底资料签字保存并归档；调查和保护施工影响区内的建构筑物和地下管线；对检查井进行加固，布置千斤顶、顶柱、后背；工作井上方设截水沟和防淹墙，防止地表水流入工作井；交通导行方案，工作井范围内设围挡、警示标志、夜间红灯示警；对桥梁监测变形量。

4. 项目经理批准施工变更方案不妥。

理由：本工程不仅需要编制专项方案而且需要组织专家论证。专项方案经专家论证后需变更时必须重新组织专家论证，而且应将再次论证并通过的专项方案经技术负责人、项目总监理工程师、项目责任人签字后方可实施。

5. 项目部可以就事件（1）的拆迁影响向建设单位索赔。索赔项目：工期、机械窝工费、人员窝工费、绿地占用费。注意：本题依据考试当年所用规范文件作答，根据《建设工程施工合同（示范文本）》（GF—2013—0201）的相关规定，因发包人原因引起的暂停施工，发包人应承担由此增加的费用和（或）延误的工期，并支付承包人合理的利润。因此，如果本题依据这一新规定作答的话，可索赔的项目应增加利润这一项。目前《建设工程施工合同（示范文本）》已更新至（GF—2017—0201），参考答案采用当时有效文件。

典 型 习 题

实务操作和案例分析题一

【背景资料】

某市新建道路跨线桥，主桥长520m，桥宽22.15m，桥梁中间三跨为钢筋混凝土预应力连续梁，跨径组合为30m+35m+30m，需现场浇筑，进行预应力张拉；其余部分为T形22m简支梁。支架设计为满堂支撑形式，部分基础采用加固处理。模板支架有详细专项方案设计，经项目经理批准支架施工分包给专业公司，并签订了分包合同。施工日志有以下记录：

（1）施工组织设计经项目经理批准签字后，上报监理工程师审批。

（2）专项方案提供了支架的强度验算，符合规范要求。

（3）由于拆迁影响了工期，项目总工程师对施工组织设计作了变更，并及时请示项目经理，经批准后付诸实施。

（4）为加快桥梁应力张拉的施工进度，从其他工地借来一台千斤顶与项目部现有的油泵配套使用。

【问题】

1. 施工组织设计的审批程序的做法是否正确，应如何办理？

2. 专项方案仅提供支架的强度验算尚不满足要求，请予以补充。

3. 在支架上现浇混凝土连续梁时，支架应满足哪些要求，有哪些注意事项？

4. 从其他工地借用千斤顶与现有设备配套使用违反了哪些规定？

【参考答案】

1. 施工组织设计的审批程序不正确。工程施工组织设计经项目经理签批后，必须由企业（施工单位）技术负责人审批，并加盖公章后方可实施；有变更时，应有变更审批程序。

2. 仅提供支架强度验算尚不满足专项方案的要求，还应提供：支架刚度和稳定性方面的验算，且专项方案应由施工单位专业工程技术人员编制，经专家论证补充完善后，由施工企业技术负责人签批和监理单位总监理工程师签认后实施。

3. 支架应满足的要求：

（1）支架的强度、刚度、稳定性验算倾覆稳定系数不应小于1.3，受载后挠曲的杆件弹性挠度不大于$L/400$（L为计算跨度）。

（2）支架的弹性、非弹性变形及基础的允许下沉量，应满足施工后梁体设计标高的要求。

应注意事项：整体浇筑时应采取措施防止支架基础不均匀下沉，若地基下沉可能造成梁体混凝土产生裂缝时，应分段浇筑。

4. 从其他工地借用千斤顶与现有设备配套使用违反的规定：张拉机具设备应与锚具配

套使用，并应在进场时进行检验和校验。千斤顶与压力表应配套校验，以确定张拉力与压力表之间的关系曲线。

实务操作和案例分析题二

【背景资料】

某公司承建一项城市污水处理工程，包括调蓄池、泵房、排水管道等。调蓄池为钢筋混凝土结构，结构尺寸为40m（长）×20m（宽）×5m（高），结构混凝土设计强度等级为C35，抗渗等级为P6。调蓄池底板与池壁分两次浇筑，施工缝处安装金属止水带，混凝土均采用泵送商品混凝土。

事件1：施工单位对施工现场进行封闭管理，砌筑了围墙，在出入口处设置了大门等临时设施，施工现场进口处悬挂了整齐明显的"五牌一图"及警示标牌。

事件2：调蓄池基坑开挖渣土外运过程中，因运输车辆装载过满，造成抛撒滴漏，被城管执法部门下发整改通知单。

事件3：池壁混凝土浇筑过程中，有一辆商品混凝土运输车因交通堵塞，混凝土运至现场时间过长，坍落度损失较大，泵车泵送困难，施工员安排工人向混凝土运输车罐体内直接加水后完成了浇筑工作。

事件4：金属止水带安装中，接头采用单面焊搭接法施工，搭接长度为15mm，并用铁钉固定就位，监理工程师检查后要求施工单位进行整改。

为确保调蓄池混凝土的质量，施工单位加强了混凝土浇筑和养护等各环节的控制，以确保实现设计的使用功能。

【问题】

1. 写出"五牌一图"的内容。

2. 事件2中，为确保项目的环境保护和文明施工，施工单位对出场的运输车辆应做好哪些防止抛撒滴漏的措施？

3. 事件3中，施工员安排向罐内加水的做法是否正确？应如何处理？

4. 说明事件4中监理工程师要求施工单位整改的原因？

5. 施工单位除了混凝土的浇筑和养护控制外，还应从哪些环节加以控制以确保混凝土质量？

【参考答案】

1. 五牌：工程概况牌、管理人员名单及监督电话牌、消防安全牌、安全生产（无重大事故）牌、文明施工牌。

一图：施工现场总平面图。

2. 施工单位对出场的运输车辆应采取的防止抛撒滴漏的措施有：

（1）施工车辆应采取密封覆盖措施；

（2）施工运送车辆不得装载过满（防超载）；

（3）在场地出口设置冲洗池，待运土车辆出场时派专人将车轮冲洗干净。

3. 施工员安排工人直接加水做法不正确。泵送防水混凝土，当坍落度损失后不能满足施工要求时，应加入原水灰比的水泥浆或减水剂进行搅拌，严禁直接加水。

4. 监理工程师要求施工单位整改的原因：金属止水带接头采用搭接施工时，搭接长度不得小于20mm，搭接必须双面焊接，不得采用铁钉固定就位。施工单位违反了上述规定，故要求整改。

5. 施工单位还应从原材料、配合比、混凝土供应（运输）等环节加以控制，以确保混凝土质量。

实务操作和案例分析题三

【背景资料】

某公司承建城市道路改扩建工程，工程内容包括：① 在原有道路两侧各增设隔离带，非机动车道及人行道；② 在北侧非机动车道下新增一条长800m直径为DN500mm的雨水主管道，雨水口连接支管口径为DN300mm，管材采用HDPE双壁波纹管，胶圈柔性接口，主管道两端接入现状检查井，管底埋深为4m，雨水口连接管位于道路基层内；③ 在原有机动车道上加铺厚50mm改性沥青混凝土上面层。道路横断面布置如图4-9所示。

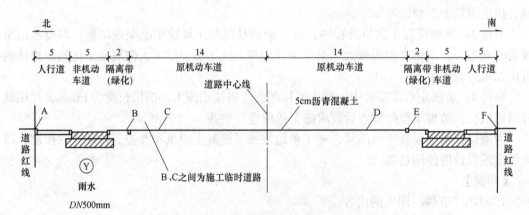

图4-9 道路横断面布置示意图（单位：m）

施工范围内土质以硬塑粉质黏土为主，土质均匀，无地下水。

项目部编制的施工组织设计将工程项目划分为三个施工阶段：第一阶段为雨水主管道施工；第二阶段为两侧隔离带、非机动车道、人行道施工；第三阶段为原机动车道加铺沥青混凝土面层。同时编制了各施工阶段的施工技术方案，内容有：

（1）为确保道路正常通行及文明施工要求，根据三个施工阶段的施工特点，在图4-9中A、B、C、D、E、F所示的6个节点上分别设置各施工阶段的施工围挡；

（2）主管道沟槽开挖自东向西按井段逐段进行，拟定的槽底宽度为1600mm、南北两侧的边坡坡度分别为1：0.50和1：0.67，采用机械挖土，人工清底；回用土存放在沟槽北侧，南侧设置管材存放区，弃土运至指定存土场地；

（3）原机动车道加铺改性沥青路面施工，安排在两侧非机动车道施工完成并导入社会交通后，整幅分段施工。加铺前对旧机动车道面层进行铣刨、裂缝处理、井盖高度提升、清扫、喷洒（刷）粘层油等准备工作。

【问题】

1. 本工程雨水口连接支管施工应有哪些技术要求？
2. 用图4-9所示中的节点代号，分别写出三个施工阶段设置围挡的区间。
3. 写出确定主管道沟槽底开挖宽度及两侧槽壁放坡坡度的依据。

4. 现场土方存放与运输时应采取哪些环保措施？

5. 加铺改性沥青面层施工时，应在哪些部位喷洒（刷）粘层油？

【参考答案】

1. 在道路基层内的雨水口连接支管应采用混凝土全长包封，且包封混凝土达到70%设计强度前，不得放行交通和碾压作业。沟槽的开挖断面应符合施工方案的要求，槽底原状地基土不得扰动。机械开挖时槽底预留的土层由人工开挖至设计高程并整平。沟槽回填应分层、对称回填，且夯压密实。

2. 第一个阶段：A～C；

第二个阶段：A～C，D～F；

第三个阶段：B～E。

3. 确定主管道沟槽开挖宽度主要的依据是：槽底宽度应符合设计要求；当设计无要求时，可按经验公式计算确定。

确定主管道两侧槽壁放坡坡度的主要依据是：土体的类别，基坑深度、支撑情况、荷载情况。

4. 现场土方存放与运输的环保措施主要有：现场存土料须及时覆盖；洒水降尘；运输时封闭苫盖（覆盖措施）；撒漏及时清理。

5. 加铺改性沥青混凝土面层施工时，应当在原机动车道表面、路缘石侧面、检查井井盖侧面以及雨水口的水箅子侧面等构筑物与沥青混合料面层连接面喷洒粘层油。

实务操作和案例分析题四

【背景资料】

A公司中标承建小型垃圾填埋场工程，填埋场防渗系统采用HDPE膜，膜下保护层为厚1000mm黏土层，膜上保护层为土工织物。

项目部按规定设置了围挡，并在门口设置了工程概况牌、管理人员名单、监督电话牌和扰民告示牌。为满足进度要求，现场安排3支劳务作业队伍，压缩施工流程并减少工序间隔时间。

施工过程中，A公司例行检查发现：有少数劳务人员所戴胸牌与人员登记不符，且现场无劳务队的管理员在场；部分场底基础层验收记录缺少建设单位签字；黏土保护层压实度报告有不合格项，且无整改报告。A公司明令项目部停工整改。

【问题】

1. 项目部门口还应设置哪些标牌？

2. 针对检查结果，简述对劳务人员管理的具体规定。

3. 简述填埋场施工前场底基础层验收的有关规定，并给出验收记录签字缺失的纠正措施。

4. 指出黏土保护层压实度质量验收必须合格的原因，对不合格项应如何处理？

【参考答案】

1. 项目部门口还应设置企业标识，消防安全牌、安全生产（无重大事故）牌、文明施工牌、施工现场总平面图。

2. 针对检查结果，对劳务人员管理的具体规定：

（1）施工现场的所有的劳务施工人员以及所有的管理人员都要进行实名制管理。无身份证、无劳务合同、无岗位证书的"三无"人员不得进入现场施工。进入施工现场的劳务人员佩戴注明姓名、身份证号、工种、所属分包企业的工作卡。

（2）施工现场要有劳务管理人员巡视和检查。

（3）要逐人建立劳务人员入场、继续教育培训档案。

（4）劳务企业与劳务人员要签订书面劳务合同明确双方义务，企业需要建立个人信息。

3. 填埋场施工前场底基础层验收的有关规定：填埋场施工前场底基础层验收应该由建设单位组织勘察、设计、监理和施工单位参加并签字，地基承载力满足设计要求后方可后续施工。

验收记录签字缺失的纠正措施：必须按规定由建设单位完善签字，必须补充验收手续和土基承载力检测报告。

4. 黏土保护层压实度质量验收必须合格的原因在于：（1）黏性土保护层是垃圾填埋场的主控项目，主控项目检验必须100%合格；（2）黏性土保护层不合格，很可能会导致填埋场后期使用过程中造成基础沉陷而造成HDPE膜的变形和开裂，造成垃圾填埋场的渗滤液渗漏，污染地下水源。

不合格项处理方式：进行整改，整改后监理和建设单位按照原有的标准进行验收，合格后方可进行下一道工序施工。

实务操作和案例分析题五

【背景资料】

某北方城市面临供水不足的问题，为解决水源问题，计划新建一座大型给水厂，主要有沉淀池、滤池等。其中沉淀池为圆形，直径45m，深4m，池壁采用预制板拼装外缠预应力钢丝喷水泥砂浆结构，由于地下水位较高，须采取降水措施。项目经理部在施工现场门口设立了公示牌以便于加强施工管理。公示牌包括工程概况牌、安全生产文明施工牌。在工程概况牌上标明的内容有工程规模、工程性质、工程用途。项目部确定的现场管理内容有：合理规划施工场地，做好施工总平面图，对现场的使用要有检查，建立文明的施工现场。施工中按照施工组织的设计要求采用了硬质围挡，设置了办公区、生活区、生产区和临时设施区。在施工平面布置图上布置了临时设施、大型机械、料场和仓库。施工项目技术负责人指示由安全员将现场管理列为日常检查内容。

【问题】

1. 本工程中设立的工程概况牌的内容是否全面？如不全面，请补充。

2. 除工程概况牌、安全生产文明施工牌以外，现场公示牌还应设立的标牌有哪些？

3. 项目部确定的施工现场管理内容完整吗？如不完整，请补充。

4. 施工平面布置图上的内容全面吗？如不全面，请至少再补充3条。

【参考答案】

1. 工程概况牌的内容不全面，应补充：

（1）发包单位（建设单位）的名称；

（2）设计单位的名称；

（3）承包单位（施工单位）的名称；

（4）监理单位的名称；

（5）开竣工日期；

（6）项目负责人及联系电话。

2. 现场公示牌还应设立的标牌有：

（1）消防安全牌；

（2）安全生产（无重大事故）牌；

（3）施工现场总平面图；

（4）管理人员名单及监督电话牌。

3. 项目部确定的施工现场管理内容是不完整的。应补充的内容包括：

（1）适时调整施工现场总平面图；

（2）及时清场转移。

4. 施工平面布置图上的内容不全面。应补充：构件堆场、消防设施、道路及进出口、加工场地、水电管线、周转场地。

实务操作和案例分析题六

【背景资料】

某城市跨线立交桥工程，桥梁全长811m，共计24跨，桥梁下部结构有220根1.5m的钻孔灌注桩，采用反循环钻机成孔。项目部针对钻孔桩数量多，经招标程序将钻孔作业分项工程分包给甲机械施工公司，由甲公司负责组织钻孔机械进行钻孔作业。施工过程中现场发生如下事件：

事件1：因地下管线改移困难，经设计单位现场决定10轴、11轴、12轴原桩位移动并增加钻孔桩数量，立即办理了洽商变更手续。项目部及时复印后，直接交给测量员和负责本段施工的工长。

事件2：项目部在现场文明施工检查中发现原有泥浆沉淀池已淤积，正在进行钻孔施工的泥浆水沿排水沟流到工地附近的河道里，现场土堆旁有未燃尽的油毡碎片。

事件3：甲公司液压吊车起吊钢筋笼时，因钢筋笼的U形吊环与主筋焊接不牢，起吊过程中钢筋笼倾倒，作业人员及时避开，但将泥浆搅拌棚砸坏。项目经理组织人员清理现场，并开展事故调查分析，对分包人进行罚款处理，调查报告完成后，经项目经理签字，上报了企业负责安全的部门。

事件4：受钻孔机械故障影响，项目部要求甲公司增加钻孔机械，以保障钻孔作业计划进度。因甲公司钻机在其他工地，需等5d后才能运到现场，等到该桥全部钻孔桩完成时已拖延工期13d。

【问题】

1. 事件1的执行程序是否妥当？说明理由，写出正确程序。

2. 事件2的做法有无违规之处？如有违规之处，写出正确做法。

3. 事件3的事故处理程序是否妥当？如不妥当，写出正确做法。

4. 事件4中，结合项目部进度控制中的问题指出应采取的控制措施。

【参考答案】

1. 事件1的执行程序不妥。

理由：洽商变更作为有效文件管理，对发放范围应有签字手续。

正确程序：在施工过程中，项目技术负责人对有关施工方案、技术措施及设计变更要求，应在执行前向执行人员进行书面交底。

2. 事件2中，做法的违规之处：排放泥浆水到河道中，现场焚烧油毡。

正确做法：妥善处理泥浆水，未经处理不得直接排入城市排水设施和河流；除设有符合规定的装置外，不得在施工现场熔融沥青或者焚烧油毡（防水卷材）、油漆以及其他会产生有毒有害烟尘和恶臭气体的物质。

3. 事件3中，事故处理程序不妥。

（1）事故处理正确做法：事故发生后，应排除险情，做好标志，保护好现场。

（2）事故调查正确做法：项目经理应指定技术、安全、质量等部门人员，会同企业工会代表组成调查组，开展事故调查。

（3）调查报告正确做法：调查组应把事故经过、原因、损失、责任、处理意见、纠正和预防措施写成调查报告，并经调查组全体人员签字确认后报企业安全主管部门。安全事故调查报告不能只有项目经理一人的签字。

4. 项目部应紧密跟踪计划实施进行监督，当发现进度计划执行受到干扰时，应采取调度措施，控制进度计划的实现。

实务操作和案例分析题七

【背景资料】

某工程基坑深8m，支护采用桩锚体系，桩数共计200根，基础采用桩筏形式，桩数共计400根，毗邻基坑东侧12m处有既有密集居民区，居民区和基坑之间的道路下1.8m处埋设有市政管道。项目实施过程中发生如下事件：

事件1：在基坑施工前，施工总承包单位要求专业分包单位组织召开深基坑专项施工方案专家论证会，本工程勘察单位项目技术负责人作为专家之一，对专项方案提出了不少合理化建议。

事件2：工程地质条件复杂，设计要求对支护结构和周围环境进行监测，对工程桩采用不少于总数1%的静载荷试验方法进行承载力检验。

事件3：基坑施工过程中，因为工期较紧，于是专业分包单位夜间连续施工。挖掘机、桩机等施工机械噪声较大，附近居民意见很大，到有关部门投诉，有关部门责成总承包单位严格遵守文明施工作业时间段规定，现场噪声不得超过国家标准《建筑施工场界环境噪声排放标准》GB 12523—2011的规定。

【问题】

1. 事件1中存在哪些不妥？并分别说明理由。

2. 事件2中，工程支护结构和周围环境监测分别包含哪些内容？最少需多少根桩做静载荷试验？

3. 根据文明施工的要求，在居民密集区进行强噪声施工，作业时间段有什么具体规定？特殊情况需要昼夜连续施工，需做好哪些工作？

【参考答案】

1. 事件1中的不妥之处与理由：

（1）施工总承包单位要求专业分包单位组织召开专项施工方案专家论证会不妥；

理由：专项施工方案的专家论证会应由施工总承包单位组织召开。

（2）勘察单位技术负责人作为专家不妥；

理由：本项目参建各方的人员不得以专家身份参加专家论证会。

2. 事件2中，工程支护结构应包含的内容：

（1）对围护墙侧压力、弯曲应力和变形的监测；

（2）对支撑锚杆轴力、弯曲应力的监测；

（3）对腰梁（围檩）轴力、弯曲应力的监测；

（4）对立柱沉降、抬起的监测。

事件2中，周围环境监测应包含的内容：

（1）坑外地形的变形监测；

（2）邻近建筑物的沉降和倾斜监测；

（3）地下管线的沉降和位移监测等。

最少需4根桩做静载荷试验。

3. 根据文明施工的要求，在居民密集区进行强噪声施工，作业时间段的具体规定：晚间作业时间不超过22时，早晨作业时间不早于6时。

特殊情况需要昼夜连续施工，需要做好的工作：应尽量采取降噪措施，并会同建设单位做好周围居民的工作，同时报工地所在地环保部门备案后方可施工。

实务操作和案例分析题八

【背景资料】

某城市环路立交桥工程长1.5km，其中跨越主干道路部分采用钢—混凝土结合梁结构，跨径47.6m，鉴于吊装的单节钢梁重量大，又在城市主干道上施工，承建该工程的施工项目部为此制定了专项施工方案，拟采取以下措施：

措施1：为保证吊车的安装作业，占用一条慢行车道，选择在夜间时段，自行封路后进行钢梁吊装作业。

措施2：请具有相关资质的研究部门对钢梁结构在安装施工过程中不同受力状态下的强度、刚度及稳定性进行分析。

措施3：将安全风险较大的临时支架的搭设，通过招标程序分包给专业公司，签订分包合同，并按有关规定收取安全风险保证金。

【问题】

1. 本工程专项施工方案应包括哪些主要内容？

2. 项目部拟采取的措施1不符合哪些规定？

3. 项目部拟采取的措施2验算内容和项目不齐全，请补充。

4. 从项目安全控制的总包和分包责任分工角度来看，项目部拟采取的措施3不够全面，还应做哪些补充？

【参考答案】

1. 本工程的专项施工方案属于超过一定规模的危险性较大的分部分项工程专项施工方案，应包括的主要内容如下：

（1）工程概况：危险性较大的分部分项工程概况、施工平面布置、施工要求和技术保证条件。

（2）编制依据：相关法律、法规、规范性文件、标准、规范及图纸、施工组织设计等。

（3）施工计划：包括施工进度计划、材料与设备计划。

（4）施工工艺技术：技术参数、工艺流程、施工方法、检查验收等。

（5）施工安全保证措施：组织保障、技术措施、应急预案、监测监控等。

（6）劳动力计划：专职安全生产管理人员、特种作业人员等。

（7）计算书及相关图纸。

2. 项目部拟采取的措施1不符合关于占用或挖掘城市道路的管理规定：因特殊情况需要临时占用城市道路的，须经市政工程行政主管部门和公安交通管理部门批准，方可按照规定占用。

3. 项目部拟采取的措施2验算内容和项目不齐全。钢梁安装前应对临时支架、支承、吊机等临时结构和钢梁结构本身在不同受力状态下的强度、刚度及稳定性进行验算。

4. 项目部拟采取的措施3不全面。应审查分包人的安全施工资格和安全生产保证体系，不应将工程分包给不具备安全生产条件的分包人；在分包合同中应明确分包人安全生产责任和义务；对分包人提出安全要求，并认真监督、检查；对违反安全规定冒险蛮干的分包人，应令其停工整改。

实务操作和案例分析题九

【背景资料】

某地铁隧道盾构法施工，隧道穿越土层有黏土、粉土、细砂、小粒径砂卵石、含有上层滞水，覆土厚度8～14m，采用土压平衡盾构施工。施工项目部依据施工组织设计在具备始发条件后开始隧道施工，掘进过程中始终按施工组织设计规定的各项施工参数执行，施工过程中发生以下事件：

事件1：拆除始发工作井洞口围护结构后发现洞口土体渗水，洞口土体加固段掘进时地表沉降超过允许值。

事件2：在细砂、砂卵石地层中掘进时，土压计显示开挖面土压波动较大；从螺旋输送机排出的土砂坍落度较低。

【问题】

1. 施工项目部依据施工组织设计开始隧道施工是否正确？如不正确，写出正确做法。

2. 掘进过程中始终按施工组织设计规定的各项施工参数执行是否正确？如不正确，写出正确做法。

3. 分析事件1发生的主要原因以及正确的做法。

4. 分析事件2发生的主要原因以及应采取的对策。

【参考答案】

1. 施工项目部依据施工组织设计开始隧道施工不正确。根据《住房城乡建设部办公厅关于实施〈危险性较大的分部分项工程安全管理规定〉有关问题的通知》（建办质〔2018〕31号）的规定，盾构工程属于危险性较大的分部分项工程，开工前施工单位必须编制专项施工方案，并应组织专家对专项方案进行论证。

2. 掘进过程中始终按施工组织设计规定的各项施工参数执行不正确。

正确做法：

（1）在初始掘进过程中应根据收集的盾构推力、刀盘扭矩等掘进数据及地层变形量测量数据，判断土压、注浆量、注浆压力等设定值是否适当，及时进行调整，并通过测量盾构与衬砌的位置，及早把握盾构掘进方向控制特性，为正常掘进控制提供依据。

（2）由于掘进过程中地层条件、覆土厚度等差异很大，应根据实际情况适时调整施工参数。

（3）根据反馈的监控量测数据及时调整相关的施工参数。

3. 事件1发生的主要原因是洞口土体加固效果不满足要求。

正确做法：

（1）根据地质条件、地下水位、盾构种类与外形尺寸、覆土深度及施工环境条件等，明确加固目的后，合理确定加固方法，保证加固范围；本案例的加固目的——既要加固又应止水。

（2）拆除洞口围护结构前要确认洞口土体加固效果，必要时进行补注浆加固。

4. 事件2发生的主要原因是塑流化改良效果欠佳。

应采取的对策：

（1）选择适宜的改良材料，并结合出土情况、盾构参数等，按照配合比添加改良材料。

（2）开挖面土压波动大的情况下，开挖面一般不稳定，此时应加强出土量管理。

实务操作和案例分析题十

【背景资料】

某公司承包一座雨水泵站工程，泵站结构尺寸为23.4m（长）×13.2m（宽）×9.7m（高），地下部分深度5.5m，位于粉土、砂土层，地下水位为地面下3.0m。设计要求基坑采用明挖放坡，每层开挖深度不大于2.0m，坡面采用锚杆喷射混凝土支护，基坑周边设置轻型井点降水。

基坑邻近城市次干路，围挡施工占用部分现况道路，项目部编制了交通导行图（见图4-10）。在路边按要求设置了A区、上游过渡区、B区、作业区、下游过渡区、C区6个区段，配备了交通导行标志、防护设施、夜间警示信号。

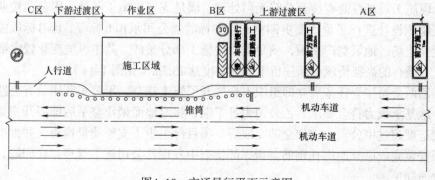

图4-10 交通导行平面示意图

基坑周边地下管线比较密集，项目部针对地下管线距基坑较近的现况制定了管线保护措施，设置了明显的标识。

1. 项目部的施工组织设计文件中包括质量、进度、安全、文明环保施工、成本控制等保证措施；基坑土方开挖等安全专项施工技术方案，经审批后开始施工。

2. 为了能在雨期来临前完成基坑施工，项目部拟采取以下措施：

（1）采用机械分两层开挖；（2）开挖到基底标高后一次完成边坡支护；（3）机械直接开挖到基底标高夯实后，报请建设、监理单位进行地基验收。

【问题】

1. 补充施工组织设计文件中缺少的保证措施。

2. 交通导行示意图中，A、B、C功能区的名称分别是什么？

3. 项目部除了编制地下管线保护措施外，在施工过程中还需具体做哪些工作？

4. 指出项目部拟采取加快进度措施的不当之处，写出正确的做法。

5. 地基验收时，还需要哪些单位参加？

【参考答案】

1. 施工组织设计文件中还应补充：季节性措施（冬、雨期措施）、交通组织措施、建构筑物保护措施、应急预案。

2. A为警告（警示）区、B为缓冲区、C为终止区。

3. 项目部在基坑施工中必须设专人随时检查地下管线、维护加固设施，以保持完好。观测管线沉降和变形并记录。

4. （1）机械分两层开挖不对，至少应分3层开挖（不大于2.0m）；

（2）一次完成边坡支护不对，应按照每层开挖高度及时进行边坡支护；

（3）机械直接开挖至基底标高不对，应保留300mm原状土采用人工清理至基底。

5. 地基验收时，还需要参加的单位有：设计单位、勘察单位。

实务操作和案例分析题十一

【背景资料】

某桥梁工程项目的下部结构已全部完成，受政府指令工期的影响，业主将尚未施工的上部结构分成A、B两个标段，将B段重新招标。桥面宽度17.5m，桥下净空6m。上部结构设计为钢筋混凝土预应力现浇箱梁（三跨一联），共40联。原施工单位甲公司承担A标段，该标段施工现场系既有废弃公路无须处理，满足支架法施工条件，甲公司按业主要求对原施工组织设计进行了重大变更调整；新中标的乙公司承担B标段，因B标段施工现场地处闲置弃土场，地域宽广平坦，满足支架法施工部分条件，其中纵坡变化较大部分为跨越既有正在通行的高架桥段。新建桥下净空高度达13.3m（见图4-11）。

甲、乙两公司接受任务后立即组织力量展开了施工竞赛。甲公司利用既有公路作为支架基础，地基承载力符合要求。乙公司为赶工期，将原地面稍作整平后即展开支架搭设工作，很快进度超过甲公司。支架全部完成后，项目部组织了支架质量检查，并批准模板安装。模板安装完成后开始绑扎钢筋。指挥部检查中发现乙公司施工管理存在问题，下发了停工整改通知单。

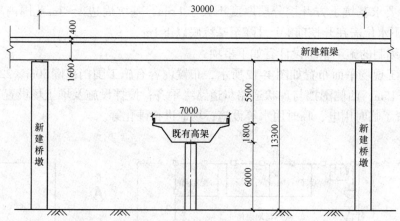

图4-11 跨越既有高架桥断面示意图（单位：mm）

【问题】

1. 原施工组织设计中，主要施工资源配置有重大变更调整，项目部应如何处理？重新开工之前技术负责人和安全负责人应完成什么工作？

2. 满足支架法施工的部分条件指的是什么？

3. B标支架搭设场地是否满足支架的地基承载力？应如何处置？

4. 支架搭设前技术负责人应做好哪些工作？桥下净高13.3m部分如何办理手续？

5. 支架搭设完成和模板安装后用什么方法解决变形问题？支架拼装间隙和地基沉降在桥梁建设中属哪一类变形？

6. 跨越既有高架部分的桥梁施工需要到什么部门补充办理手续？

【参考答案】

1. 经变更调整的施工组织设计应重编重批程序。重新开工前技术负责人和安全负责人应完成技术交底和安全交底。

2. 箱梁投影部分均为闲置弃土场，场地宽广，无支架搭设障碍。

3. B标支架搭设场地不满足支架的地基承载力。弃土场地各类建筑垃圾杂土无序填埋应进行平整、碾压并进行硬化处理。

4. 支架搭设前技术负责人应将支架设计方案送审经批准后方可施工。

因跨越既有高架部分的箱梁桥下净空为13.3m，属于超过一定规模的危险性较大的分部分项工程范围，因此应编制专项方案，经专家论证后修改完善实施。

5. 支架搭设完成和模板安装后应做支架预压，并经检验合格。

支架拼装间隙和地基沉降在桥梁建设中属非弹性变形（塑形变形）。

6. 因既有高架桥是正在通行的桥梁，施工跨越需报交通管理部门审批。

实务操作和案例分析题十二

【背景材料】

某地铁盾构工作井，平面尺寸为18.6m×18.8m，深28m，位于砂性土、卵石地层，地下水埋深为地表以下23m。施工影响范围内有现状给水、雨水、污水等多条市政管线。盾构工作井采用明挖法施工，围护结构为钻孔灌注桩加钢支撑，盾构工作井周边设降水管井。设计要求基坑土方开挖分层厚度不大于1.5m，基坑周边2～3m范围内堆载不大于30MPa，地下水位需在开挖前1个月降至基坑底以下1m。

项目部编制的施工组织设计有如下事项：

（1）施工现场平面布置如图4-12所示，布置内容有施工围挡范围50m×22m，东侧围挡距居民楼15m，西侧围挡与现状道路步道路缘平齐；搅拌设施及堆土场设置于基坑外缘1m处；布置了临时用电、临时用水等设施；场地进行硬化等。

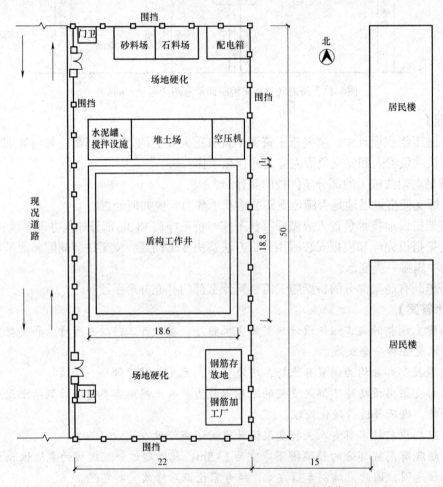

图4-12 盾构工作井施工现场平面布置示意图（单位：m）

（2）考虑盾构工作井基坑施工进入雨期，基坑围护结构上部设置挡水墙，防止雨水漫入基坑。

（3）基坑开挖监测项目有地表沉降、道路（管线）沉降、支撑轴力等。

（4）应急预案分析了基坑土方开挖过程中可能引起基坑坍塌的因素，包括钢支撑敷设不及时、未及时喷射混凝土支护等。

【问题】

1. 基坑施工前有哪些危险性较大的分部分项工程的安全专项施工方案需要组织专家论证？

2. 施工现场平面布置图还应补充哪些临时设施？请指出布置不合理之处。

3. 施工组织设计（3）中基坑监测还应包括哪些项目？

4. 基坑坍塌应急预案还应考虑哪些危险因素？

【参考答案】

1. 需要组织专家论证的安全专项施工方案有盾构工作井基坑降水、基坑开挖、基坑支护。

2. （1）应补充的临时设施：垂直提升设备、水平运输设备、洗车池（台）、沉淀池、消防设施、排水沟。

（2）布置不合理之处：

1）堆土场、搅拌设施布置不合理，距离基坑距离1m，不满足设计要求。

2）空压机布置不合理，距离居民楼近，噪声大，且应设置隔音棚。

3. 基坑应监测的项目还有：（1）建筑物沉降；（2）建筑物倾斜；（3）围护桩顶垂直位移；（4）围护桩水平位移；（5）周边土体水平位移；（6）地下水位；（7）道路、建筑物、围护结构裂缝。

4. 可能引起基坑坍塌的因素还有：

（1）每层开挖深度超出设计要求；

（2）支护不及时；

（3）基坑周边堆载超限；

（4）基坑周边长时间积水；

（5）基坑周边给水排水现状管线渗漏；

（6）降水措施不当引起基坑周边土粒流失。

第五章　市政公用工程施工进度管理

2011—2020年度实务操作和案例分析题考点分布

考点＼年份	2011年	2012年	2013年	2014年	2015年	2016年	2017年	2018年	2019年	2020年
横道图的绘制及工期的计算	●			●		●	●			●
进度计划表的绘制			●							
关键线路的确定	●									
双代号时标网络图的绘制规则								●		

【专家指导】

对于进度管理，考核内容主要集中在：（1）横道图、进度计划表的绘制；（2）关键线路的确定以及总工期的计算。进度通常会结合索赔进行考核。

要 点 归 纳

1. 施工组织设计编制的主要内容【重要考点】

（1）工程概况与特点。

（2）施工平面布置图。

（3）施工部署和管理体系。

（4）施工方案及技术措施。

（5）施工质量保证计划。

（6）施工安全保证计划。

（7）文明施工、环保节能降耗保证计划以及辅助、配套的施工措施。

2. 制定施工方案原则【重要考点】

（1）制定切实可行的施工方案，首先必须从实际出发，一切要切合当前的实际情况，有实现的可能性。

（2）施工期限满足规定要求，保证工程特别是重点工程按期或提前完成，迅速发挥投资的效益，有重大的经济意义。

（3）确保工程"质量第一，安全生产"。

（4）施工费用最低。

3. 施工单位应当在危险性较大的分部分项工程施工前编制专项方案；对于超过一定规模的危险性较大的分部分项工程，施工单位应当组织专家对专项方案进行论证。【高频考点】

4. 线路【高频考点】

网络图中从起点节点开始，沿箭头方向顺序通过一系列箭线与节点，最后到达终点节点的通路称为线路。线路既可依次用该线路上的节点编号来表示，也可依次用该线路上的工作名称来表示。如图5-1所示，该网络图中有三条线路，这三条线路既可表示为：①→②→③→⑤→⑥、①→②→③→④→⑤→⑥和①→②→④→⑤→⑥，也可表示为：支模1→扎筋1→混凝土1→混凝土2、支模1→扎筋1→扎筋2→混凝土2和支模1→支模2→扎筋2→混凝土2。

图5-1　某混凝土工程双代号网络计划

5. 关键线路和关键工作【高频考点】

在关键线路法（CPM）中，线路上所有工作的持续时间总和称为该线路的总持续时间。总持续时间最长的线路称为关键线路，关键线路的长度就是网络计划的总工期。如上图所示，线路①→②→④→⑤→⑥或支模1→支模2→扎筋2→混凝土2为关键线路。

在工程网络计划中，关键线路可能不止一条。而且在工程网络计划实施过程中，关键线路还会发生转移。

关键线路上的工作称为关键工作。在工程网络计划实施过程中，关键工作的实际进度提前或拖后，均会对总工期产生影响。因此，关键工作的实际进度是建设工程进度控制的工作重点。

6. 时标网络计划中时间参数的判定【重要考点】

（1）关键线路和计算工期的判定：

1）关键线路的判定：

时标网络计划中的关键线路可从网络计划的终点节点开始，逆着箭线方向进行判定。凡自始至终不出现波形线的线路即为关键线路。因为不出现波形线，就说明在这条线路上相邻两项工作之间的时间间隔全部为零，也就是在计算工期等于计划工期的前提下，这些工作的总时差和自由时差全部为零。例如在图5-2所示时标网络计划中，线路①→③→④→⑥→⑦即为关键线路。

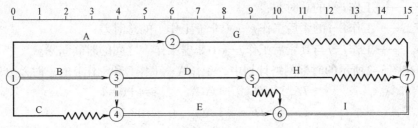

图5-2　双代号时标网络计划

2）计算工期的判定：

网络计划的计算工期应等于终点节点所对应的时标值与起点节点所对应的时标值之

差。例如，图 5-2 所示时标网络计划的计算工期为：

$$T_c = 15 - 0 = 15$$

（2）相邻两项工作之间时间间隔的判定：

除以终点节点为完成节点的工作外，工作箭线中波形线的水平投影长度表示工作与其紧后工作之间的时间间隔。例如在图 5-2 所示的时标网络计划中，工作 C 和工作 E 之间的时间间隔为 2；工作 D 和工作 I 之间的时间间隔为 1；其他工作之间的时间间隔均为零。

（3）工作六个时间参数的判定：

1）工作最早开始时间和最早完成时间的判定：

工作箭线左端节点中心所对应的时标值为该工作的最早开始时间。当工作箭线中不存在波形线时，其右端节点中心所对应的时标值为该工作的最早完成时间；当工作箭线中存在波形线时，工作箭线实线部分右端点所对应的时标值为该工作的最早完成时间。例如在图 5-2 所示的时标网络计划中，工作 A 和工作 H 的最早开始时间分别为 0 和 9，而它们的最早完成时间分别为 6 和 12。

2）工作总时差的判定：

工作总时差的判定应从网络计划的终点节点开始，逆着箭线方向依次进行。

① 以终点节点为完成节点的工作，其总时差应等于计划工期与本工作最早完成时间之差，即：

$$TF_{i-n} = T_p - EF_{i-n}$$

式中　　TF_{i-n}——以网络计划终点节点 n 为完成节点的工作的总时差；

　　　　T_p——网络计划的计划工期；

　　　　EF_{i-n}——以网络计划终点节点 n 为完成节点的工作的最早完成时间。

例如在图 5-2 所示的时标网络计划中，假设计划工期为 15，则工作 G、工作 H 和工作 I 的总时差分别为：

$$TF_{2-7} = T_p - EF_{2-7} = 15 - 11 = 4$$
$$TF_{5-7} = T_p - EF_{5-7} = 15 - 12 = 3$$
$$TF_{6-7} = T_p - EF_{6-7} = 15 - 15 = 0$$

② 其他工作的总时差等于其紧后工作的总时差加本工作与该紧后工作之间的时间间隔所得之和的最小值，即：

$$TF_{i-j} = \min \{TF_{j-k} + \text{LAG}_{i-j,\,j-k}\}$$

式中　　TF_{i-j}——工作 $i-j$ 的总时差；

　　　　TF_{j-k}——工作 $i-j$ 的紧后工作 $j-k$（非虚工作）的总时差；

　　$\text{LAG}_{i-j,\,j-k}$——工作 $i-j$ 与其紧后工作 $j-k$（非虚工作）之间的时间间隔。

例如在图 5-2 所示的时标网络计划中，工作 A、工作 C 和工作 D 的总时差分别为：

$$TF_{1-2} = TF_{2-7} + \text{LAG}_{1-2,\,2-7} = 4 + 0 = 4$$
$$TF_{1-4} = TF_{4-6} + \text{LAG}_{1-4,\,4-6} = 0 + 2 = 2$$
$$TF_{3-5} = \min \{TF_{5-7} + \text{LAG}_{3-5,\,5-7},\ TF_{6-7} + \text{LAG}_{3-5,\,6-7}\}$$
$$= \min \{3 + 0,\ 0 + 1\}$$
$$= 1$$

3）工作自由时差的判定：

① 以终点节点为完成节点的工作，其自由时差应等于计划工期与本工作最早完成时间之差，即：

$$FF_{i-n}=T_p-EF_{i-n}$$

式中　FF_{i-n}——以网络计划终点节点 n 为完成节点的工作的自由时差；

　　　T_p——网络计划的计划工期；

　　　EF_{i-n}——以网络计划终点节点 n 为完成节点的工作的最早完成时间。

例如在图 5-2 所示的时标网络计划中，工作 G、工作 H 和工作 I 的自由时差分别为：

$$FF_{2-7}=T_p-EF_{2-7}=15-11=4$$
$$FF_{5-7}=T_p-EF_{5-7}=15-12=3$$
$$FF_{6-7}=T_p-EF_{6-7}=15-15=0$$

事实上，以终点节点为完成节点的工作，其自由时差与总时差必然相等。

② 其他工作的自由时差就是该工作箭线中波形线的水平投影长度。但当工作之后只紧接虚工作时，则该工作箭线上一定不存在波形线，而其紧接的虚箭线中波形线水平投影长度的最短者为该工作的自由时差。

例如在图 5-2 所示的时标网络计划中，工作 A、工作 B、工作 D 和工作 E 的自由时差均为零，而工作 C 的自由时差为 2。

4）工作最迟开始时间和最迟完成时间的判定：

① 工作的最迟开始时间等于本工作的最早开始时间与其总时差之和，即：

$$LS_{i-j}=ES_{i-j}+TF_{i-j}$$

式中　LS_{i-j}——工作 $i-j$ 的最迟开始时间；

　　　ES_{i-j}——工作 $i-j$ 的最早开始时间；

　　　TF_{i-j}——工作 $i-j$ 的总时差。

例如在图 5-2 所示的时标网络计划中，工作 A、工作 C、工作 D、工作 G 和工作 H 的最迟开始时间分别为：

$$LS_{1-2}=ES_{1-2}+TF_{1-2}=0+4=4$$
$$LS_{1-4}=ES_{1-4}+TF_{1-4}=0+2=2$$
$$LS_{3-5}=ES_{3-5}+TF_{3-5}=4+1=5$$
$$LS_{2-7}=ES_{2-7}+TF_{2-7}=6+4=10$$
$$LS_{5-7}=ES_{5-7}+TF_{5-7}=9+3=12$$

② 工作的最迟完成时间等于本工作的最早完成时间与其总时差之和，即：

$$LF_{i-j}=EF_{i-j}+TF_{i-j}$$

式中　LF_{i-j}——工作 $i-j$ 的最迟完成时间；

　　　EF_{i-j}——工作 $i-j$ 的最早完成时间；

　　　TF_{i-j}——工作 $i-j$ 的总时差。

例如在图 5-2 所示的时标网络计划中，工作 A、工作 C、工作 D、工作 G 和工作 H 的最迟完成时间分别为：

$$LF_{1-2}=EF_{1-2}+TF_{1-2}=6+4=10$$
$$LF_{1-4}=EF_{1-4}+TF_{1-4}=2+2=4$$

$$LF_{3-5}=EF_{3-5}+TF_{3-5}=9+1=10$$
$$LF_{2-7}=EF_{2-7}+TF_{2-7}=11+4=15$$
$$LF_{5-7}=EF_{5-7}+TF_{5-7}=12+3=15$$

7. 横道图【高频考点】

用横道图表示的建设工程进度计划，如表5-1所示，一般包括两个基本部分，即左侧的工作名称及工作的持续时间等基本数据部分和右侧的横道线部分。用横道图表示的工程施工进度计划能够明确地表示出各项工作的划分、工作的开始时间和完成时间、工作的持续时间、工作之间的相互搭接关系，以及整个工程项目的开工时间、完工时间和总工期。

横道图 表5-1

施工过程	施工进度（d）						
	2	4	6	8	10	12	14
挖基槽	①	②	③	④			
做垫层		①	②	③	④		
砌基础			①	②	③	④	
回填土				①	②	③	④
流水施工总工期							

历 年 真 题

实务操作和案例分析题一［2020年真题］

【背景资料】

某市为了交通发展，需修建一条双向快速环线（如图5-3所示），里程桩号为K0+000～K19+998.984。建设单位将该建设项目划分为10个标段，项目清单见表5-2，当年10月份进行招标，拟定工期为24个月，同时成立了管理公司，由其代建。

各投标单位按要求中标后，管理公司召开设计交底会，与会参加的有设计、勘察、施工单位等。

开会时，有③、⑤标段的施工单位提出自己中标的项目中各有1座泄洪沟小桥的桥位将会制约相邻标段的通行，给施工带来不便，建议改为过路管涵，管理公司表示认同，并请设计单位出具变更通知单，施工现场采取封闭管理，按变更后的图纸组织现场施工。

③标段的施工单位向管理公司提交了施工进度计划横道图（见表5-3）。

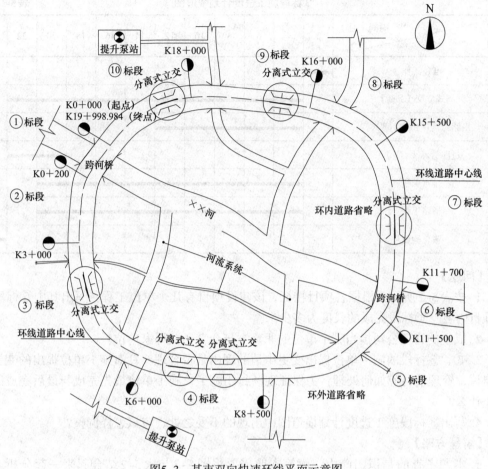

图5-3 某市双向快速环线平面示意图

某市快速环路项目清单　　　　　　　　　　　　　　　　　　　　　表5-2

标段号	里程桩号	项目内容
①	K0＋000～K0＋200	跨河桥
②	K0＋200～K3＋000	排水工程、道路工程
③	K3＋000～K6＋000	沿路跨河中小桥、分离式立交、排水工程、道路工程
④	K6＋000～K8＋500	提升泵站、分离式立交、排水工程、道路工程
⑤	K8＋500～K11＋500	Ⓐ
⑥	K11＋500～K11＋700	跨河桥
⑦	K11＋700～K15＋500	分离式立交、排水工程、道路工程
⑧	K15＋500～K16＋000	沿路跨河中小桥、排水工程、道路工程
⑨	K16＋000～K18＋000	分离式立交、沿路跨河中小桥、排水工程、道路工程
⑩	K18＋000～K19＋998.984	分离式立交、提升泵站、排水工程、道路工程

项目 ＼ 时间（月）	2	4	6	8	10	12	14	16	18	20	22	24
准备工作	▬											
分离式立交（1座）		▬▬▬▬▬▬▬▬▬▬▬▬▬▬▬▬▬▬▬▬										
沿路跨河中桥（1座）		▬▬▬▬▬▬▬▬▬▬▬										
过路管涵（1座）										▬▬▬▬		
排水工程		▬▬▬▬▬▬▬▬▬▬▬▬▬▬▬▬▬										
道路工程		▬▬▬▬▬▬▬▬▬▬▬▬▬▬▬▬▬										
竣工验收												▬

【问题】

1. 按表5-2所示，根据各项目特征，该建设项目有几个单位工程？写出其中⑤标段 Ⓐ 的项目内容？⑩标段完成的长度为多少米？

2. 成立的管理公司担当哪个单位的职责？与会者还缺哪家单位？

3. ③、⑤标段的施工单位提出变更申请的理由是否合理？针对施工单位提出的变更设计申请，管理公司应如何处理？为保证现场封闭施工，施工单位最先完成与最后完成的工作是什么？

4. 写出③标段施工进度计划横道图中出现的不妥之处，应该怎样调整？

【解题方略】

1. 本题考查的是识图能力。解答本题需要将图5-3与表5-2结合起来一起分析。从图5-3中可以看出来⑤标段主要的项目内容有沿路跨河中小桥、排水工程以及道路工程。

从表5-2可以看出来⑩标段的里程桩号是K18+000～K19+998.984，因此⑩标段完成的长度应当是19998.984-18000=1998.984m。

2. 本题考查的是设计交底。本题较简单，成立的管理公司担当的是建设单位的职责。项目开工前，由建设单位组织设计、施工、监理单位进行设计交底，明确存在重大质量风险源的关键部位或工序，提出风险控制要求或工作建议，并对参建方的疑问进行解答、说明。因此与会单位还缺监理单位。

3. 本题考查的是设计变更的流程以及施工现场封闭管理。对于施工单位提出的变更设计申请，应由监理单位审查后，报管理公司（建设单位）签认（审批），再由设计单位出具设计变更。

未封闭管理的施工现场的作业条件差，不安全因素多，在作业过程中既容易伤害作业人员，也容易伤害现场以外的人员。因此，施工现场必须实施封闭式管理，将施工现场与外界隔离。在施工现场实施封闭式管理，施工单位最先完成的工作应是施工围挡安装，而最后完成的工作应是施工围挡拆除。

4. 本题考查的是施工进度计划横道图。新建的地下管线施工必须遵循"先深后浅"的原则，另外，排水工程先于道路工程施工更为合理。因此，从施工进度计划横道图中可以看出来，不妥之处共有两个：一是过路管涵竣工在道路工程竣工后；二是排水工程与道路工程同步竣工。

【参考答案】

1. 该建设项目有10个单位工程。

⑤标段 Ａ 的项目内容有：沿路跨河中小桥、排水工程、道路工程。

⑩标段完成的长度为：19998.984－18000＝1998.984m。

2. 成立的管理公司担当建设单位的职责。

与会者还缺监理单位的人。

3. ③、⑤标段的施工单位提出变更申请的理由合理。

针对施工单位提出的变更设计申请，应由监理单位审查后，报管理公司（建设单位）签认（审批），再由设计单位出具设计变更。

最先完成的工作：施工围挡安装；最后完成的工作：施工围挡拆除。

4. 不妥之处一：过路管涵竣工在道路工程竣工后。

调整：过路管涵在排水工程之前竣工。

不妥之处二：排水工程与道路工程同步竣工。

调整：排水工程在道路工程之前竣工。

实务操作和案例分析题二［2018年真题］

【背景资料】

某公司承建一段新建城镇道路工程，其雨水管道位于非机动车道下，设计采用 $D800mm$ 钢筋混凝土管，相邻井段间距40m，8号、9号雨水井段平面布置如图5-4所示，8号、9号井类型一致。

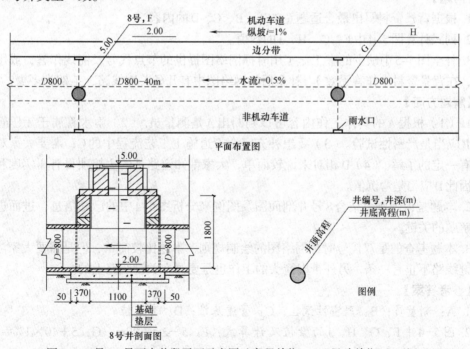

图5-4　8号～9号雨水井段平面示意图（高程单位：m；尺寸单位：mm）

施工前，项目部对部分相关技术人员的职责、管道施工工艺流程、管道施工进度计划、分部分项工程验收等内容规定如下：

（1）由A（技术人员）具体负责：确定管线中线、检查井位置与沟槽开挖边线。

（2）由质检员具体负责：沟槽回填土压实度试验；管道与检查井施工完成后，进行管道B试验（功能性试验）。

（3）管道施工工艺流程如下：沟槽开挖与支护→C→下管、排管、接口→检查井砌筑→管道功能性试验→分层回填土与夯实。

（4）管道验收合格后转入道路路基分部工程施工，该分部工程包括挖填土、整平、压实等工序，其质量检验的主控项目有压实度和D。

（5）管道施工划分为三个施工段，时标网络计划如图5-5所示（2条虚工作需补充）。

图5-5 雨水管道施工时标网络计划图

【问题】

1. 根据背景资料写出最合适题意的A、B、C、D的内容。

2. 列式计算图5-4中F、G、H、J的数值。

3. 补全图5-5中缺少的虚工作（用时标网络图提供的节点代号及箭线作答，或用文字叙述，在背景资料中作答无效）。补全后的网络图中有几条关键线路，工期为多少？

【解题方略】

1.（1）根据A的具体工作内容可以判断出A是测量员。（2）雨水管属于无压管道，因此B应当是严密性试验。（3）要想补充完全管道施工工艺流程中的C，需要大家对施工现场有一定的了解。（4）D相对来说较简单，大家都知道路基的主控项目有压实度和弯沉值，因此D应当是弯沉值。

2. 本题是识图题，结合8号井剖面图及图例来分析图5-4中的已知信息，进而进行计算是解题的关键。

3. 本题考查的是双代号时标网络图的绘制规则。本题比较简单，但是需要大家注意的是关键线路不止有一条，另外带虚箭头的工作也是要画在关键线路上的。

【参考答案】

1. A：测量员；B：严密性试验；C：管道基础；D：弯沉值。

2. 图5-4中F、G、H、J的数值及计算式：F：5-2=3.00m；G：5+40×1%=5.4m；H：2+40×0.5%=2.2m，J：5.4-2.2=3.2m。

3.（1）图5-5中缺少的虚工作：④→⑤；⑥→⑦。

（2）补全后的网络图中有6条关键线路，分别是：

1）①→②→③→⑦→⑨→⑩；

2）①→②→③→⑤→⑥→⑦→⑨→⑩；

3）①→②→③→⑤→⑥→⑧→⑨→⑩；

4）①→②→④→⑤→⑥→⑧→⑨→⑩；

5）①→②→④→⑤→⑥→⑦→⑨→⑩；

6）①→②→④→⑧→⑨→⑩。

（3）工期为50d。

实务操作和案例分析题三［2017年真题］

【背景资料】

某施工单位承建城镇道路改扩建工程，全长2km，工程项目主要包括：（1）原机动车道的旧水泥混凝土路面加铺沥青混凝土面层；（2）原机动车道两侧加宽、新建非机动车道和人行道；（3）新建人行天桥一座，人行天桥桩基共设计12根，为人工挖孔灌注桩，改扩建道路平面布置如图5-6所示，灌注桩的桩径、桩长见表5-4。

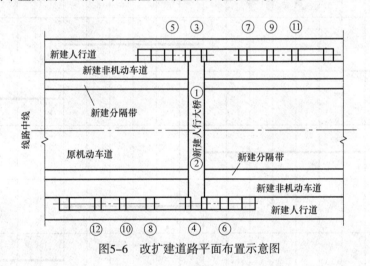

图5-6 改扩建道路平面布置示意图

桩径、桩长对照表 表5-4

桩号	桩径（mm）	桩长（m）
①③④	1200	21
⑤⑥⑦⑧⑨⑩⑪⑫	1000	18

施工过程中发生如下事件：

事件1：项目部将原已获批的施工组织设计中的施工部署："非机动车道（双侧）→人行道（双侧）→挖孔桩→原机动车道加铺"改为："挖孔桩→非机动车道（双侧）→人行道（双侧）→原机动车道加铺"。

事件2：项目部编制了人工挖孔桩专项施工方案，经施工单位总工程师审批后上报总监理工程师申请开工，被总监理工程师退回。

事件3：专项施工方案中，钢筋混凝土护壁技术要求有：井圈中心线与设计轴线的偏差不得大于20mm，上下节护壁搭接长度不小于50mm，模板拆除应在混凝土强度大于2.5MPa后进行。

事件4：旧水泥混凝土路面加铺前，项目部进行了外观调查，并采用探地雷达对道板下状况进行扫描探测，将旧水泥混凝土道板的现状分为三种状态：A为基本完好；B为道板面上存在接缝和裂缝；C为局部道板底脱空，道板局部断裂或碎裂。

事件5：项目部组织两个施工队同时进行人工挖孔桩施工，计划显示挖孔桩施工需57d完工，施工进度计划见表5-5，为加快工程进度，项目经理决定将9、10、11、12号桩安排第三个施工队进场施工，三队同时作业。

挖孔桩施工进度计划表 表5-5

作业队伍	工作内容	作业天数（d）																	
		3	6	9	12	15	18	21	24	27	30	33	36	39	42	45	48	51	54	57
1队	②④	▬	▬	▬	▬	▬	▬	▬												
	⑥⑧								▬	▬	▬	▬	▬	▬						
	⑩⑫														▬	▬	▬	▬	▬	▬
2队	①③	▬	▬	▬	▬	▬	▬	▬												
	⑤⑦								▬	▬	▬	▬	▬	▬						
	⑨⑪														▬	▬	▬	▬	▬	▬

【问题】

1. 事件1中，项目部改变施工部署需要履行哪些手续？

2. 写出事件2中专项施工方案被退回的原因。

3. 补充事件3中钢筋混凝土护壁支护的技术要求。

4. 事件4中，在加铺沥青混凝土前，对C状态的道板应采取哪些处理措施？

5. 事件5中，画出按三个施工队同时作业的横道图，并计算人工挖孔桩施工需要的作业天数。

【解题方略】

1. 本题考查的是改变施工部署应履行的手续。通过背景资料已知项目部将原已获批的施工组织设计中的施工部署进行了更改，此为施工工艺的更改。施工工艺更改了相应的施工组织设计就需要履行施工组织设计变更的程序。

2. 本题考查的是辨析背景资料中关键信息。背景资料中人工挖孔深度都超过了16m，根据《危险性较大的分部分项工程安全管理办法》（建质［2009］87号）相关规定，对于开挖深度超过16m的人工挖孔桩工程，施工单位应组织编制专项方案并组织专家对专项方案进行论证。此外，专项方案应经施工单位技术负责人、项目总监理工程师、建设单位项目负责人签字后，方可组织实施。需要注意的是《危险性较大的分部分项工程安全管理办法》（建质［2009］87号）已作废。《住房城乡建设部办公厅关于实施〈危险性较大的分部分项工程安全管理规定〉有关问题的通知》（建办质［2018］31号）以及《危险性较大的分部分项工程安全管理规定》（住房城乡建设部令第37号，经住房城乡建设部令第47号修订）现已实行。

3. 此题属于补充题，背景资料中已经给出了部分钢筋混凝土护壁支护的技术要求，我们只要知道完整的技术要求有哪些这道题目的答案就不难确定。采用混凝土或钢筋混凝土支护孔壁技术，护壁的厚度、拉接钢筋、配筋、混凝土强度等级均应符合设计要求；井圈中心线与设计轴线的偏差不得大于20mm；上下节护壁混凝土的搭接长度不得小于50mm；每节护壁必须振捣密实，并应当日施工完毕；应根据土层渗水情况使用速凝剂；模板拆除应在混凝土强度大于2.5MPa后进行。

4. 本题考查的是基底处理要求。开挖式基底处理：对于原水泥混凝土路面局部断裂或碎裂部位，将破坏部位凿除，换填基底并压实后，重新浇筑混凝土。非开挖式基底处理：对于脱空部位的空洞，采用从地面钻孔注浆的方法进行基底处理（处理前应采用探地雷达进行详细探查）。

5. 本题考查的是横道图的绘制及作业天数计算。此题较为简单，从表4-5中可以得出⑩的作业天数为18d，⑨⑪的作业天数为18d。只要将横道图画出，作业天数也就能直接得出。

【参考答案】

1. 项目部改变施工部署需要重新编制施工组织设计，按原有审批程序重新批准。

2. 事件2中专项施工方案被退回的原因：（1）从表5-4中可以看出，此工程人工挖孔桩的开挖深度超过16m，因此仅编制专项方案不行，还需组织专家论证。

（2）此工程专项方案的审批程序不对。专项方案应经施工单位技术负责人、项目总监理工程师、建设单位项目负责人签字后方可组织实施。

3. 事件3中钢筋混凝土护壁支护的技术要求还应包括：

（1）护壁的厚度、拉结钢筋、配筋、混凝土强度均应符合设计要求；

（2）每节护壁必须保证振捣密实，并应当日施工完毕；

（3）应根据土层渗水情况使用速凝剂。

4. 首先进行路面评定，路面局部断裂或碎裂部位，将破坏部位凿除，换填基底并压实后，重新浇筑混凝土；对于板底用探地雷达探出脱空区域，然后采用地面钻孔注浆的方法进行基地处理。

5. 事件5中，三个施工队同时作业的横道表，见表5-6。

横道表 表5-6

作业队伍	工作内容	作业天数（d）												
		3	6	9	12	15	18	21	24	27	30	33	36	39
1队	②④	▬	▬	▬	▬	▬	▬	▬						
	⑥⑧								▬	▬	▬	▬	▬	▬
2队	①③	▬	▬	▬	▬	▬	▬	▬						
	⑤⑦								▬	▬	▬	▬	▬	▬
3队	⑩⑫	▬	▬	▬	▬	▬	▬	▬						
	⑨⑪							▬	▬	▬	▬	▬	▬	▬

人工挖孔桩施工需要的作业天数为：21＋18＝39d。

实务操作和案例分析题四〔2016年真题〕

【背景资料】

某管道铺设工程项目，长1km，工程内容包括燃气、给水、热力等项目，热力管道采用支架铺设，合同工期80d，断面布置如图5-7所示。建设单位采用公开招标方式发布招标公告，有3家单位报名参加投标，经审核，只有甲、乙两家单位符合合格投标人条件，建设单位为了加快工程建设，决定由甲施工单位中标。

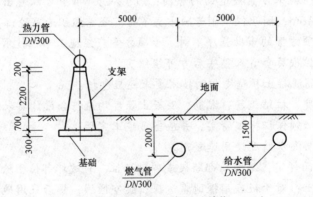

图5-7 管道工程断面示意图（单位：mm）

开工前，甲施工单位项目部编制了总体施工组织设计，内容包括：

（1）确定了各种管道的施工顺序为：燃气管→给水管→热力管；

（2）确定了各种管道施工工序的工作顺序见表5-7，同时绘制了网络计划进度图如图5-8所示。

在热力管接管施工过程中，由于下雨影响停工1d。为保证按时完工，项目部采取了加快施工进度的措施。

各种管道施工工序工作顺序表   表5-7

紧前工作	工作	紧后工作
—	燃气管挖土	燃气管排管、给水管挖土
燃气管挖土	燃气管排管	燃气管回填、给水管排管
燃气管排管	燃气管回填	给水管回填
燃气管挖土	给水管挖土	给水管排管、热力管基础
B、C	给水管排管	D、E
燃气管回填、给水管排管	给水管回填	热力管排管
给水管挖土	热力管基础	热力管支架
热力管基础、给水管排管	热力管支架	热力管排管
给水管回填、热力管支架	热力管排管	—

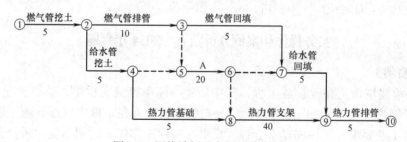

图5-8　网络计划进度图（单位：d）

【问题】

1. 建设单位决定由甲施工单位中标是否正确？说明理由。

2. 给出项目部编制各种管道施工顺序的原则。

3. 项目部加快施工进度应采取什么措施？

4. 写出图5-8中代号A和表5-7中代号B、C、D、E代表的工作内容。

5. 列式计算图5-8工期，并判断工程施工是否满足合同工期要求，同时给出关键线路（关键线路用图5-8中代号"①～⑩"及"→"表示）。

【解题方略】

1. 本题考查的是施工招标投标相关知识。《招标投标法实施条例》（国务院令第613号）规定，招标人应当按照招标文件规定的时间、地点开标。投标人少于3个的，不得开标；招标人应当重新招标。

2. 本题考查的是给水排水构筑物的施工顺序。给水排水构筑物施工时，应按"先地下后地上、先深后浅"的顺序施工，并应防止各构筑物交叉施工时相互干扰。

3. 本题考查的是项目部加快施工进度应采取的措施。解答这道题目的关键是围绕热力排管这项工作因为雨天延迟后应采取的措施作答。

4. 本题考查的是施工工序及网络进度计划图，且较为简单。只要将背景资料中的网络计划图与施工工序顺序表——对应，熟悉网络图的紧前与紧后工作的关系，很容易得出正确的答案。

5. 本题考查的是工期及关键线路在关键线路法中，线路上所有工作的持续时间总和称为该线路的总持续时间。总持续时间最长的线路称为关键线路，关键线路的长度就是网络计划的总工期。

【参考答案】

1. 建设单位决定由甲施工单位中标不正确。

理由：经审核符合投标人条件的只有两家，违反了不得少于3家的规定，建设单位应重新组织招标。

2. 管道的施工顺序原则为："先地下后地上，先深后浅"。

3. 项目部加快施工进度措施有：加班，增加人员、机械设备（焊机、吊机）。

4. 图5-8中的代号A表示给水管排管。

表5-7中的B表示燃气管排管；C表示给水管挖土；D表示给水管回填；E表示热力管支架。

5. 计划工期为：5+10+20+40+5=80d，满足合同工期要求。

关键线路为：①→②→③→⑤→⑥→⑧→⑨→⑩。

实务操作和案例分析题五［2014年真题］

【背景资料】

A公司承建城市道路改扩建工程，其中新建一座单跨简支桥梁，节点工期为90d，项目部编制了网络进度计划如图5-9所示。公司技术负责人在审核中发现该施工进度计划不能满足节点工期要求，工序安排不合理。要求在每项工作作业时间不变，桥台钢模板仍为一套的前提下对网络进度计划进行优化。桥梁工程施工前，由专职安全员对整个桥梁工程进行了安全技术交底。

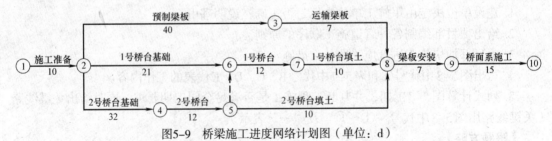

图5-9 桥梁施工进度网络计划图（单位：d）

桥台施工完成后在台身上发现较多裂缝，裂缝宽度为0.1～0.4mm，深度为3～5mm。经检测鉴定这些裂缝危害性较小，仅影响外观质量，项目部按程序对裂缝进行了处理。

【问题】

1. 绘制优化后的该桥施工网络进度计划，并给出关键线路和节点工期。

2. 针对桥梁工程安全技术交底的不妥之处，给出正确做法。

3. 按裂缝深度分类背景资料中的裂缝属哪种类型？试分析裂缝形成的可能原因。

4. 给出背景资料中裂缝的处理方法。

【解题方略】

1. 本题考查的是施工进度计划的应用。在关键线路法中，线路上所有工作的持续时间总和称为该线路的总持续时间。总持续时间最长的线路称为关键线路，关键线路的长度就是网络计划的总工期。

2. 本题考查的是安全技术交底的方法。针对"桥梁工程施工前，由专职安全员对整个桥梁工程进行了安全技术交底"进行分析，施工负责人在分派施工任务时，应对相关管理人员、施工作业人员进行书面安全技术交底。安全技术交底应按施工工序、施工部位、分部分项工程进行。

3. 本题考查的是混凝土裂缝发生原因。考生应根据背景资料确定裂缝类型，并分析其形成的可能原因。裂缝发生原因可参见考试用书中的内容作答。

4. 本题考查的是混凝土裂缝的处理方法。案例中提到"经检测鉴定这些裂缝危害性较小，仅影响外观质量"，所以只需做一些表面处理。

【参考答案】

1. 优化后的该桥施工网络进度计划如图5-10所示。

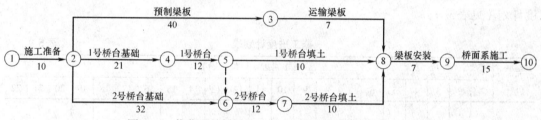

图5-10　优化后的桥梁施工进度网络计划图（单位：d）

关键线路：①→②→④→⑤→⑥→⑦→⑧→⑨→⑩。

节点工期为87d。

2. 不妥之处：由专职安全员对整个桥梁工程进行安全技术交底。

正确做法：施工前，应由工程项目技术负责人进行书面安全技术交底。

3. 背景资料中的裂缝属于表面裂缝。

出现裂缝的原因：水泥水化热影响；内外约束条件的影响；外界气温变化的影响；混凝土的收缩变形。

4. 缝宽不大于0.2mm时采用表面密封法；缝宽大于0.2mm时采用嵌缝密闭法。

实务操作和案例分析题六〔2013年真题〕

【背景资料】

某公司中标修建城市新建主干道，全长2.5km，双向四车道，其结构从下至上为：20cm厚石灰稳定碎石底基层，38cm厚水泥稳定碎石基层，8cm厚粗粒式沥青混合料底面层，6cm厚中粒式沥青混合料中面层，4cm厚细粒式沥青混合料表面层。

项目部编制的施工机械表列有：挖掘机、铲运机、压路机、洒水车、平地机、自卸汽车。施工方案中：石灰稳定碎石底基层直线段由中间向两边，曲线段由外侧向内侧碾压；

沥青混合料摊铺时应对温度随时进行检查；用轮胎压路机初压，碾压速度控制在1.5～2.0km/h。

施工现场设立的公示牌内容包括工程概况牌、安全生产文明施工牌、安全纪律牌。

项目部将20cm厚石灰稳定碎石底基层、38cm厚水泥稳定碎石基层，8cm厚粗粒式沥青混合料底面层、6cm厚中粒式沥青混合料中面层、4cm厚细粒式沥青混合料表面层等五个施工过程分别用：Ⅰ、Ⅱ、Ⅲ、Ⅳ、Ⅴ表示，并将Ⅰ、Ⅱ两项划分成四个施工段①、②、③、④。

Ⅰ、Ⅱ两项在各施工段上持续时间如表5-8所示。

各施工段的持续时间　　　　　　　　　　　　　　表5-8

施工过程	持续时间（单位：周）			
	①	②	③	④
Ⅰ	4	5	3	4
Ⅱ	3	4	2	3

而Ⅲ、Ⅳ、Ⅴ不分施工段连续施工，持续时间均为1周。

项目部按各施工段持续时间连续、均衡作业，不平行、搭接施工的原则安排了施工进度计划（见表5-9）。

施工进度计划表　　　　　　　　　　　　　　表5-9

施工过程	施工进度（单位：周）																					
	1	2	3	4	5	6	7	8	9	10	11	12	13	14	15	16	17	18	19	20	21	22
Ⅰ		①					②															
Ⅱ								①														
Ⅲ																						
Ⅳ																						
Ⅴ																						

【问题】

1. 补充施工机械计划表中缺少的主要机械。

2. 请给出正确的底基层碾压方法和沥青混合料初压设备。

3. 沥青混合料碾压温度是依据什么因素确定的？

4. 除背景内容外，现场还应设立哪些公示牌？

5. 请按背景中要求和表5-9形式，用横道图表示，画出完整的施工进度计划表，并计算工期。

【解题方略】

1. 本题考查的是施工机械的种类，属于补充题。由于背景资料中已经给出了六种机械，考生答题难度加大。通过分析背景资料可以答出摊铺机，而答出其余机械需要知识积累。

2. 本题考查的是底基层碾压方法和沥青混合料的初压设备。首先确定案例中的工程属于哪种基层，然后相对应地选择合适的压实方法。石灰稳定土基层与水泥稳定土基层的压实方法：直线和不设超高的平曲线段，应由两侧向中心碾压；设超高的平曲线段，应由内侧向外侧碾压。

改性沥青混合料除执行普通沥青混合料的压实成型要求外，宜采用振动压路机或钢筒式压路机碾压，不应采用轮胎压路机碾压。

3. 本题考查的是沥青混合料碾压温度的确定依据。沥青混合料碾压温度应根据沥青和沥青混合料种类、压路机、气温、层厚等因素经试压确定。

4. 本题考查的是施工现场平面布置与管理的相关知识。施工现场的进口处应有整齐明显的"五牌一图"：（1）五牌：工程概况牌［内容一般应写明工程名称、面积、层数、建设单位、设计单位、施工单位、监理单位、开竣工日期、项目负责人（经理）以及联系电话］、管理人员名单及监督电话牌、消防安全牌、安全生产（无重大事故）牌、文明施工牌。（2）一图：施工现场总平面图。

5. 本题考查的是施工进度计划表的绘制及工期的计算。有很多考生将这一问题复杂化，考虑到了养护问题，其实这是不需要的。

【参考答案】

1. 补充的施工机械种类还有：风钻、小型夯机、切割机、装载机、推土机、破碎机、摊铺机、沥青洒布车等。

2. 底基层直线段和不设超高的平曲线段由两侧向中心碾压，设超高的平曲线段由内侧向外侧碾压。

沥青混合料的初压设备包括：振动压路机、钢筒式压路机。

3. 沥青混合料碾压温度的确定因素有：沥青混合料种类、压路机种类、气温、下面层厚度。

4. 本案例中的施工现场公示牌还需补充设置：管理人员名单及监督电话牌、消防保卫牌。

5. 完善的施工进度计划表如表5-10所示。

施工进度计划表 表5-10

	1	2	3	4	5	6	7	8	9	10	11	12	13	14	15	16	17	18	19	20	21	22
Ⅰ		①					②			③				④								
Ⅱ									①			②				③		④				
Ⅲ																						
Ⅳ																						
Ⅴ																						

工期为7+（3+4+2+3）+（1+1+1）=22周。

典 型 习 题

实务操作和案例分析题一

【背景资料】

某沿海城市道路改建工程4标段，道路正东西走向，全长973.5m，车行道宽度15m，两边人行道各3m，与道路中心线平行且向北，需新建DN800mm雨水管道973m。新建路面结构为厚150mm砾石砂垫层、厚350mm二灰混合料基层、厚80mm中粒式沥青混凝土、厚40mm SMA改性沥青混凝土面层。合同规定的开工日期为5月5日，竣工日期为当年9月30日。合同要求施工期间维持半幅交通，工程施工时正值高温台风季节。

某公司中标该工程以后，编制了施工组织设计，按规定获得批准后，开始施工。施工组织设计中绘制了总网络计划图，如图5-11所示。

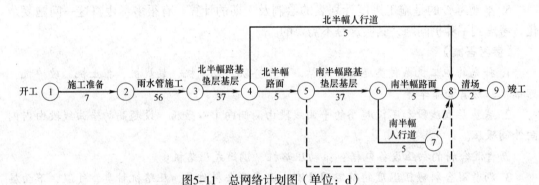

图5-11　总网络计划图（单位：d）

图中，雨水管施工时间已包含连接管和雨水口的施工时间；路基、垫层、基层施工时间中已包含旧路翻挖、砌筑路缘石的施工时间。

施工组织设计中对二灰混合料基层雨期施工做了如下规定：混合料含水量根据气候适当调整，使运到施工现场的混合料含水量接近最佳含水量；关注天气预报，以预防为主。

为保证SMA改性沥青面层施工质量，施工组织设计中规定摊铺温度不低于160℃，初压开始温度不低于150℃，碾压终了的表面温度不低于90℃；采用振动压路机，由低处向高处碾压，不得用轮胎压路机碾压。

【问题】

1. 指出本工程总网络图计划中的关键线路。

2. 将本工程总网络计划改成横道图，横道图模板见表5-11。

横道图　　　　　　　　　　　　　　　　　　　　　表5-11

分项工程	持续时间		时间标尺（旬）
	北半幅	南半幅	
施工准备	7		
雨水管	56		

分项工程	持续时间		时间标尺（旬）								
	北半幅	南半幅									
路基垫层基层	37	37									
路面	5	5									
人行道	5	5									
清场	2										

3. 根据总网络图，指出可采用流水施工压缩工期的分项工程。

4. 补全本工程基层雨期施工的措施。

5. 补全本工程SMA改性沥青面层碾压施工的要求。

【参考答案】

1. 本工程中总网络计划中的关键线路有：①→②→③→④→⑤→⑥→⑧→⑨；
①→②→③→④→⑤→⑥→⑦→⑧→⑨。

2. 本工程总网络计划图改成横道图见表5-12。

横道图　　　　　　　　　　　　　　表5-12

分项工程	持续时间		时间标尺（旬）								
	北半幅	南半幅									
施工准备	7		▬								
雨水管	56			▬▬▬▬▬▬							
路基垫层基层	37	37				北半幅			南半幅		
路面	5	5							北		南
人行道	5	5							北		南
清场	2										

3. 可以采用流水施工压缩工期的分项工程有：雨水管施工，北半幅路基垫层基层施工，南半幅路基垫层基层施工。

4. 本工程基层雨期施工的措施还应包括：

（1）应坚持拌多少，铺多少；压多少，完成多少。

（2）下雨来不及完成时，要尽快碾压，防止雨水渗透。

5. （1）振动压路机应紧跟摊铺机，采取高频、低振幅的方式慢速碾压。

（2）防止过度碾压。

（3）碾压时应将压路机的驱动车轮面向摊铺机，从路外侧向中心碾压。在超高路段则由低向高碾压，在坡道上应将驱动轮从低处向高处碾压。

实务操作和案例分析题二

【背景资料】

某公司承建一埋地燃气管道工程，采用开槽埋管施工。该工程网络计划工作的逻辑关系见表5-13。

项目部按上表绘制网络计划图，如图5-12所示：

网络计划图中的E1、E2工作为土方回填和敷设警示带，管道沟槽回填土的部位划分为Ⅰ、Ⅱ、Ⅲ区，如图5-13所示：

回填土中有粗砂、碎石土、灰土可供选择。

网络计划工作逻辑关系表　　　　　　　　　　　表5-13

工作名称	紧前工作	紧后工作
A1	—	B1、A2
B1	A1	C1、B2
C1	B1	D1、C2
D1	C1	E1、D2
E1	D1	E2
A2	A1	B2
B2	B1、A2	C2
C2	C1、B2	D2
D2	D1、C2	E2
E2	E1、D2	—

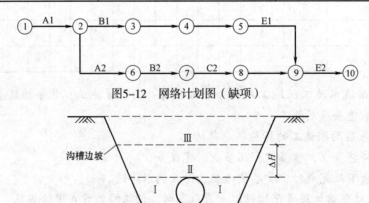

图5-12　网络计划图（缺项）

图5-13　回填土部位划分示意图

【问题】

1. 根据上表补充完善图5-12所示的网络计划图。

2. 图5-13中 ΔH 的最小尺寸应为多少（单位以mm表示）？

3. 在可供选择的土中，分别指出哪些不能用于Ⅰ、Ⅱ区的回填？警示带应敷设在哪个区？

4. Ⅰ、Ⅱ、Ⅲ区应分别采用哪类压实方式？

5. 图5-13中的Ⅰ、Ⅱ区回填土密实度最少应为多少？

【参考答案】

1. 补充完善的网络计划图如图5-14所示。

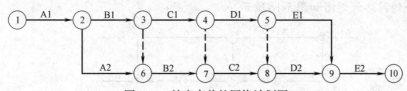

图5-14 补充完善的网络计划图

2. ΔH的最小尺寸应为500mm。

3. 在可供选择的土中，碎石土、灰土不能用于Ⅰ、Ⅱ区的回填。警示带应敷设在Ⅱ区。

4. Ⅰ、Ⅱ区必须采用人工压实；Ⅲ区可采用小型机械压实。

5. Ⅰ、Ⅱ区回填土密实度最小应为90%。

实务操作和案例分析题三

【背景资料】

某项目部针对一个施工项目编制网络计划图，图5-15是计划图的一部分：

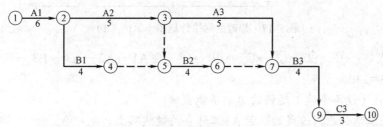

图5-15 局部网络计划图（单位：d）

该网络计划图其余部分计划工作及持续时间见表5-14：

网络计划图其余部分的计划工作及持续时间表 表5-14

工作	紧前工作	紧后工作	持续时间
C1	B1	C2	3
C2	C1	C3	3

项目部对按上述思路编制的网络计划图进一步检查时发现有一处错误：C2工作必须在B2工作完成后，方可施工。经调整后的网络计划图由监理工程师确认满足合同工期要求，最后在项目施工中实施。

A3工作施工时，由于施工单位设备事故延误了2d。

【问题】

1. 按背景资料给出的计划工作及持续时间表补全网络计划图的其余部分。

2. 发现C2工作必须在B2工作完成后施工，网络计划图应如何修改？

3. 给出最终确认的网络计划图的关键线路和工期。

4. A3工作（设备事故）延误的工期能否索赔？说明理由。

【参考答案】

1. 补全的网络计划图如图5-16所示。

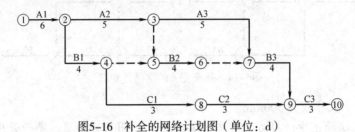

图5-16 补全的网络计划图（单位：d）

2. 修改的网络计划图如图5-17所示。

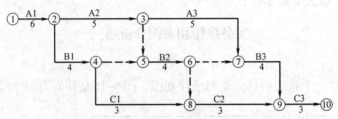

图5-17 修改的网络计划图（单位：d）

3. 关键线路：①→②→③→⑦→⑨→⑩（即A1→A2→A3→B3→C3），工期为：
6+5+5+4+3=23d。

4. A3工作（设备事故）延误的工期不能索赔。

理由：施工单位原因造成的，且A3工作在关键线路上。

实务操作和案例分析题四

【背景资料】

某施工单位承接了一项市政排水管道工程，基槽采用明挖法放坡开挖施工。基槽宽度为6.5m，开挖深度为5m。场地内地下水位位于地表下1m，施工单位拟采用轻型井点降水，井点的布置方式和降深等示意图如图5-18、图5-19所示。

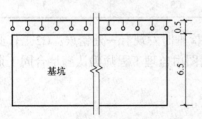

图5-18 沟槽平面示意图（单位：m）

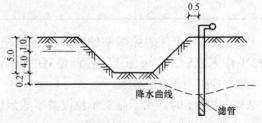

图5-19 沟槽剖面示意图（单位：m）

施工单位组织基槽开挖、管道安装和土方回填三个施工队流水作业，共划分Ⅰ、Ⅱ、Ⅲ三个施工段。根据合同工期要求绘制网络进度图如图5-20所示。

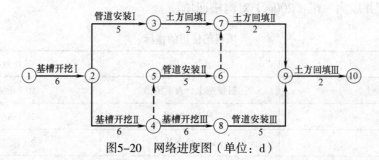

图5-20　网络进度图（单位：d）

【问题】

1. 施工单位采用的轻型井点布置形式及井点管位置是否合理？如果不合理说明原因并给出正确做法。

2. 轻型井点降水深度不合理，请改正。

3. 施工单位绘制的网络图有两处不符合逻辑关系，请把缺失的逻辑关系用虚线箭头表示出来。

4. 请根据改正的网络计划图计算工程总工期，并给出关键线路。

【参考答案】

1. 不合理。基坑宽度大于6m（基坑宽度为6.5m），应采用双排井点布置。井点端部与基坑边缘平齐，应向外延伸一定距离。井点管应布置在基坑（槽）上口边缘外1.0～1.5m。

2. 水位应降至基坑（槽）底0.5m以下。

3. 修改后的网络进度图如图5-21所示。

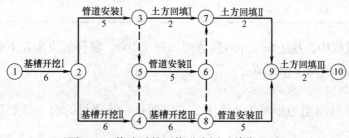

图5-21　修改后的网络进度图（单位：d）

4. 本工程的总工期为25d，关键线路为：①→②→④→⑧→⑨→⑩。

实务操作和案例分析题五

【背景资料】

项目部承建的雨水管道工程管线总长为1000m，采用直径为600mm的混凝土管，柔性接口；每50m设检查井一座。管底位于距地表下4m，无地下水，采用挖掘机开槽施工。

项目部根据建设单位对工期的要求编制了施工进度计划。编制计划时，项目部使用的指标见表5-15。

考虑管材进场的连续性和人力资源的合理安排，在编制进度计划时作了以下部署：（1）挖土5d后开始下管、安管工作；（2）下管、安管200m后砌筑检查井；（3）检查井砌筑后，按四个井段为一组（200m）对沟槽回填。

项目部使用的指标   表5-15

序　号	工　序	工作效率
1	机械挖土、人工清槽	50（m/d）
2	下管、安管	20（m/d）
3	砌筑检查井	2（座/d）
4	沟槽回填（200m一组）	4（d/组）
5	场地清理	4d

项目部编制的施工进度计划见表5-16（只给出部分内容）：

部分施工进度计划   表5-16

序号	工作项目	工期(d)															
		5	10	15	20	25	30	35	40	45	50	55	60	65	70	75	80
1	施工准备	━															
2			━	━	━												
3	下管、安管			━	━	━	━	━	━	━	━	━	━				
4	检查井砌筑						━		━		━		━				
5	沟槽回填																
6	场地清理																

工程实施过程中，挖土施工10d后遇雨，停工10d。项目部决定在下管、安管工序采取措施，确保按原计划工期完成。

【问题】

1. 施工进度计划图中序号2表示什么工作项目？该项目的起止日期和工作时间应为多少？

2. 计算沟槽回填的工作总天数。

3. 按项目部使用的指标和工作部署，完成施工进度计划图中第5项、第6项计划横道线。

4. 本工程计划总工期需要多少天？

5. 遇雨后项目部应在下管、安管工序采取什么措施确保按原计划工期完成？

【参考答案】

1. 施工进度计划图中序号2表示机械挖土、人工清槽。

挖土工作从第6天开始，到第25天结束。工作时间应为20d。

2. 沟槽回填的工作总天数为：1000÷200×4＝20d。

3. 完成的施工进度计划见表5-17。

4. 本工程计划总工期需要70d。

5. 遇雨后项目部应在下管、安管工序采取提高下管、安管生产能力；增加下管、安管作业班组措施确保按原计划工期完成。

完成的施工进度计划 表5-17

序号	工作项目	工期(d)														
		5	10	15	20	25	30	35	40	45	50	55	60	65	70	75	80
1	施工准备															
2	机械挖土、人工清槽															
3	下管、安管															
4	检查井砌筑															
5	沟槽回填															
6	场地清理															

实务操作和案例分析题六

【背景资料】

项目部承接的新建道路下有一条长750m、直径1000mm的混凝土污水管线，埋深为地面以下6m。管道在K0+400～K0+450处穿越现有道路。

场地地质条件良好，地下水位于地面以下8m，设计采用明挖开槽施工。项目部编制的施工方案以现有道路中线（按半幅断路疏导交通）为界将工程划分A₁、B₁两段施工（如图5-22所示），并编制了施工进度计划，总工期为70d。其中，A₁段（425m）工期40d，B₁段（325m）工期30d，A₁段首先具备开工条件。

图5-22 施工图

注：A₁、B₁为第一次分段；A₂、B₂、C₂为第二次分段。

由于现有道路交通繁忙，交通管理部门要求全幅维持交通。按照交通管理部门要求，项目部建议建设单位将现有道路段即（C₂段）50m改为顶管施工，需工期30d，取得了建设单位同意。在考虑少投入施工设备及施工人员的基础上，重新编制了施工方案及施工进度计划。

【问题】

1. 现有道路段（C_2段）污水管由明挖改为顶管施工需要设计单位出具什么文件，该文件上必须有哪些手续方为有效？

2. 因现有道路段（C_2段）施工方法变更，项目部重新编制的施工方案应办理什么手续？

3. 采用横道图说明作为项目经理应如何安排在70d内完成此项工程？横道图采用表5-18。

横道图　　　　　　　　　　　　　　　　　　　　　　　　　　　　表5-18

项目	日期（d）						
	10	20	30	40	50	60	70
A_2段							
B_2段							
C_2段							

4. 顶管工作井在地面应采取哪些防护措施？

【参考答案】

1. 现有道路段（C_2段）污水管由明挖改为顶管施工需要设计单位出具设计变更通知单，该文件上必须由原设计人和设计单位负责人签字并加盖设计单位印章方为有效。

2. 因现有道路段（C_2段）施工方法变更，项目部重新编制的施工方案应办理经施工单位技术负责人、总监理工程师签字手续。

3. 项目经理应如何安排在70d内完成此项工程的横道图，见表5-19。

4. 顶管工作井在地面应采取的防护措施：设置警示牌、安全护栏、防汛墙、防雨设施、作业警示灯光标志等。

横道图　　　　　　　　　　　　　　　　　　　　　　　　　　　　表5-19

项目	日期(d)						
	10	20	30	40	50	60	70
A_2段	——	——	——	——	——		
B_2段						——	——
C_2段	——	——	——	——			

实务操作和案例分析题七

【背景资料】

某市政工程，施工单位（乙方）与建设单位（甲方）签订了施工总承包合同，合同工期600d。合同约定，工期每提前（或拖后）1d，奖励（或罚款）1万元。乙方将D和E两项工程的劳务进行了分包，分包合同约定，若造成乙方关键工作的工期延误，每延误1d，分包方应赔偿损失1万元。B工程混凝土施工使用的大模板采用租赁方式，租赁合同约定，大模板到货每延误1d，供货方赔偿1万元。乙方提交了施工网络计划，如图5-23所示。并得到了监理单位和甲方的批准。

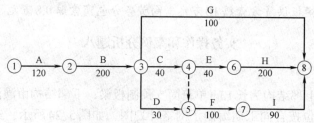

图5-23 施工网络计划（单位：d）

施工过程中发生了以下事件：

事件1：A工程施工时，因特大暴雨突发洪水原因，造成A工程施工工期延长5d，因人工窝工和施工机械闲置造成乙方直接经济损失10万元。

事件2：B工程施工时，大模板未能按期到货，造成乙方B工程施工工期延长10d，直接经济损失20万元。

事件3：D工程施工时，乙方的劳务分包方不服从指挥，造成乙方返工，D工程施工工期延长3d，直接经济损失0.8万元。

事件4：E工程施工过程中，甲方采购的设备因质量问题退换货，造成乙方设备安装工期延长9d，直接费用增加3万元。

事件5：因为甲方对F工程的设计不满意，局部设计变更通过审批后，使乙方I工程晚开工30d，直接费损失0.5万元。

其余各项工作，实际完成工期和费用与原计划相符。

【问题】

1. 用文字或符号标出该网络计划的关键线路。

2. 指出乙方向甲方索赔成立的事件，并分别说明索赔内容和理由。

3. 分别指出乙方可以向大模板供货方和D工程劳务分包方索赔的内容和理由。

4. 该工程实际总工期多少天？乙方可得到甲方的工期补偿为多少天？工期奖（罚）款是多少万元？

5. 乙方可得到各劳务分包方和大模板供货方的费用赔偿各是多少万元？

扫码学习

【参考答案】

1. 该网络计划的关键线路为：①→②→③→④→⑥→⑧。

2. 乙方向甲方索赔成立的事件有：事件1、事件4、事件5。

事件1，属于不可抗力，该工程在关键线路上，即可以索赔工期5d，不可以索赔费用。

事件4，出现质量问题是甲方的责任，况且是在关键线路上，即可以索赔工期9d，索赔费用3万元。

事件5，属于甲方的责任，但工作不在关键线路上，所延工期未超出总时差，所以只可以索赔费用，不可以索赔工期。

3. 乙方可向模板供应商索赔10万元，向劳务分包商索赔0.8万元。

理由：它们之间有合同关系，而且责任不在乙方，索赔成立。

4. 该工程实际总工期为：600+24=624d。

乙方可得到甲方的工期补偿为：5+9=14d。

工期罚款为：1×10=10万元。

5. 乙方可向大模板供货方索赔10万元，向劳务分包商索赔0.8万元，总计10.8万元。

实务操作和案例分析题八

【背景资料】

某市政跨河桥上部结构为长13m单跨简支预制板梁，下部结构由灌注桩基础、承台和台身构成。施工单位按合同工期编制了网络计划图，如图5-24所示，经监理工程师批准后实施。

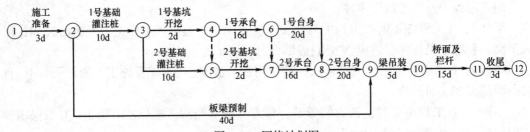

图5-24　网络计划图

在施工过程中，发生了以下事件。

事件1：在进行1号基础灌注桩施工时，由于施工单位操作不当，造成灌注桩钻孔偏斜，为处理此质量事故，造成3万元损失，工期延长了5d。

事件2：工程中所使用的钢材由建设单位提供，由于钢材进场时间比施工单位要求的日期拖延了4d，1号基础灌注桩未按计划开工，施工单位经济损失2万元。

事件3：钢筋进场后，施工单位认为该钢筋是由建设单位提供的，仅对钢筋的数量验收后，就将其用于钢筋笼的加工；监理工程师发现后，要求停工整改，造成延误工期3d，经济损失1万元。

【问题】

1. 根据网络图计算该工程的总工期，找出关键线路。

2. 事件1、2、3中，施工单位可以索赔的费用和工期是多少？说明索赔的理由。

3. 事件1中造成钻孔偏斜的原因可能有哪些？

4. 事件3中监理工程师要求停工整改的理由是什么？

【参考答案】

1. 该工程的总工期为：3+10+2+16+20+20+5+15+3=94d，关键线路为：①→②→③→④→⑥→⑧→⑨→⑩→⑪→⑫。

2. 事件1中，施工单位不可以索赔费用和工期。理由：由于施工单位操作不当造成的损失应由施工单位承担。

事件2中，施工单位可以索赔费用2万元，可以索赔工期4d。理由：由建设单位提供的钢材进场时间拖延的责任应由建设单位承担，且1号基础灌注桩是关键工作，因此既可以索赔费用，也可以索赔工期。

事件3中，施工单位不可以索赔费用和工期。理由：虽然钢筋是由建设单位提供的，但是施工单位应进行检验，未经检验而用于工程中，监理工程师有权要求停工整改，造成的损失和工期拖延应由施工单位承担。

3. 事件1中造成钻孔偏斜的原因可能是：（1）钻头受到侧向力；（2）扩孔处钻头摆向一方；（3）钻杆弯曲、接头不正；（4）钻机底座未安置水平或位移。

4. 事件3中监理工程师要求停工整改的理由是：凡涉及工程安全及使用功能的有关材料，应按专业质量验收规范规定进行复验，并经监理工程师检查认可。

实务操作和案例分析题九

【背景资料】

某实施监理的城市给水排水工程，合同工期15个月，总监理工程师批准的施工进度计划如图5-25所示。

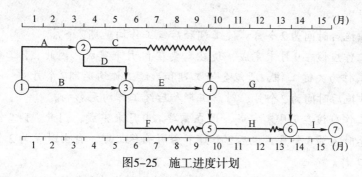

图5-25 施工进度计划

工程实施过程中发生下列事件：

事件1：在第5个月初到第8个月末的施工过程中，由于建设单位提出工程变更，使施工进度受到较大影响。截至第8个月末，未完工作尚需作业时间见表5-20，施工单位按索赔程序向项目监理机构提出了工程延期的要求。

相关数据表						表5-20
工作名称	C	E	F	G	H	I
尚需作业时间（月）	1	3	1	4	3	2
可缩短的持续时间（月）	0.5	1.5	0.5	2	1.5	1
缩短持续时间所增加的费用（万元/月）	28	18	30	26	10	14

事件2：建设单位要求本工程仍按原合同工期完成，施工单位需要调整施工进度计划，加快后续工程进度。经分析得到的各工作有关数据见表5-20。

【问题】

1. 该工程施工进度计划中关键工作和非关键工作分别有哪些？C和F工作的总时差和自由时差分别为多少？

2. 事件1中，逐项分析第8个月末C、E、F工作的拖后时间及对工期和后续工作的影响程度，并说明理由。

3. 针对事件1，项目监理机构应批准的工程延期时间为多少？说明理由。

4. 针对事件2，施工单位加快施工进度而采取的最佳调整方案是什么？相应增加的费用为多少？

扫码学习

【参考答案】

1. 该工程施工进度计划中关键工作为A、B、D、E、G、I，非关键工作为C、F、H。

C工作总时差为：9−6＝3个月；自由时差为：3个月。

F工作总时差为：13−7−3＝3个月；自由时差为：2个月。

2. 事件1中，第8个月末C、E、F工作的拖后时间及对工期和后续工作的影响程度及理由。

（1）C工作拖后时间为3个月，对工期和后续工作均无影响。

理由：C工作应该在6月末完成，现在需要在9月末完成，因此，C工作拖后时间为3个月；C工作的总时差为3个月，不会影响工期；C工作的自由时差为3个月，不会影响后续工作。

（2）E工作拖后时间为2个月，使工期和后续工作均延期2个月。

理由：E工作应该在9月末完成，现在需要在11月末完成，因此，E工作拖后时间为2个月；由于E工作为关键工作，所以会使工期和后续工作均延期2个月。

（3）F工作拖后时间为2个月，对总工期和后续工作均无影响。

理由：F工作应该在7月末完成，现在需要在9月末完成，因此，F工作拖后时间为2个月；F工作总时差为3个月，拖后2个月不会影响总工期，自由时差为2个月，拖后2个月不影响后续工作。

3. 针对事件1，项目监理机构应批准的工程延期时间为2个月。

理由：处于关键线路上的E工作拖后2个月，影响总工期2个月，其他工作没有影响工期。

4. 针对事件2，施工单位加快施工进度而采取的最佳调整方案是：I工作缩短1个月，E工作缩短1个月。相应增加费用为：14＋18＝32万元。

实务操作和案例分析题十

【背景资料】

W市道路改建工程，地处交通要道，拆迁工作量大。建设单位通过招标方式选择了工程施工总承包单位甲和拆迁公司乙，而总承包单位甲又将一部分工程分包给丙施工单位。

在上半年施工进度计划检查中，该工程施工项目经理部出示了以下资料：

（1）项目经理部的例会记录及施工日志；

（2）桩基分包商的桩位图（注有成孔、成桩记录）及施工日志；

（3）施工总进度和年度计划图（横道图），图上标注了主要施工过程，开、完工时间及工作量，计划图制作时间为开工前；

（4）季、月施工进度计划及实际进度检查结果；

（5）月施工进度报告和统计报表，除对进度执行情况简要描述外，对进度偏差及调查意见一律标注为"拆迁影响，促拆迁"。

检查结果表明，实际完成的工作量仅为计划的1/4左右，窝工现象严重。

【问题】

1. 丙施工单位是否应制定施工进度计划，如果制定施工进度计划、它与项目总进度计划的关系是怎样的?

2. 该项目施工进度计划编制中有哪些必须改进之处?

3. 该项目施工进度计划的实施和控制存在哪些不足之处?

4. 该项目施工进度报告应进行哪些方面的补充和改进?

【参考答案】

1. 丙施工单位应该制定施工进度计划。

丙施工单位制定的施工进度计划与项目总进度计划的关系:丙施工单位的施工进度计划必须依据总承包人甲的施工进度计划编制。总承包人甲应将分包的施工进度计划纳入总进度计划的控制范围,总分包之间相互协调,处理好进度执行过程中的相互关系,并协助丙施工单位解决项目进度控制中的相关问题。

2. 该项目施工进度计划编制中必须改进之处:

(1)在施工总进度和年度计划图(横道图)上仅标注了主要施工过程,开、完工时间及工作量不足。应该在计划图上进行实际进度记录,并跟踪记载每个施工过程的开始日期、完成日期、每日完成数量、施工现场发生的情况、干扰因素的排除情况。

(2)无旬(或每周)施工进度计划及实际进度检查结果。

(3)计划图制作时间应在开工前。

3. 该项目施工进度计划在实施和控制过程中的不足之处:

(1)未在计划图上应进行实际进度记录,并跟踪记载每个施工过程(而不仅是主要施工过程)的开始日期、完成日期、每日完成数量、施工现场发生的情况、干扰因素的排除情况。

(2)未跟踪计划的实施并进行监督,在跟踪计划的实施和监督过程中发现进度计划执行受到干扰时,应采取调整措施。

(3)未跟踪形象进度对工程量、总产值、耗用的人工、材料和机械台班等的数量进行统计与分析,编制统计报表。

(4)未执行施工合同中对进度、开工及延期开工、暂停施工、工期延误、工程竣工的承诺。

(5)未落实控制进度措施,应具体到执行人、目标、任务、检查方法和考核办法。

(6)未处理进度索赔。

4. 该项目施工进度报告对进度执行情况进行了简要描述,对进度偏差及调查意见一律标注为"拆迁影响,促拆迁"的做法太过于简单,应补充和改进。

应补充和改进的内容包括:

(1)进度执行情况的综合描述,主要有报告的起止日期,当地气象及晴、雨天数统计,施工计划的原定目标及实际完成情况,报告计划期内现场的主要大事(如停水、停电、事故处理情况,收到建设单位、监理工程师、设计单位等指令文件情况);

(2)实际施工进度图;

(3)工程变更,价格调整,索赔及工程款收支情况;

(4)进度偏差的状况和导致偏差的原因分析;

(5)解决问题的措施;

(6)计划调整意见和建议。

实务操作和案例分析题十一

【背景资料】

某供热管线工程项目，承包商根据施工承包合同规定，在开工前编制了该项目的施工进度计划，如图5-26所示。经项目建设单位确认后承包商按该计划实施。

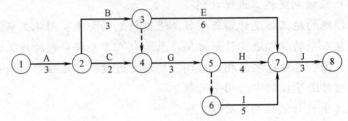

图5-26 施工进度计划（单位：月）

在施工过程中，发生了下列事件：

事件1：施工到第2个月时，建设单位要求增加一项工作D，工作D持续时间为4个月。工作D安排在工作A完成之后，工作I开始之前。

事件2：由于设计变更导致工作G停工待图2个月。

事件3：由于不可抗力的暴雨导致工作D拖延1个月。上述事件发生后，为保证不延长总工期，承包商需通过压缩工作G的后续工作的持续时间来调整施工进度计划。根据分析，后续工作的费率是：工作H为2万元/月，工作I为2.5万元/月，工作J为3万元/月。

【问题】

1. 该建设项目初始施工进度计划的关键工作有哪些？计划工期是多少？
2. 在该建设项目初始施工进度计划中，工作C和工作E的总时差分别是多少？
3. 绘制增加工作D后的施工进度计划并计算此时的总工期。
4. 工作G、D拖延对总工期的影响分别是多少？说明理由。
5. 根据上述情况，提出承包商施工进度计划调整的最优方案，并说明理由。

【参考答案】

1. 该建设项目初始施工进度计划的关键工作是：A、B、G、I、J。计划工期为：3+3+3+5+3＝17个月。

2. 计算线路的总时差为：计划工期－通过该线路的持续时间之和的最大值。工作C的总时差为：17－（3+2+3+5+3）＝1个月。工作E的总时差为：17－（3+3+6+3）＝2个月。

3. 增加工作D后的施工进度计划如图5-27所示。

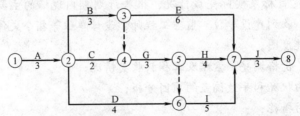

图5-27 增加工作D后的施工进度计划（单位：月）

此时的总工期为：3＋3＋3＋5＋3＝17个月。

4. 工作G、D拖延对总工期的影响及理由如下。

（1）工作G的拖延使总工期延长2个月。

理由：工作G位于关键线路上，它的拖延将延长总工期。

（2）工作D的拖延对总工期没有影响。

理由：工作D不在关键线路上，对总工期没有影响。

5. 承包商施工进度计划调整的最优方案：各压缩I工作和J工作的持续时间1个月。

理由：调整的方案包括三种，第一种方案是压缩J工作的持续时间2个月，其增加的费用为：3×2＝6万元；第二种方案是各压缩I工作和J工作的持续时间1个月，其增加的费用为：2.5×1＋3×1＝5.5万元；第三种方案是压缩I工作的持续时间2个月，同时压缩H工作的持续时间1个月，其增加的费用为：2.5×2＋2×1＝7万元。由于第二种方案增加的费用最低，因此，施工进度计划调整的最优方案是各压缩I工作和J工作的持续时间1个月。

实务操作和案例分析题十二

【背景资料】

某市政工程，建设单位与施工单位按《建设工程施工合同（示范文本）》（GF—2017—0201）签订了合同，经总监理工程师批准的施工总进度计划如图5-28所示，各项工作均按最早开始时间安排且匀速施工。

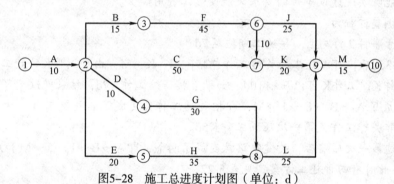

图5-28 施工总进度计划图（单位：d）

施工过程中发生如下事件：

事件1：合同约定开工日期前10d，施工单位向项目监理机构递交了书面申请，请求将开工日期推迟5d。理由是，已安装的施工起重机械未通过有资质检验机构的安全验收，需要更换主要支撑部件。

事件2：由于施工单位人员及材料组织不到位，工程开工后第33天上班时工作F才开始。为确保按合同工期竣工，施工单位决定调整施工总进度计划。经分析，各项未完成工作的赶工费率及可缩短时间见表5-21。

事件3：施工总进度计划调整后，工作L按期开工。施工合同约定，工作L需安装的设备由建设单位采购，由于设备到货检验不合格，建设单位进行了退换。由此导致施工单位吊装机械台班费损失8万元，L工作拖延9d。施工单位向项目监理机构提出了费用补偿和工程延期申请。

工作名称	C	F	G	H	I	J	K	L	M
赶工费率（万元/d）	0.7	1.2	2.2	0.5	1.5	1.8	1.0	1.0	2.0
可缩短时间（d）	8	6	3	5	2	5	10	6	1

工作的赶工费率及可缩短时间　　　　　　　　　　　　表5-21

【问题】

1. 事件1中，项目监理机构是否应批准工程推迟开工？说明理由。

2. 指出图5-28所示施工总进度计划的关键线路和总工期。

3. 事件2中，为使赶工费最少，施工单位应如何调整施工总进度计划（写出分析与调整过程）？赶工费总计多少万元？计划调整后工作L的总时差和自由时差为多少天？

4. 事件3中，项目监理机构是否应批准费用补偿和工程延期？分别说明理由。

【参考答案】

1. 事件1中，项目监理机构不应批准工程推迟开工。

理由：施工单位原因造成开工日期推迟。

2. 图5-28所示施工总进度计划的关键线路为A→B→F→I→K→M（或①→②→③→⑥→⑦→⑨→⑩）。

总工期为：10+15+45+10+20+15=115d。

3. 事件2中，为使赶工费最少，施工单位应分别缩短工作K和工作F的工作时间5d和2d。这样才能既实现建设单位的要求又能使赶工费用最少。

分析与调整过程为：

（1）由于事件2的发生，导致工期拖延7d。

（2）第33天后，可以赶工的关键工作包括F、I、K、M，由于工作K的赶工费率最低，首先压缩工作K，工作K可以压缩10d。如果直接压缩工作K7d，结果就改变了关键线路，关键线路变成了A→B→F→J→M，即把关键工作K变成了非关键工作。为了不使关键工作K变成非关键工作，第一次压缩工作K5d。

（3）经过第一次压缩后，关键线路就变成了两条，即A→B→F→J→M和A→B→F→I→K→M。此时有四种赶工方案，见表5-22。

赶工方案　　　　　　　　　　　　　　　　　　　　表5-22

赶工方案	赶工费率（万元/d）	可压缩时间（d）
压缩工作F	1.2	6
同时压缩工作J和I	3.3	2
同时压缩工作J和K	2.8	5
压缩工作M	2.0	1

（4）第二次选赶工费率最低的工作F压缩2d，这样就可以确保按合同工期竣工。

赶工费总计为：5×1.0+2×1.2=7.4万元。

由于项目赶工的结果是按合同约定工期竣工，所以对于非关键工作L来说，其总时差和自由时差不受影响，故：

计划调整后工作L的总时差为：115－（10＋20＋35＋25＋15）＝10d。

计划调整后工作L的自由时差为：100－90＝10d。

4. 事件3中，项目监理机构应批准8万元的费用补偿。

理由：是建设单位采购的材料出现质量检测不合格导致的机械台班损失，应由建设单位承担责任。

事件3中，项目监理机构不应批准工程延期。

理由：工作L不是关键工作，且该工作的总时差为10d，工作L拖延9d未超过其总时差，不会影响工期。

实务操作和案例分析题十三

【背景资料】

某公司承接了某城市道路的改扩建工程。工程中包含一段长240m的新增路线（含下水道200m）和一段长220m的路面改造（含下水道200m），另需拆除一座旧人行天桥，新建一座立交桥。工程位于城市繁华地带，建筑物多，地下管网密集，交通量大。

新增线路部分地下水位位于－4.00m处（原地面高程为±0.000），下水道基坑底设计高程为－5.50m，立交桥上部结构为预应力箱梁，采用预制吊装施工。

项目部组织有关人员编写了施工组织设计，其中进度计划如图5-29所示，并绘制了一张总平面布置图，要求工程从开工到完工严格按该图进行平面布置。

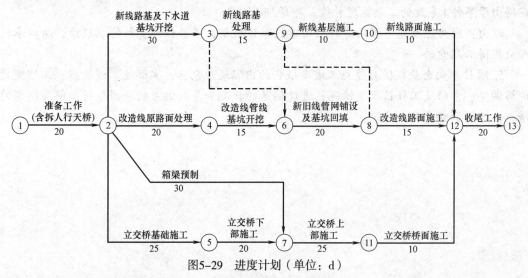

图5-29 进度计划（单位：d）

施工中，发生了如下导致施工暂停的事件：

事件1：在新增路线管网基坑开挖施工中，原有地下管网资料标注的城市主供水管和光电缆位于－3.0m处，但由于标识的高程和平面位置的偏差，导致供水管和光电缆被挖断，使开挖施工暂停14d。

事件2：在改造线路面施工中，由于摊铺机设备故障，导致施工中断7d。

项目部针对施工中发生的情况，积极收集进度资料，并向上级公司提交了月度进度报告，报告中综合描述了进度执行情况。

【问题】

1. 根据《建设工程安全生产管理条例》（国务院令第393号）的规定，本施工项目中危险性较大的工程有哪些？

2. 上述中关于施工平面布置图的使用是否正确？说明理由。

3. 计算工程总工期，并指出关键线路（指出节点顺序即可）。

4. 分析施工中先后发生的两次事件对工期产生的影响。如果项目部提出工期索赔，应获得几天延期？说明理由。

5. 补充项目部向企业提供月度施工进度报告的内容。

【参考答案】

1. 根据《建设工程安全生产管理条例》（国务院令第393号）的规定，本施工项目中危险性较大的工程有：基坑支护及降水工程；起重吊装工程；拆除工程；预应力张拉施工。

2. 施工平面布置图的使用不正确。错误之处：总平面布置图保持不变。

理由：本项目位于城市繁华地带，并有新旧工程交替，且须维持社会交通，因此施工平面布置图应是动态的。

3. 工程总工期：120d。

关键线路：①→②→⑤→⑦→⑪→⑫→⑬。

4. 事件1将使工期拖延4d，事件2对工期不产生影响。如果承包人提出工期索赔，可获得由于事件1导致的工期拖延补偿，即延期4d。

理由：因为原有地下管网资料应由建设单位提供，并应保证资料的准确性，所以承包人应获得工期索赔。

5. 项目部向企业提供月度施工进度报告的内容还应包括：实际施工进度图；工程变更价格调整、索赔及工程款收支情况；进度偏差的状况和导致偏差的原因分析；解决问题的措施；计划调整意见和建议。

第六章　市政公用工程施工质量管理

2011—2020 年度实务操作和案例分析题考点分布

考点 ＼ 年份	2011年	2012年	2013年	2014年	2015年	2016年	2017年	2018年	2019年	2020年
预应力张拉施工质量事故处理		●								
施工资料管理基本规定			●							
给水排水混凝土构筑物施工应采取的措施						●				
大体积混凝土出现裂缝的原因及处理方法				●						
工程竣工质量验收基本规定					●		●			
城镇道路工程无机结合料稳定基层施工质量检查与验收										●
城镇道路工程沥青混合料面层施工质量验收主控项目									●	
城市道路工程雨期施工的质量控制						●				
市政公用工程施工过程质量控制				●						
供热管道的施工质量验收	●									
燃气管道安装质量检验	●									
给水排水混凝土构筑物防渗漏施工应采取的措施	●									
城市给水排水管道沟槽开挖质量验收项目										●
管道防腐层质检项目								●		
顶管施工质量控制									●	

【专家指导】

以上关于质量管理的考点主要涉及城市道路工程、桥梁工程、给水排水场站工程、管道工程的质量检查与验收，考核内容较分散，对教材基础知识的掌握是得分的关键。

要 点 归 纳

1. 施工质量因素控制【重要考点】

（1）施工人员控制：

1）项目部管理人员保持相对稳定，按照项目职能分工配备具有相应技能的人员。

2）作业人员满足施工进度计划需求，关键岗位工种符合要求。

3）建立绩效考核制度，依据职能分工定期对项目管理人员考核并记录。

4）劳务人员实行实名制管理。

（2）材料的质量控制：

1）材料进场必须检验，依样品及相关检测报告进行报验，报验合格的材料方能使用。

2）现场建立标准化材料存放区、加工区，对原材料、半成品、构配件区分标识，材料的搬运和储存按照相关规定进行。

3）未经检验和已经检验为不合格的材料、半成品、构配件，必须按规定进行复验或退场处理。

（3）机具（械）设备的质量控制：

1）应按设备进场计划进行施工设备的调配。

2）进场的施工机具（械）应经检测合格，满足施工需要。

3）应对机具（械）设备操作人员的资格进行确认，无证或资格不符合者，严禁上岗。定期对机具（械）进行维修保养，并留有记录备查。

4）计量人员应按规定控制计量器具的使用、保管、维修和验证，计量器具应符合有关规定，并应建立台账。

2. 施工过程质量控制【重要考点】

（1）分项工程（工序）控制：

1）施工管理人员在每分项工程（工序）施工前应对作业人员进行书面技术交底，交底内容包括工具及材料准备、施工技术要点、质量要求及检查方法、常见问题及预防措施。

2）在施工过程中，施工方案、技术措施及设计变更实施前，项目技术负责人应对执行人员进行书面交底。

3）分项工程（工序）的检验和试验应符合过程检验和试验的规定，对查出的质量缺陷应按不合格控制程序及时处置。

4）施工管理人员应记录工程施工的情况，包括日期、天气、施工部位、施工质量、安全、进度情况及人员调配等相关内容。

（2）特殊过程控制：

1）依据一般过程质量控制要求编制针对性作业指导书。

2）编制的作业指导书，应经项目部或企业技术负责人审批后执行。

（3）不合格产品控制：

1）控制不合格品进入项目施工现场。

2）对发现的不合格产品和过程，应按规定进行鉴别、标识、记录、评价和处置。

3）不合格处置应根据不合格程度，按返工、返修，让步接收，降级使用，拒收（报废）四种情况进行处理。构成等级质量事故不合格的，应按国家法律、行政法规进行处理。

4）对返修或返工后的产品，应按规定重新进行检验和试验，并应保存记录。

5）进行不合格让步接收时，工程施工项目部应向发包人提出书面让步接收申请，记录不合格程度和返修的情况，双方签字确认让步接收协议和接收标准。

6）对影响建筑主体结构安全和使用功能不合格的产品，应邀请发包人代表或监理工程师、设计人，共同确定处理方案，报工程所在地建设主管部门批准。

7）检验人员必须按规定保存不合格控制的记录。

3. 无机结合料稳定基层施工要求（见表6-1）【重要考点】

无机结合料稳定基层施工要求 表6-1

无机结合料稳定基层	施 工 要 求
石灰稳定土基层	（1）控制虚铺厚度，确保基层厚度和高程，其路拱横坡应与面层要求一致。 （2）碾压时压实厚度与碾压机具相适应，含水量宜在最佳含水率的允许偏差范围内，以满足压实度的要求。 （3）严禁用薄层贴补的办法找平。 （4）石灰土应湿养，养护期不宜少于7d。养护期应封闭交通
水泥稳定土基层	（1）宜采用摊铺机械摊铺，施工前应通过试验确定压实系数。 （2）自拌合至摊铺完成，不得超过3h。分层摊铺时，应在下层养护7d后，方可摊铺上层材料。 （3）宜在水泥初凝时间到达前碾压成活。 （4）宜采用洒水养护，保持湿润。常温下成型后应经7d养护，方可在其上铺路面层。 （5）摊铺、碾压要求与石灰稳定土相同
石灰工业废渣（石灰粉煤灰）稳定砂砾（碎石）基层（也可称二灰混合料）	（1）混合料在摊铺前其含水量宜为最佳含水量的允许偏差范围内。摊铺中发生粗、细集料离析时，应及时翻拌。 （2）摊铺、碾压要求同石灰稳定土。 （3）应在潮湿状态下养护，养护期视季节而定，常温下不宜少于7d。采用洒水养护时，应及时洒水，保持混合料湿润。 （4）采用喷洒沥青乳液养护时，应及时在乳液面撒嵌丁料。 （5）养护期间宜封闭交通。需通行的机动车辆应限速，严禁履带车辆通行

4. 无机结合料稳定基层施工质量检验【重要考点】

石灰稳定土、水泥稳定土、石灰粉煤灰稳定砂砾等无机结合料稳定基层质量检验项目主要有：集料级配，混合料配合比、含水量、拌合均匀性，基层压实度、7d无侧限抗压强度等。

5. 沥青混合料面层施工质量验收主控项目：原材料、压实度、面层厚度、弯沉值。

（1）沥青混合料面层压实度，对城市快速路、主干路不应小于96%；对次干路及以下道路不应小于95%。

检查数量：每1000m²测1点。

检验方法：查试验记录（马歇尔击实试件密度，试验室标准密度）。

（2）面层厚度应符合设计规定，允许偏差为−5～＋10mm。

检查数量：每1000m²测1点。

检验方法：钻孔或刨挖，用钢尺量。

（3）弯沉值，不应大于设计规定。

检查数量：每车道、每20m，测1点。

检验方法：弯沉仪检测。

6. 水泥混凝土面层材料的运输【重要考点】

（1）配备足够的运输车辆，总运力应比总拌合能力略有富余，以确保混凝土在规定时间到场。混凝土拌合物从搅拌机出料到铺筑完成的时间不能超过规范规定。

（2）城市道路施工中，一般采用混凝土罐车运送。

（3）运输车辆要防止漏浆、漏料和离析，夏季烈日、大风、雨天和低温天气远距离运输时，应有相应措施确保混凝土质量。

7. 水泥混凝土面层的摊铺【重要考点】

（1）模板选择应与摊铺施工方式相匹配，模板的强度、刚度、断面尺寸、直顺度、板间错台等制作偏差与安装偏差不能超过规范要求。

（2）摊铺前应全面检查模板的间隔、高度、润滑、支撑稳定情况和基层的平整、润湿情况及钢筋位置、传力杆装置等。

（3）铺筑时卸料、布料、摊铺速度控制、摊铺厚度、振实等应符合不同施工方式的相关要求，摊铺厚度应根据松铺系数确定。

8. 城镇道路面层的雨期施工基本要求【重要考点】

（1）沥青面层不允许下雨时或下层潮湿时施工。雨期应缩短施工长度，加强施工现场与沥青拌合厂联系，做到及时摊铺、及时完成碾压。

（2）水泥混凝土路面施工时，应勤测粗细集料的含水率，适时调整加水量，保证配合比的准确性。雨期作业工序要紧密衔接，及时浇筑、振动、抹面成型、养护。

9. 城镇道路面层的冬期施工基本要求【重要考点】

（1）应尽量将土方、土基施工项目安排在上冻前完成。

（2）当施工现场环境中日平均气温连续5d低于5℃时，或最低环境气温低于−3℃时，应视为进入冬期施工。

（3）在冬期施工中，既要防冻，又要快速，以保证质量。

（4）准备好防冻覆盖和挡风、加热、保温等物资。

10. 城镇道路路基、基层压实度的测定【高频考点】

（1）环刀法。适用于细粒土及无机结合料稳定细粒土的密度和压实度检测。

（2）灌砂法。在所测层位挖坑，利用标准砂测定体积，计算密度。适用于土路基压实度检测；不宜用于填石路堤等大空隙材料的压实检测。

（3）灌水法。在所测层位挖坑，利用薄塑料袋灌水测定体积，计算密度。

11. 城镇道路沥青路面压实度的测定【高频考点】

（1）钻芯法检测：

现场钻芯取样送试验室试验，以评定沥青面层的压实度。

（2）核子密度仪检测：

检测各种土基的密实度和含水率，采用直接透射法测定；检测路面或路基材料的密度和含水率时采用散射法，并换算施工压实度。

12. 钻孔灌注桩钻孔垂直度不符合规范要求的主要原因【重要考点】

（1）场地平整度和密实度差，钻机安装不平整或钻进过程发生不均匀沉降，导致钻孔偏斜。

（2）钻杆弯曲、钻杆接头间隙太大，造成钻孔偏斜。

（3）钻头翼板磨损不一，钻头受力不均，造成偏离钻进方向。

（4）钻进中遇软硬土层交界面或倾斜岩面时，钻压过高使钻头受力不均，造成偏离钻进方向。

13. 控制钻孔垂直度的主要技术措施【重要考点】

（1）压实、平整施工场地。

（2）安装钻机时应严格检查钻机的平整度和主动钻杆的垂直度，钻进过程中应定时检查主动钻杆的垂直度，发现偏差立即调整。

（3）定期检查钻头、钻杆、钻杆接头，发现问题及时维修或更换。

（4）在软硬土层交界面或倾斜岩面处钻进，应低速、低钻压钻进。发现钻孔偏斜，应及时回填黏土，冲平后再低速、低钻压钻进。

（5）在复杂地层钻进，必要时在钻杆上加设扶正器。

14. 钻孔灌注桩塌孔与缩径的主要原因【高频考点】

塌孔与缩径产生的原因基本相同，主要是地层复杂、钻进速度过快、护壁泥浆性能差、成孔后放置时间过长没有灌注混凝土等原因所致。

15. 桥梁工程中混凝土裂缝分类【重要考点】

大体积混凝土出现的裂缝按深度不同，分为表面裂缝、深层裂缝和贯穿裂缝三种：

（1）表面裂缝主要是温度裂缝，一般危害性较小，但影响外观质量。

（2）深层裂缝部分地切断了结构断面，对结构耐久性产生一定危害。

（3）贯穿裂缝是由混凝土表面裂缝发展为深层裂缝，最终形成贯穿裂缝；它切断了结构的断面，可能破坏结构的整体性和稳定性，危害性较为严重。

16. 桥梁工程中裂缝发生原因【高频考点】

（1）水泥水化热影响。

（2）内外约束条件的影响。

（3）外界气温变化的影响。

（4）混凝土的收缩变形。

（5）混凝土的沉陷裂缝

17. 大体积混凝土湿润养护时间（见表6-2）【重要考点】

大体积混凝土湿润养护时间 表6-2

水 泥 品 种	养护时间（d）
硅酸盐水泥、普通硅酸盐水泥	14
火山灰质硅酸盐水泥、矿渣硅酸盐水泥、低热微膨胀水泥、矿渣硅酸盐大坝水泥	21
在现场掺粉煤灰的水泥	

注：高温期湿润养护时间均不得少于28d。

18. 预应力张拉施工中的压浆与封锚注意事项【重要考点】

（1）张拉后，应及时进行孔道压浆，宜采用真空辅助法压浆，并使孔道真空负压稳定保持在0.08～0.1MPa；水泥浆的强度应符合设计要求，且不得低于30MPa。

（2）压浆时排气孔、排水孔应有水泥浓浆溢出。应从检查孔抽查压浆的密实情况，如有不实，应及时处理。

（3）孔道灌浆应填写灌浆记录。

（4）压浆过程中及压浆后48h内，结构混凝土的温度不得低于5℃。当白天气温高于

35℃时，压浆宜在夜间进行。

（5）压浆后应及时浇筑封锚混凝土。封锚混凝土的强度应符合设计要求，不宜低于结构混凝土强度等级的80%，且不得低于30MPa。

19. 地铁车站明挖法施工注意事项【重要考点】

基坑开挖施工中：

（1）确保围护结构位置、尺寸、稳定性。

（2）土方必须自上而下分层、分段依次开挖，钢筋网片安装及喷射混凝土紧跟开挖流水段，及时施加支撑或锚杆。开挖至邻近基底300mm时，应人工配合清底，不得超挖或扰动基底土。基底经勘察、设计、监理、施工单位验收合格后，应及时施工混凝土垫层。

（3）基坑开挖应对下列项目进行中间验收：

1）基坑平面位置、宽度及基坑高程、平整度、地质描述；

2）基坑降水；

3）基坑放坡开挖的坡度和围护桩及连续墙支护的稳定情况；

4）地下管线的悬吊和基坑便桥稳固情况。

20. 喷射混凝土施工注意事项【重要考点】

（1）喷射作业分段、分层进行，喷射顺序由下而上。

（2）喷头应保证垂直于工作面，喷头距工作面不宜大于1m。

（3）分层喷射时，应在前一层混凝土终凝后进行。

（4）钢筋网的喷射混凝土保护层不应小于20mm。

（5）喷射混凝土终凝2h后进行养护，时间不小于14d；气温低于5℃不得喷水养护。

21. 钢筋混凝土管片拼装质量验收标准【重要考点】

（1）钢筋混凝土管片不得有内外贯穿裂缝和宽度大于0.2mm的裂缝及混凝土剥落现象。

（2）管片防水密封质量符合设计要求，不得缺损，粘结牢固、平整，防水垫圈不得遗漏。

（3）螺栓质量及拧紧度必须符合设计要求。

（4）当钢筋混凝土管片表面出现缺棱掉角、混凝土剥落、大于0.2mm宽的裂缝或贯穿性裂缝等缺陷时，必须进行修补。修补时，应分析管片破损原因及程度，制定修补方案。修补材料强度不应低于管片强度。

22. 隧道防水质量控制要点【重要考点】

（1）隧道防水以管片自防水为基础，接缝防水为重点，并应对特殊部位进行防水处理，形成完整的防水体系。

（2）接缝防水处理：

1）变形缝、柔性接头等管片接缝防水处理应符合设计要求。

2）采用嵌缝防水材料时，槽缝应清理，并使用专用工具填塞平整、密实。

（3）特殊部位的防水：

1）采用注浆孔进行注浆时，注浆结束后应对注浆孔进行密封防水处理。

2）隧道与工作井、联络通道等附属构筑物的接缝防水处理应按设计要求进行。

23. 给水排水混凝土构筑物防渗漏施工的一般规定【重要考点】

（1）给水排水构筑物施工时，应按"先地下后地上、先深后浅"的顺序施工，并应防止各构筑物交叉施工时相互干扰。对建在地表水水体中、岸边及地下水位以下的构筑物，其主体结构宜在枯水期施工。

（2）在冬、雨期施工时，应按特殊时期施工方案和相关技术规程执行，制定切实可行的防水、防雨、防冻、混凝土保温及地基保护等措施。

（3）对沉井和构筑物基坑施工降水、排水，应对其影响范围内的原有建（构）筑物和拟建水池进行沉降观测，必要时采取防护措施。

24. 金属管道安装质量要求【重要考点】

（1）管道安装是管道工程施工的重要工序，主要包括下管、组对、连接等。管道安装应按"先大管、后小管，先主管、后支管，先下部管、后上部管"的原则，有计划、分步骤进行。

（2）管道安装前，与管道工程有关的土方（土建构筑物）工程及钢结构工程应完成并经检查合格；管道支架的标高和坡度符合设计要求；已按设计要求和相关标准对管道组成件的材质、管径、壁厚、防腐和保温质量等项内容进行检查并确认无误；管道内部已清理干净。

（3）两相邻管道连接时，纵向焊缝或螺旋焊缝之间的相互错开距离不应小于100mm，不得有十字形焊缝；同一管道上两条纵向焊缝之间的距离不应小于300mm。

（4）相同壁厚管道对口时，其错边量应符合相关规定。

（5）管道环焊缝不得置于建筑物、闸井（或检查室）的墙壁或其他构筑物的结构中。管道支架处不得有焊缝。设在套管或保护性地沟中的管道环焊缝，应进行100%的无损探伤检测。

（6）严禁采用在焊口两侧加热延伸管道长度、螺栓强力拉紧、夹焊金属填充物和使补偿器变形等方法强行对口焊接。

25. 城市燃气、供热管道防腐工程的基层处理【高频考点】

基层处理的质量直接影响着防腐层的附着质量和防腐效果。目前基层处理的方法有喷射除锈、工具除锈、化学除锈等方法，现场常用的方法主要是喷射除锈和工具除锈。基层处理质量应满足防腐材料施工对除锈质量等级的要求。

26. 柔性管道回填作业【重要考点】

（1）根据每层虚铺厚度的用量将回填材料运至槽内，且不得在影响压实的范围内堆料。

（2）管道两侧和管顶以上500mm范围内的回填材料，应由沟槽两侧对称运入槽内，不得直接扔在管道上；回填其他部位时，应均匀运入槽内，不得集中推入。

（3）需要拌合的回填材料，应在运入槽内前拌合均匀，不得在槽内拌合。

（4）管基有效支承角范围内应采用中粗砂填充密实，与管壁紧密接触，不得用土或其他材料填充。

（5）管道半径以下回填时应采取防止管道上浮、位移的措施；回填作业每层的压实遍数，按压实度要求、压实工具、虚铺厚度和含水量，经现场试验确定。

（6）管道回填时间宜在一昼夜中气温最低时段，从管道两侧同时回填，同时夯实。

（7）沟槽回填从管底基础部位开始到管顶以上500mm范围内，必须采用人工回填；管顶500mm以上部位，可用机具从管道轴线两侧同时夯实；每层回填高度应不大于200mm。

（8）管道位于车行道下且铺设后即修筑路面或管道位于软土地层以及低洼、沼泽、地下水位高地段时，沟槽回填宜先用中、粗砂将管底腋角部位填充密实后，再用中、粗砂分层回填到管顶以上500mm。

27. 城市非开挖管道顶管进、出工作井质量控制【重要考点】

（1）应保证顶管进、出工作井和顶进过程中洞圈周围的土体稳定。

（2）应考虑顶管机的切削能力。

（3）洞口周围土体含地下水时，若条件允许可采取降水措施，或采取注浆等措施加固土体以封堵地下水；在拆除封门时，顶管机外壁与工作井洞圈之间应设置洞口止水装置，防止顶进施工时泥水渗入工作井。

（4）工作井洞门封门拆除应符合下列规定：

1）钢板桩工作井，可拔起或切割钢板桩露出洞口，并采取措施防止洞口上方的钢板桩下落。

2）工作井的围护结构为沉井工作井时，应先拆除洞围内侧的临时封门，再拆除井壁外侧的封板或其他封填物。

3）在不稳定土层中顶管时，封门拆除后应将顶管机立即顶入上层。

（5）拆除封门后，顶管机应连续顶进，直至洞口及止水装置发挥作用为止。

（6）在工作井洞口范围可预埋注浆管，管道进入土体之前可预先注浆。

28. 城市非开挖管道顶进作业质量控制【重要考点】

（1）应根据土质条件、周围环境控制要求、顶进方法、各项顶进参数和监控数据、顶管机工作性能等，确定顶进、开挖、出土的作业顺序和调整顶进参数。

（2）掘进过程中应严格量测监控，实施信息化施工，确保开挖掘进工作面的土体稳定和土（泥水）压力平衡；并控制顶进速度、挖土和出土量，减少土体扰动和地层变形。

（3）采用敞口式（手工掘进）顶管机，在允许超挖的稳定土层中正常顶进时，管下部135°范围内不得超挖，管顶以上超挖量不得大于15mm。

（4）管道顶进过程中，应遵循"勤测量、勤纠偏、微纠偏"的原则，控制顶管机前进方向和姿态，并应根据测量结果分析偏差产生的原因和发展趋势，确定纠偏的措施。

（5）开始顶进阶段，应严格控制顶进的速度和方向。

（6）进入接收工作井前应提前进行顶管机位置和姿态测量，并根据进口位置提前进行调整。

（7）在软土层中顶进混凝土管时，为防止管节飘移，宜将前3～5节管体与顶管机连成一体。

（8）钢筋混凝土管接口应保证橡胶圈正确就位；钢管接口焊接完成后，应进行防腐层补口施工，焊接及防腐层检验合格后方可顶进。

（9）应严格控制管道线形，对于柔性接口管道，其相邻管间转角不得大于该管材的允许转角。

29. 城市非开挖管道纠偏基本要领【重要考点】

（1）及时纠偏和小角度纠偏。

（2）挖土纠偏和调整顶进合力方向纠偏。

（3）纠偏时开挖面土体应保持稳定；采用挖土纠偏方式，超挖量应符合地层变形控制和施工设计要求。

（4）刀盘式顶管机纠偏时，可采用调整挖土方法，调整顶进合力方向，改变切削刀盘的转动方向，在管内相对于机头旋转的反向增加配重等措施。

30. 施工质量验收规定【高频考点】

（1）检验批及分项工程应由专业监理工程师组织施工单位项目专业质量（技术）负责人等进行验收。

（2）分部工程（子分部）应由总监理工程师组织施工单位项目负责人和项目技术、质量负责人等进行验收；对于涉及重要部位的地基与基础、主体结构、主要设备等分部（子分部）工程，其勘察、设计单位工程项目负责人也应参加验收。

（3）单位工程完工后，施工单位应组织有关人员进行自检，总监理工程师应组织专业监理工程师对工程质量进行竣工预验收，对存在的问题，应由施工单位及时整改。整改完毕后，由施工单位向建设单位提交工程竣工报告，申请工程竣工验收。

（4）单位工程中的分包工程完工后，分包单位应对所承包的工程项目进行自检，并应按标准规定的程序进行验收。验收时，总包单位应派人参加；分包单位应将所分包工程的质量控制资料整理完整后，移交总包单位，并应由总包单位统一归入工程竣工档案。

（5）建设单位收到工程竣工验收报告后，应由建设单位（项目）负责人组织施工（含分包单位）、设计、勘察、监理等单位（项目）负责人进行单位工程验收。

31. 竣工验收备案的程序【高频考点】

（1）经施工单位自检合格并且符合《房屋建筑和市政基础设施工程竣工验收规定》（建质〔2013〕171号）的要求方可进行竣工验收。

（2）由施工单位在工程完工后向建设单位提交工程竣工报告，申请竣工验收，并经总监理工程师签署意见。

（3）对符合竣工验收要求的工程，建设单位负责组织勘察、设计、施工、监理等单位组成的专家组实施验收。

（4）建设单位必须在竣工验收7个工作日前将验收的时间、地点及验收组名单书面通知负责监督该工程的市场监督管理部门。

（5）建设单位应当自工程竣工验收合格之日起15d内，提交竣工验收报告，向工程所在地县级以上地方人民政府建设行政主管部门（及备案机关）备案。备案机关收到建设单位报送的竣工验收备案文件，验证文件齐全后，应当在工程竣工验收备案表上签署文件收讫。工程竣工验收备案表一式两份，一份由建设单位保存，一份留备案机关存档。

（6）市场监督管理部门，应在竣工验收之日起5工作日内，向备案机关提交工程质量监督报告。

（7）列入城建档案馆档案接收范围的工程，城建档案管理机构按照建设工程竣工联合验收的规定对工程档案进行验收。

32. 工程竣工验收备案提供的质量报告【高频考点】

（1）勘察单位质量检查报告：勘察单位对勘察、施工过程中地基处理情况进行检查，提出质量检查报告并经项目勘察及有关负责人审核签字。

（2）设计单位质量检查报告：设计单位对设计文件和设计变更通知书进行检查，提出质量检查报告并经设计负责人及单位有关负责人审核签字。

（3）施工单位工程竣工报告。

（4）监理单位工程质量评估报告：由监理单位对工程施工质量进行评估，并经总监理工程师和有关负责人审核签字。

33. 城市建设档案的报送期限【重要考点】

（1）《建设工程文件归档规范》GB/T 50328—2014（经住房城乡建设部公告2019年第306号修订）要求，列入城建档案管理机构接收范围的工程，建设单位在工程竣工验收备案前，必须向城建档案管理机构移交一套符合规定的工程档案。

（2）停建、缓建建设工程的档案，可暂由建设单位保管。

（3）对改建、扩建和维修工程，建设单位应组织设计、施工单位对改变部位据实编制新的工程档案，并应在工程竣工验收备案前向城建档案管理机构移交。

（4）当建设单位向城建档案管理机构移交工程档案时，应提交移交案卷目录，办理移交手续，双方签字、盖章后方可交接。

历 年 真 题

实务操作和案例分析题一〔2020年真题〕

【背景资料】

某公司承建一项城市污水管道工程，管道全长1.5km，采用DN1200mm的钢筋混凝土管，管道平均覆土深度约6m。

考虑现场地质水文条件，项目部准备采用"拉森钢板桩＋钢围檩＋钢管支撑"的支护方式，沟槽支护情况详见图6-1。

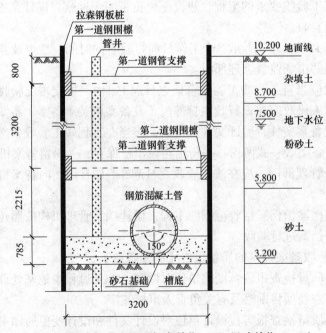

图6-1　沟槽支护示意图（标高单位：m；尺寸单位：mm）

项目部编制了"沟槽支护、土方开挖"专项施工方案，经专家论证，因缺少降水专项方案被判定为"修改后通过"。项目部经计算补充了管井降水措施，方案获"通过"，项目进入施工阶段。

在沟槽开挖到槽底后进行了分项工程质量验收，槽底无水浸、扰动，槽底高程、中线、宽度符合设计要求。项目部认为沟槽开挖验收合格，拟开始后续垫层施工。

在完成下游3个井段管道安装及检查井砌筑后，抽取其中1个井段进行了闭水试验，实测渗水量为0.0285L/（min·m）。[规范规定DN1200mm钢筋混凝土管合格渗水量不大于43.30m³/（24h·km）]。

为加快施工进度，项目部拟增加现场作业人员。

【问题】

1. 写出钢板桩围护方式的优点。

2. 管井成孔时是否需要泥浆护壁？写出滤管与孔壁间填充滤料的名称，写出确定滤管内径的因素是什么？

3. 写出项目部"沟槽开挖"分项工程质量验收中缺失的项目。

4. 列式计算该井段闭水试验渗水量结果是否合格？

5. 写出新进场工人上岗前应具备的条件。

【解题方略】

1. 本题考查的是钢板桩围护方式的优点。钢板桩强度高，桩与桩之间的连接紧密，隔水效果好。具有施工灵活，板桩可重复使用等优点，是基坑常用的一种挡土结构。

2. 本题考查的是井点降水。采用泥浆护壁钻孔时，应在钻进到孔底后清除孔底沉渣并立即置入井管、注入清水，当泥浆相对密度不大于1.05时，方可投入滤料。滤管内径应按满足单井设计流量要求而配置的水泵规格确定，管井成孔直径应满足填充滤料的要求；滤管与孔壁之间填充的滤料宜选用磨圆度好的硬质岩石成分的圆砾，不宜采用棱角形石渣料、风化料或其他黏质岩石成分的砾石。井管底部应设置沉砂段。

3. 本题考查的是沟槽开挖质量验收项目。沟槽开挖与地基处理应符合下列规定：（1）原状地基土不得扰动、受水浸泡或受冻。（2）检查地基承载力试验报告，地基承载力应满足设计要求。（3）按设计或规定要求进行检查，检查检测记录、试验报告是否满足设计要求。进行地基处理时，压实度、厚度应满足设计要求。

4. 本题考查的是闭水试验渗水量是否合格的判定。根据背景资料可知：DN1200mm钢筋混凝土管合格渗水量不大于43.30m³/（24h·km），而本工程实测渗水量为0.0285L/（min·m），那么想要知道本工程闭水试验渗水量是否合格就需要将本工程实测渗水量与规范的规定进行对比。由于两者间的单位不同，因此需要进行单位的换算。

5. 本题考查的是新进场工人上岗前应具备的条件。新进场的工人，必须接受公司、项目、班组的三级安全培训教育，经考核合格后方能上岗。特殊工种应持证上岗。除此之外，用人单位还需要与新进场工人签订劳动合同并对其实行劳务实名制管理。

【参考答案】

1. 钢板桩围护方式的优点：强度高，桩与桩之间的连接紧密，隔水效果好，具有施工灵活，板桩可重复使用等优点。

2.（1）管井成孔时需要泥浆护壁。

（2）滤管与孔壁间填充滤料的名称：磨圆度好的硬质岩石成分的圆砾。

（3）确定滤管内径的因素是水泵规格。

3. 项目部"沟槽开挖"分项工程质量验收中缺失的项目：地基承载力。

4. 43.30m³/24h·km=43.30/（24×60）=0.030 L/min·m；

0.0285L/min·m<0.030 L/min·m。

实测渗水量小于合格渗水量，因此该井段闭水试验渗水量合格。

5. 新进场工人上岗前应具备的条件：

（1）实名制平台登记；

（2）签订劳动合同；

（3）进行岗前教育培训；

（4）特殊工种需持证上岗。

实务操作和案例分析题二 ［2019 年真题］

【背景资料】

某项目部承接一项顶管工程，其中 DN1350mm 管道为东西走向，长度90m；DN1050mm 管道为偏东南方向走向，长度80m。设计要求始发工作井 y 采用沉井法施工，接收井 A、C 为其他标段施工（如图6-2所示），项目部按程序和要求完成了各项准备工作。

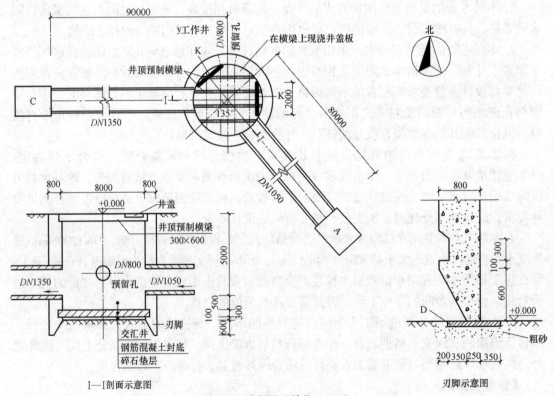

图6-2 示意图（单位：mm）

开工前，项目部测量员带一个测量小组按建设单位给定的测量资料进行高程点与 y 井中心坐标的布设，布设完毕后随即将成果交予施工员组织施工。

按批准的进度计划先集中力量完成y井的施工作业，按沉井预制工艺流程，在已测定的圆周中心线上按要求铺设粗砂与D，采用定型钢模进行刃脚混凝土浇筑，然后按顺序先设置E与F、安装绑扎钢筋、再设置内、外模，最后进行井壁混凝土浇筑。

下沉前，需要降低地下水（已预先布置了喷射井点），采用机械取土；为防止y井下沉困难，项目部预先制定了下沉辅助措施。

y井下沉到位，经检验合格后，顶管作业队进场按施工工艺流程安装设备：K→千斤顶就位→观测仪器安放→铺设导轨→顶铁就位。为确保首节管节能顺利出洞，项目部按预先制定的方案在y井出洞口进行土体加固；加固方法采用高压旋喷注浆，深度6m（地质资料显示为淤泥质黏土）。

【问题】

1. 按测量要求，该小组如何分工？测量员将测量成果交予施工员的做法是否正确，应该怎么做？

2. 按沉井预制工艺流程写出D、E、F的名称；本项目对刃脚是否要加固，为什么？

3. 降低地下水的高程至少为多少米（列式计算）？有哪些机械可以取土？下沉辅助措施有哪些？

4. 写出K的名称，应该布置在何处？按顶管施工的工艺流程，管节启动后、出洞前应检查哪些部位？

5. 加固出洞口的土体用哪种浆液，有何作用？注意顶进轴线的控制，做到随偏随纠，通常纠偏有哪几种方法？

【解题方略】

1. 本题考查的是施工测量。本小题第一问属于一道开放型题目，而测量员直接将测量成果交予施工员的做法显然也是不正确的，应复核并由监理工程师审核批准。

2. 本题考查的是沉井预制及刃脚的加固。解答第一小问需要依据教材中的沉井预制的施工工艺流程再结合背景资料中给出的已知信息进行补充。

当沉井在坚硬土层中下沉时，刃脚踏面的底宽宜取150mm；为防止脚踏面受到损坏，可用角钢加固。而本案例中沉井下沉位置的土质为淤泥质黏土非坚硬土层因此无需加固刃脚。

3. 本题考查的是沉井下沉施工。解答本题第一小问需要知道的是降水应降至刃脚以下0.5m处，然后按照图示依次列式计算即可。在选用取土机械的时候应考虑到本工程属于深基坑工程，在井内进行挖土的时候要用到皮带运输机、升降机、长臂挖掘机、抓斗。下沉辅助措施在教材中明确讲过，直接用教材中的相关内容作答即可。

4. 本题考查的是顶管施工工艺流程。根据顶管法的工艺流程可以推断出K为后背制作，其布置位置也就很容易答出了。

5. 本题考查的是管道顶进的质量控制，较为简单，加固土体的浆液有水泥浆，其作用就是防止首节管节在出洞时发生低头。纠偏方法就是管位纠偏。

【参考答案】

1. 分工：观测、扶尺、辅助。

测量员将测量成果交予施工员的做法不正确，应该复核并由监理工程师审核批准。

2.（1）按照沉井预制工艺流程：D——承垫木；E——内支架；F——外支架。

（2）本项目对于刃角不需要加固。

原因：沉井下沉位置的地质为淤泥质黏土非坚硬土层。

3. 降低地下水的高程至少为：0.000−5.000−0.5−0.3−0.1−0.6−0.5＝−7.000m。

取土机械有：皮带运输机、升降机、长臂挖掘机、抓斗。

沉井辅助措施有：压重、灌砂、触变泥浆套。

4. K为后背制作，应布置在千斤顶后面。

管节启动后出洞前应检查：千斤顶后背，顶进设备，轴线，高程。

5. 加固出洞口的土体应采用水泥浆。

作用：防止首节管节在出洞时发生低头。

纠偏方法：管位纠偏。

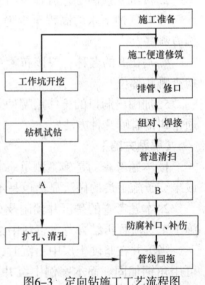

扫码学习

实务操作和案例分析题三［2018年真题］

【背景资料】

A公司承接一城市天然气管道工程，全长5.0km，设计压力0.4MPa，钢管直径DN300mm，均采用成品防腐管。设计采用直埋和定向钻穿越两种施工方法，其中，穿越现状道路路口段采用定向钻方式敷设，钢管在地面连接完成，经无损探伤等检验合格后回拖就位，施工工艺流程如图6-3所示，穿越段土质主要为填土、砂层和粉质黏土。

直埋段成品防腐钢管到场后，厂家提供了管道的质量证明文件，项目部质检员对防腐层厚度和粘结力做了复试，经检验合格后，开始下沟安装。

定向钻施工前，项目部技术人员进入现场踏勘，利用现状检查井核实地下管线的位置和深度，对现状道路开裂、沉陷情况进行统计。项目部根据调查情况编制定向钻专项施工方案。

图6-3 定向钻施工工艺流程图

定向钻钻进施工中，直管钻进段遇到砂层，项目部根据现场情况采取控制钻进速度、泥浆流量和压力等措施，防止出现坍孔，钻进困难等问题。

【问题】

1. 写出图6-3中工序A、B的名称。

2. 本工程燃气管道属于哪种压力等级？根据《城镇燃气输配工程施工及验收规范》CJJ 33—2005规定，指出定向钻穿越段钢管焊接应采用的无损探伤方法和抽检量。

3. 直埋段管道下沟前，质检员还应补充检测哪些项目？并说明检测方法。

4. 为保证施工和周边环境安全，编制定向钻专项方案前还需做好哪些调查工作？

5. 指出坍孔时对周边环境可能造成哪些影响？项目部还应采取哪些预防坍孔技术措施？

【解题方略】

1. 本题考查的是水平定向钻的施工工艺流程以及燃气管道的安装流程。根据水平定向钻的施工工艺流程可知，在钻机试钻后要进行的是导向孔钻进。燃气管道在组对、焊接后应当进行功能性试验，因此在完成管道吹扫后应当进行的是强度及严密性试验。

2. 本题考查的是城镇燃气管道的分类以及无损检测。本题中燃气管道类别的判定较简单，直接参考教材中给出的城镇燃气管道设计压力分类表中的相关内容即可得出答案。根据《城镇燃气输配工程施工及验收规范》CJJ 33—2005第9.3.4条的规定，燃气钢管的焊缝应进行100%的射线照相检查。

3. 本题考查的是钢管防腐层质检项目。教材中对防腐层的质量检验有明确规定："防腐层质量检验主要检查防腐产品合格证明文件、防腐层（含现场补口）的外观质量，抽查防腐层的厚度、粘结力，全线检查防腐层的电绝缘性。燃气工程还应对管道回填后防腐层的完整性进行全线检查"。

4. 本题考查的是制定专项施工方案前的调查。本题是一个实际应用题，在教材中是找不到答案的，需要结合背景资料进行分析作答。

5. 本题考查的是坍孔控制措施。定向钻扩孔应严格控制回拉力、转速、泥浆流量等技术参数，确保成孔稳定和线形要求，无坍孔、缩孔等现象。

【参考答案】

1. 图6-3中工序A、B的名称分别为：

（1）A为导向孔钻进（或钻导向孔）；

（2）B为管道强度试验（或水压、气压试验）。

2. 本工程燃气管道压力级别为：中压A级。

根据《城镇燃气输配工程施工及验收规范》CJJ 33—2005的规定，定向钻穿越段钢管焊接应采用射线检测（或射线照相检查），抽检数量为100%。

3. 直埋段管道下沟前，质检员还应补充的检测项目：外观质量，防腐层完整性（或防腐层连续性、电绝缘性）。

对补充的检查项目应采用的检测方法：电火花检漏仪100%检漏（或电火花检漏仪逐根连续测量）。

4. 为保证施工和周边环境安全，编制定向钻专项方案前还需做好的调查工作包括：用仪器探测地下管线、调查周边构筑物；采用坑探现场核实不明地下管线的埋深和位置，采用探地雷达探测道路空洞、疏松情况。

5. 坍孔对周边环境可能造成的影响：泥浆窜漏（或冒浆）、地面沉降，既有管线变形。

项目部还应采取以下措施来控制坍孔：调整泥浆配合比（或增加黏土含量），改变泥浆材料（或加入聚合物），提高泥浆性能，达到避免坍孔、稳定孔壁的作用；采用分级、分次扩孔方法，严格控制扩孔回拉力、转速，确保成孔稳定和线形要求。

实务操作和案例分析题四［2017年真题］

【背景资料】

某公司承接一项供热管线工程，全长1800m，直径DN400mm，采用高密度聚乙烯外护管聚氨酯泡沫塑料预制保温管，其结构如图6-4所示；其中340m管段依次下穿城市主干路、机械加工厂，穿越段地层主要为粉土和粉质黏土，有地下水，设计采用浅埋暗挖法施工隧道（套管）内敷设；其余管段采用开槽法直埋敷设。

项目部进场调研后，建议将浅埋暗挖隧道法变更为水平定向钻（拉管）法施工，获得

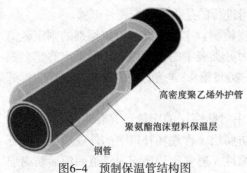

高密度聚乙烯外护管

聚氨酯泡沫塑料保温层

钢管

图6-4 预制保温管结构图

建设单位的批准，并办理了相关手续。

施工前，施工单位编制了水平定向钻专项施工方案，并针对施工中可能出现的地面开裂、冒浆、卡钻、管线回拖受阻等风险，制定了应急预案。

工程实施过程中发生了如下事件：

事件1：当地工程质量监督机构例行检查时，发现该工程既未在规定时限内开工，也未办理延期手续，违反了相关法规的规定，要求建设单位改正。

事件2：预制保温管出厂前，在施工单位质检人员的见证下，厂家从待出厂的管上取样，并送至厂试验室进行保温层性能指标检测，以此作为见证取样试验。监理工程师发现后，认定其见证取样和送检程序错误，且检测项目不全，与相关标准的要求不符，及时予以制止。

事件3：钻进期间，机械加工厂车间地面出现隆起、开裂，并冒出黄色泥浆，导致工厂停产。项目部立即组织人员按应急预案对冒浆事故进行处理，包括停止注浆、在冒浆点周围围挡、控制泥浆外溢面积等，直至最终回填夯实地面开裂区。

事件4：由于和机械加工厂就赔偿一事未能达成一致，穿越工程停工2d，施工单位在规定的时限内通过监理单位向建设单位申请工期顺延。

【问题】

1. 与水平定向钻法施工相比，原浅埋暗挖隧道法施工有哪些劣势？

2. 根据相关规定，施工单位应当自建设单位领取施工许可证之日起多长时间内开工（以月数表示）？延期以几次为限？

3. 给出事件2中见证取样和送检的正确做法，并根据《城镇供热管网工程施工及验收规范》CJJ 28—2014规定，补充预制保温管检测项目。

4. 事件3中冒浆事故的应急处理还应采取哪些必要措施？

5. 事件4中，施工单位申请工期顺延是否符合规定？说明理由。

【解题方略】

1. 本题考查的是浅埋暗挖法隧道施工的劣势。浅埋暗挖法的特点包括：适用性强；施工速度慢，施工成本高；适用于给水排水管道及综合管道；适用管径为1000mm以上；施工精度小于或等于30mm；适用施工距离较长的情形等。解答本题需要注意背景资料给出的信息："直径DN400mm""穿越段地层主要为粉土和粉质黏土，有地下水"，再结合浅埋暗挖法的特点便可以答出本案例采用浅埋暗挖法的劣势。这里特别提示一点：并不是1800m的管道全部采用浅埋暗挖法，仅是340m的管段采用这一方法。

2. 本题考查的是工程开工的相关规定。《建筑法》规定，建设单位应当自领取施工许可证之日起3个月内开工。因故不能按期开工的，应当向发证机关申请延期；延期以两次为限，每次不超过3个月。

3. 本题考查的是见证取样、送检以及保温工程质量检验的相关规定。施工人员对涉及结构安全的试块、试件以及有关材料，应当在建设单位或者工程监理单位监督下现场取样，并送具有相应资质等级的质量检测单位进行检测。结合事件2可以看出见证取样的监督主体及送检程序均错误。

根据《城镇供热管网工程施工及验收规范》CJJ 28—2014的规定，保温材料检验应符合的规定包括：（1）保温材料进场前应对品种、规格、外观等进行检查验收，并应从进场的每批材料中，任选1~2组试样进行导热系数，保温层密度、厚度和吸水（质量含水、憎水）率等项目的测定；（2）应对预制直埋保温管、保温层和保护层进行复检，并应提供复检合格证明；预制直埋保温管的复检项目应包括保温管的抗剪切强度、保温层的厚度、密度、压缩强度、吸水率、闭孔率、导热系数及外护管的密度、壁厚、断裂伸长率、拉伸强度、热稳定性等。

4. 本题考查的是冒浆事故的处理措施。考试用书中没有直接列出这一知识点的内容，解答该题需要结合施工经验来判断。

5. 本题考查的是工期的索赔。该题较简单，工期延误是由施工单位自身原因引起的，因此不能索赔。

【参考答案】

1. 原浅埋暗挖法适用于管径为1000mm以上的较长距离的管道，本案例题中，直径DN为400mm，距离为340m，很显然用浅埋暗挖法不经济；此外该管道依次下穿城市主干路、机械加工厂，穿越段地层主要为粉土和粉质黏土，有地下水，采用浅埋暗挖法首先需要降水，同时还需用超前支护结构限制地层变形，并且对主干路，机械加工工厂进行监测和保护，施工速度慢，成本高，施工风险大。

2. 施工单位应当自建设单位领取施工许可证之日起3个月内开工，工程延期以两次为限。

3. 施工单位在对进场保温管实施见证取样要在建设单位或者工程监理单位监督下按相关规范要求现场取样。

预制保温管检测项目：保温管的抗剪切强度、保温层的厚度、密度、压缩强度、吸水率、闭孔率、导热系数及外护管的密度、壁厚、断裂伸长率、拉伸强度、热稳定性。

4. 事件3中冒浆事故的应急处理还应采取的措施有：暂停施工，查找原因；对厂房进行监测，在必要时对其进行加固和保护；对开裂、隆起地面做处理；对溢出泥浆采取环保措施。

5. 事件4中，施工单位申请工期顺延不符合规定。

原因：由于施工方自身原因引起的，不能索赔。

扫码学习

实务操作和案例分析题五［2017年真题］

【背景资料】

某公司承建城区防洪排涝应急管道工程，受环境条件限制，其中一段管道位于城市主干路机动车道下，垂直穿越现状人行天桥，采用浅埋暗挖隧道形式；隧道开挖断面3.9m×3.35m，横断面布置如图6-5所示。施工过程中，在沿线3座检查井位置施做工作竖井，井室平面尺寸为长6.0m、宽5.0m。井室、隧道均为复合式衬砌结构，初期支护为钢格栅＋钢筋网＋喷射混凝土，二衬为模筑混凝土结构，衬层间设塑料板防水层。隧道穿越土层主要为砂层、粉质黏土层，无地下水。设计要求施工中对机动车道和人行天桥进行重点监测，并提出了变形控制值。

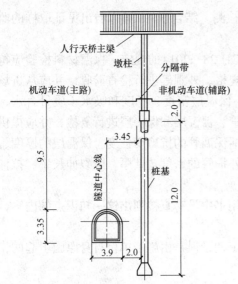

人行天桥主梁
墩柱
分隔带
机动车道(主路)
非机动车道(辅路)
2.0
3.45
9.5
桩基
隧道中心线
12.0
3.35
3.9　2.0

图6-5　下穿人行天桥隧道横断面图（单位：m）

施工前，项目部编制了浅埋暗挖隧道下穿道路专项施工方案，拟在工作竖井位置占用部分机动车道搭建临时设施，进行工作竖井施工和出土，施工安排3个竖井同时施做，隧道相向开挖以满足工期要求，施工区域，项目部采取了以下环保措施：

对现场临时路面进行硬化，散装材料进行覆盖。

临时堆土采用密目网进行覆盖。

夜间施工进行露天焊接作业时，控制好照明装置灯光亮度。

【问题】

1. 根据图6-5分析隧道施工对周边环境可能产生的安全风险。

2. 工作竖井施工前项目部应向哪些部门申报，并办理哪些报批手续？

3. 给出下穿施工的重点监测项目，简述监测方式。

4. 简述隧道相向开挖贯通施工的控制措施。

5. 结合背景资料，补充项目部应采取的环保措施。

6. 二衬钢筋安装时，应对防水层采取哪些防护措施。

【解题方略】

1. 本题考查的是隧道施工对周边环境可能产生的安全风险。解答该题需要结合图示进行分析。

2. 本题考查的是工程项目的申报、报批手续。工作竖井工程布置在道路上必然会占用道路及挖掘道路，同时就会有交通导行问题。除以上几方面外我们还需要从专项施工方案及应急预案的申报等方面进行回答。

3. 本题考查的是隧道监测项目及监测方式。在现行考试用书中对隧道监测项目表进行了调整，本题仅作了解即可。

4. 本题考查的是隧道相向开挖贯通施工的控制措施。该题较简单，采用考试用书中原文直接回答即可。

5. 本题考查的是环保措施。从背景资料已知，项目部已采取的环保措施共三项，我们在答题时也可从大气污染防治、噪声污染防治等方面入手进行补充。

6. 本题考查的是二衬钢筋安装时应采取的防护措施。在背景资料中对该题的提示点并不多，书中也没有直接的答案。需要考生运用施工现场的经验来进行归纳总结。在答题时可从防止钢筋头刺破防水层及防止焊接时电火花飞溅造成伤害这两方面入手。

【参考答案】

1.（1）隧道施工可能产生的安全风险：隧道穿越土层，自稳性差，易产生工作面坍塌，和路面坍塌，影响社会交通。

（2）隧道结构与人行天桥桩基结构间距小（水平净距2.0m、垂直净距1.15m），施工扰动可能造成桩基承载能力降低，引起人行天桥变形超标，结构失稳，影响行人通行安全。

2. 工作竖井施工前项目部应履行的手续：

（1）向市政工程行政主管部门和公安交通管理部门，申报交通导行方案、规划审批文件，设计文件等，办理临时占用道路和掘路审批手续。

（2）向道路管理部门申报下穿道路专项施工方案和应急预案。通过专家论证程序。

3.（1）下穿施工的重点监测项目：道路路面沉降、路面裂缝；人行天桥墩柱沉降、墩柱倾斜。

（2）下穿施工的监测方式：应实行施工监测和第三方监测，设专人现场巡视，发现险情及时报警。

4. 隧道相向开挖贯通施工的控制措施：贯通前，两个工作面间距应不小于2倍洞径、且不小于10m，一端工作面应停止开挖、封闭，另一端作贯通开挖；对隧道中线和高程进行复测（测量），及时纠偏。

5. 环保措施还应包括：

（1）土方、渣土运输应采用密闭式运输车或进行严密覆盖。

（2）出入口清洁车辆。

（3）设专人清扫社会道路。

（4）夜间装卸材料做到轻拿轻放。

（5）对产生噪声的设备采取消声、吸声、隔声等降噪措施。

6. 二次钢筋安装时，应对防水层采取的防护措施：

钢筋安装时，应采取防刺穿（或机械损伤），防灼伤防水板的措施。

实务操作和案例分析题六［2015年真题］

【背景资料】

A公司中标长3km的天然气钢质管道工程，管径为$DN300mm$，设计压力0.4MPa，采用明开槽法施工。

项目部拟定的燃气管道施工程序如下：

沟槽开挖→管道安装、焊接→a→管道吹扫→b试验→回填土至管顶上方0.5m→c试验→焊口防腐→敷设d→回填土至设计标高。

在项目实施过程中，发生了如下事件：

事件1：A公司提取中标价的5%作为管理费后把工程包给B公司，B公司组建项目部后以A公司的名义组织施工。

事件2：沟槽清底时，质量检查人员发现局部有超挖，最深达15cm，且槽底土体含水量较高。

工程施工完成并达到下列基本条件后，建设单位组织了竣工验收：（1）施工单位已完成工程设计和合同约定的各项内容；（2）监理单位出具工程质量评估报告；（3）设计单位出具工程质量检查报告；（4）工程质量检验合格，检验记录完整；（5）已按合同约定支付工程款……

【问题】

1. 施工程序中a、b、c、d分别是什么？

2. 事件1中，A、B公司的做法违反了法律法规中的哪些规定？

3. 依据《城镇燃气输配工程施工及验收规范》CJJ 33—2005，对事件2中情况应如何补救处理？

4. 依据《房屋建筑和市政基础设施工程竣工验收规定》（建质〔2013〕171号），补充工程竣工验收基本条件中所缺内容。

【解题方略】

1. 本题考查的是燃气管道功能性试验的规定。考生应仔细阅读背景资料中所给出的条件，然后顺着思绪补充出缺失的工作程序。

2. 本题考查的是工程分包及承揽工程的法律规定。《建筑法》规定，禁止承包单位将其承包的全部建筑工程转包给他人，禁止承包单位将其承包的全部建筑工程肢解以后以分包的名义分别转包给他人。施工总承包的，建筑工程主体结构的施工必须由总承包单位自行完成。

《建筑法》规定，禁止建筑施工企业超越本企业资质等级许可的业务范围或者以任何形式用其他建筑施工企业的名义承揽工程。禁止建筑施工企业以任何形式允许其他单位或者个人使用本企业的资质证书、营业执照，以本企业的名义承揽工程。

3. 本题考查的是开槽管道施工中的地基处理要求。《城镇燃气输配工程施工及验收规范》CJJ 33—2005规定，局部超挖部分应回填压实，当沟底无地下水时，超挖在0.15m以内，可采用原土回填；超挖在0.15m及以上，可采用石灰土处理。当沟底有地下水或含水量较大时，应采用级配砂石或天然砂石填到设计标高。超挖部分回填后应压实，其密实度应接近原地基天然土的密实度。

4. 本题考查的是工程竣工验收的基本条件。根据《房屋建筑和市政基础设施工程竣工验收规定》（建质〔2013〕171号），工程符合下列要求方可进行竣工验收：（1）完成工程设计和合同约定的各项内容。（2）施工单位在工程完工后对工程质量进行了检查，确认工程质量符合有关法律、法规和工程建设强制性标准，符合设计文件及合同要求，并提出工程竣工报告。工程竣工报告应经项目经理和施工单位有关负责人审核签字。（3）对于委托监理的工程项目，监理单位对工程进行了质量评估，具有完整的监理资料，并提出工程质量评估报告。工程质量评估报告应经总监理工程师和监理单位有关负责人审核签字。（4）勘察、设计单位对勘察、设计文件及施工过程中由设计单位签署的设计变更通知书进行了检查，并提出质量检查报告。质量检查报告应经该项目勘察、设计负责人和勘察、设计单位有关负责人审核签字。（5）有完整的技术档案和施工管理资料。（6）有工程使用的主要建筑材料、建筑构配件和设备的进场试验报告，以及工程质量检测和功能性试验资料。（7）建设单位已按合同约定支付工程款。（8）有施工单位签署的工程质量保修书。（9）对于住宅工程，进行分户验收并验收合格，建设单位按户出具《住宅工程质量分户验收表》。（10）建设主管部门及工程质量监督机构责令整改的问题全部整改完毕。（11）法律、法规规定的其他条件。在知道了《房屋建筑和市政基础设施工程竣工验收规定》（建质〔2013〕171号）的相关规定后，结合背景资料进行补充即可。

【参考答案】

1. 施工程序中的a—焊接质量检查；b—强度试验；c—严密性试验；d—警示带。

2. A公司将自己中标的工程按照提取管理费方式分包给B公司，此行为属于违法转包，工程中的关键工作必须由A单位亲自完成。

B公司组建项目部后以A公司的名义组织施工，取代A公司进行施工管理，此行为属于以他人名义承揽工程。

A公司也应禁止其他单位以本单位的名义承揽工程，此行为属于允许其他单位以本单位名义承揽工程。

3. 应采用级配砂石或天然砂回填至设计标高，超挖部分回填压实，压实度接近原地基天然土的密实度。

4. 工程验收基本条件所缺内容如下：

（1）有工程使用的主要建筑材料、建筑构配件和设备的进场试验报告，以及工程质量检测和功能性试验资料；

（2）有完整的技术档案和施工过程管理资料；

（3）有城建档案管理部门出具的档案验收意见；

（4）有施工单位签署的工程保修书；

（5）建设主管部门及工程质量监督机构责令整改的问题全部整改完毕。

典 型 习 题

实务操作和案例分析题一

【背景资料】

某单位承建一钢厂主干道钢筋混凝土道路工程，道路全长1.2km，红线各幅分配如图6-6所示。雨水主管敷设于人行道下，管道平面布置如图6-7路段地层富水，地下水位较高，设计单位在道路结构层中增设了200mm厚级配碎石层。项目部进场后按文明施工要求对施工现场进行了封闭管理，并在现场进出口设置了现场"五牌一图"。

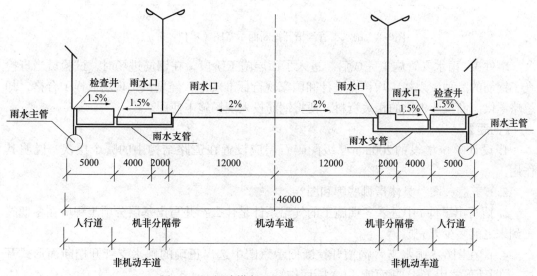

图6-6 三幅路横断面示意图（单位：mm）

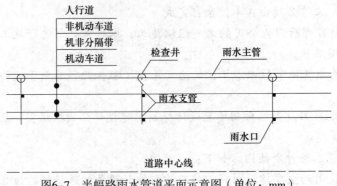

人行道
非机动车道
机非分隔带
机动车道
检查井
雨水主管
雨水支管
雨水口
道路中心线

图6-7 半幅路雨水管道平面示意图（单位：mm）

道路施工过程中发生如下事件：

事件1：路基验收完成已是深秋，为在冬期到来前完成水泥稳定碎石基层，项目部经过科学组织，优化方案，集中力量，按期完成基层分项工程的施工作业时做好了基层的防冻覆盖工作。

事件2：基层验收合格后，项目部采用开槽法进行DN300mm的雨水支管施工，雨水支管沟槽开挖断面如图6-8所示。槽底浇筑混凝土基础后敷设雨水支管，现场浇筑C25混凝土对支管进行全包封处理。

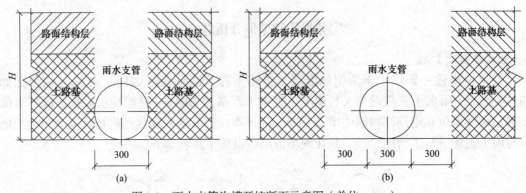

图6-8 雨水支管沟槽开挖断面示意图（单位：mm）

事件3：雨水支管施工完成后，进入了面层施工阶段，在钢筋进场时，试验员当班检查了钢筋的品种、规格，均符合设计和国家现行标准规定，经复试（现场取样）合格，却忽略了供应商没能提供的相关资料，便将钢筋投入现场施工使用。

【问题】

1. 设计单位增设的200mm厚级配碎石层应设置在道路结构中的哪个层次？说明其作用。

2. "五牌一图"具体指哪些牌和图？

3. 请写出事件1中进入冬期施工的气温条件是什么？并写出基层分项工程应在冬期施工到来之前多少天完成。

4. 请在图6-8雨水支管沟槽开挖断面示意图中选出正确的雨水支管开挖断面形式开挖。[断面形式用（a）断面或（b）断面作答]

5. 事件3中钢筋进场时还需要检查哪些资料？

【参考答案】

1. 应设置在垫层（介于基层与土基之间）。

作用：改善土基的湿度和温度状况；保证面层和基层的强度稳定性和抗冻胀能力；扩散由基层传来的荷载应力，以减小土基所产生的变形。

2. 五牌：工程概况牌、管理人员名单及监督电话牌、消防安全牌、安全生产（无重大事故）牌、文明施工牌；一图：施工现场总平面图。

3. 当施工现场日平均气温连续5d稳定低于5℃，或最低环境气温低于−3℃时，应视为进入冬期施工。

该基层分项工程应在冬期到来之前15～30d完成。

4. 雨水支管为开槽法施工需要槽底浇筑混凝土基础，且需要对管道进行全包封处理，以防碾压损伤管道，而（a）断面两侧没有预留施工的工作面宽度，故选择（b）断面。

5. 事件3中钢筋进场时还需要检查：质量合格证明书、各项性能检验报告、级别、数量等。

实务操作和案例分析题二

扫码学习

【背景资料】

某公司承建一座城市桥梁，上部结构采用20m预应力混凝土简支板梁；下部结构采用重力式U形桥台，明挖扩大基础，地质勘察报告揭示桥台处地质自上而下依次为杂填土、粉质黏土、黏土、强风化岩、中风化岩、微风化岩。桥台立面如图6-9所示。

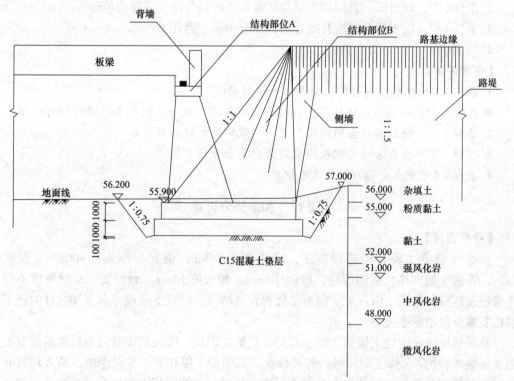

图6-9　桥台立面布置与基坑开挖断面示意图
（标高单位：m；尺寸单位：mm）

施工过程中发生如下事件：

事件1：开工前，项目部会同相关单位将工程划分为单位、分部、分项工程和检验批，编制了隐蔽工程清单，以此作为施工质量检查、验收的基础，并确定了桥台基坑开挖在该项目划分中所属的类别。

桥台基坑开挖前，项目部编制了专项施工方案，上报监理工程师审查。

事件2：按设计图纸要求，桥台基坑开挖完成后，项目部在自检合格基础上，向监理单位申请验槽，并参照表6-3通过了验收。

扩大基础基坑开挖与地基质量检验标准　　　　　　表6-3

序号	项　　目		允许偏差（mm）	检验方法
1	一般项目	基底高程 土方	0～-20	用水准仪测，四角和中心
2		基底高程 石方	＋50～-200	
3		轴线偏位	50	用C，纵横各2点
4		基坑尺寸	不小于设计规定	用D，每边各1点
5	主控项目	地基承载力	符合设计要求	检查地基承载力报告

【问题】

1. 写出图6-9中结构A、B的名称。简述桥台在桥梁结构中的作用。

2. 事件1中，项目部"会同相关单位"参与工程划分指的是哪些单位？

3. 事件1中，指出桥台基坑开挖在项目划分中属于哪几类？

4. 写出表6-3中C、D代表的内容。

【参考答案】

1. 图6-9中的结构A是台帽；结构B是锥形护坡。

桥台的作用：一边与路堤相接，以防止路堤滑塌；另一边则支承桥跨结构的端部。

2. 事件1中，项目部应会同建设单位、监理单位参与工程划分。

3. 事件1中，桥台基坑开挖在项目划分中属于分项工程。

4. 表6-3中C代表全站仪；D代表钢尺。

实务操作和案例分析题三

【背景资料】

某燃气管道工程管沟敷设施工，管线全长3.5km，钢管公称直径400mm，管壁厚8mm，管道支架立柱为槽钢焊接，槽钢厚8mm，角板厚10mm。设计要求焊缝厚度不得小于管道及连接件的最小值。总承包单位负责管道结构、固定支架及导向支架立柱的施工，热机安装分包给专业公司。

总承包单位在固定支架施工时，对妨碍其施工的顶、底板的钢筋截断后浇筑混凝土。热机安装单位的6名焊工同时进行焊接作业，其中焊工甲和焊工乙一个组，两人均具有省市场监督管理局颁发的特种作业设备人员证，并进行了焊前培训和安全技术交底。焊工甲负责管道的点固焊、打底焊及固定支架的焊接，焊工乙负责管道的填充焊及盖面焊。

热机安装单位质检人员根据焊工水平和焊接部位按比例要求选取焊口，进行射线抽检，检查发现焊工甲和焊工乙合作焊接的焊缝有两处不合格。经一次返修后复检合格。对焊工甲负责施焊的固定支架角板连接焊缝厚度进行检查时，发现固定支架角板与挡板焊接处焊缝厚度最大为6mm，角板与管道焊接处焊缝厚度最大为7mm。

【问题】

1. 总承包单位对顶、底板钢筋截断处理不妥，请给出正确做法。

2. 进入现场施焊的焊工甲、乙应具备哪些条件？

3. 质检人员选取抽检焊口有何不妥？请指出正确做法。

4. 根据背景资料，焊缝返修合格后，对焊工甲和焊工乙合作焊接的其余焊缝应该如何处理？请说明。

5. 指出背景资料中角板安装焊缝不符合要求之处，并说明理由。

【参考答案】

1. 正确做法：设计有要求的按照设计要求处理。设计没有要求的，支架立柱尺寸小于30cm的，周围钢筋应该绕过立柱，不得截断；支架立柱尺寸大于30cm的，截断钢筋并在立柱四周，满足锚固长度，附加4根同型号钢筋。如切断钢筋确有必要，也应汇报监理或建设单位，办理设计变更程序，施工单位按照变更施工。

2. 进入现场施焊的焊工甲、乙应具备的条件：必须具有锅炉压力容器压力管道特种设备操作人员资格证、焊工合格证书，且在证书的有效期及合格范围内从事焊接工作。间断焊接时间超过6个月，再次上岗前应重新考试；承担其他材质燃气管道安装的人员，必须经过培训，并经考试合格，间断安装时间超过6个月，再次上岗前应重新考试和技术评定。当使用的安装设备发生变化时，应针对该设备操作要求进行专门培训。

3. 质检人员选取抽检焊口的不妥之处及正确做法。

不妥之处一：热机安装单位质检人员进行射线抽检。

正确做法：应由总承包单位质检人员进行射线检测。

不妥之处二：质检人员根据焊工水平和焊接部位按比例要求选取焊口。

正确做法：质检人员应根据设计文件规定进行抽查，无规定时按相关标准、规范要求进行抽查。

不妥之处三：检查的顺序。

正确做法：对于焊缝的检查应该严格按照外观检验、焊缝内部射线检测、强度检验、严密性检验和通球扫线检验顺序进行，不能只进行射线检测。

4. 焊缝返修合格后，对焊工甲和焊工乙合作焊接的其他同批焊缝按规定的检验比例、检验方法和检验标准加倍抽检；对于不合格焊缝应该返修，但返修次数不得超过2次；如再有不合格时，对焊工甲和焊工乙合作焊接的全部同批焊缝进行无损检测。

5. 不符合要求之处一：角板与管道焊接处焊缝厚度最大为7mm。

理由：设计要求最小焊缝厚度为8mm。

不符合要求之处二：固定支架角板与挡板焊接。

理由：固定支架角板和支架结构接触面应贴实，但不得焊接，以免形成"死点"，发生事故。

实务操作和案例分析题四

【背景资料】

某城镇雨水管道工程为混凝土平口管，采用抹带结构，总长900m，埋深6m，场地无需降水施工。

项目部依据合同工期和场地条件，将工程划分为A、B、C三段施工，每段长300m，每段工期为30d，总工期为90d。

项目部编制的施工组织设计对原材料、沟槽开挖、管道基础浇筑制定了质量控制保证措施。其中，对沟槽开挖、平基与管座混凝土浇筑质量控制保证措施作了如下规定：

措施1：沟槽开挖时，挖掘机司机测量员测放的槽底高程和宽度成槽，经人工找平压实后进行下道工序施工。

措施2：平基与管座分层浇筑，混凝土强度须满足设计要求；下料高度大于2m时，采用串筒或溜槽输送混凝土。

项目部还编制了材料进场计划，并严格执行进场检验制度。由于水泥用量小，按计划用量在开工前一次进场入库，并做了见证取样试验。混凝土管按开槽进度及时进场。

由于C段在第90天才完成拆迁任务，使工期推迟30d。浇筑C段的平基混凝土时，监理工程师要求提供所用水泥的检测资料后再继续施工。

【问题】

1. 项目部制定的质量控制保证措施中还缺少哪些项目？

2. 指出质量保证措施1和措施2存在的错误或不足之处，并改正或补充完善。

3. 为什么必须提供所用水泥检测资料后方可继续施工？

【参考答案】

1. 项目部制定的质量保证措施中还缺少沟槽支护、钎探、管道安装、检查井砌筑、管道回填的控制措施。

2. 质量保证措施1存在的错误或不足之处：

（1）不妥之处一：根据测量员测放的槽底高程和宽度成槽不妥。

正确做法：机械开挖时，槽底应预留200～300mm土层，由人工开挖至设计高程、整平。

（2）不妥之处二：经人工找平压实后进行下道工序施工不妥。

正确做法：槽底应该经设计单位、勘察单位、监理单位和施工单位共同验槽，验槽合格后进行下一道工序施工。

质量保证措施2要完善的内容：平基、管座分层浇筑时，应先将平基凿毛冲洗干净，并将平基与管体相接触的腋角部位用同强度等级的水泥砂浆填满捣实后，再浇筑混凝土。

3. 监理要求提供水泥检测资料后再施工的理由：水泥出厂超过3个月，应重新取样试验，由试验单位出具水泥试验（合格）报告。

实务操作和案例分析题五

【背景资料】

A公司承建中水管道工程，全长870m，管径DN600mm。管道出厂由南向北垂直下穿快速路后，沿道路北侧绿地向西排入内湖，管道覆土3.0～3.2m，管材为碳素钢管，防腐层在工厂内施作。施工图设计建议：长38m下穿快速路的管段采用机械顶管法施工混凝土套管；其余管段全部采用开槽法施工。施工区域土质较好，开挖土方可用于沟槽回填，施工时可不考虑地下水影响。依据合同约定，A公司将顶管施工分包给B专业公司。开槽段施工从西向东采用流水作业。

施工过程发生如下事件：

事件1：质量员发现个别管段沟槽胸腔回填存在采用推土机从沟槽一侧推土入槽不当施工现象，立即责令施工队停工整改。

事件2：由于发现顶管施工范围内有不明管线，B公司项目部征得A公司项目负责人同意，拟改用人工顶管方法施工混凝土套管。

事件3：质量安全监督部门例行检查时，发现顶管坑内电缆破损较多，存在严重安全隐患，对A公司和建设单位进行通报批评；A公司对B公司处以罚款。

事件4：受局部拆迁影响，开槽施工段出现进度滞后局面，项目部拟采用调整工作关系的方法控制施工进度。

【问题】

1. 分析事件1中施工队不当施工可能产生的后果，并写出正确做法。

2. 事件2中，机械顶管改为人工顶管时，A公司项目部应履行哪些程序？

3. 事件3中，A公司对B公司的安全管理存在哪些缺失？A公司在总分包管理体系中应对建设单位承担什么责任？

4. 简述调整工作关系方法在本工程的具体应用。

【参考答案】

1. 可能造成的后果有：管道侧移（或位移），偏离设计位置；管道腋角回填不实，回填土层厚度控制不准，管道变形。

正确做法：管道两侧和管顶以上500mm范围内的回填材料，应由沟槽两侧对称运入槽内，不得直接扔在管道上。每层回填土虚铺厚度宜为200～300mm，管道两侧回填土高差不超过300mm。

2. 施工方应当根据施工合同，向监理工程师提出变更申请，监理工程师进行审查，将审查结果通知承包人，监理工程师向承包人提出变更令。

机械顶管改成人工顶管时，A公司项目部应重新编制顶管专项施工方案，并重新组织专家进行论证。经施工单位技术责任人、项目总监理工程师、建设单位项目负责人签字后组织实施。向道路权属部门重新办理穿越道路占用的变更手续。

3. A公司未对进场电气设备安全验收，施工过程未进行安全检查，以罚代查。A公司作为总包单位应当就B公司承担的分包工程向建设单位承担连带责任。

4. 可以采用的调整工作关系的方式有：开槽施工段和顶管施工段同时开始施工，开槽段的沟槽开挖、管道敷设、管道焊接、管道回填等施工过程可以组织流水施工，本工程属于线性工程，可以多点分段施工，搭接作业，加快施工进度。受拆迁影响的部位可以放在最后完成。

实务操作和案例分析题六

【背景资料】

某公司中标承建中压A天然气直埋管线工程，管道直径DN300mm，长度1.5km，由节点①至节点⑩，其中节点⑦、⑧分别为30°的变坡点，如图6-10所示。项目部编制了施工组织设计，内容包括工程概况、编制依据、施工安排、施工准备等。在沟槽开挖过程中，遇到地质勘察时未探明的墓穴。项目部自行组织人员、机具清除了墓穴，并进行换填级配砂石处理。导致增加了合同外的工作量。管道安装焊接完毕，依据专项方案进行清扫与试验。管道清扫由①点向⑩点方向分段进行。清扫过程中出现了卡球的迹象。

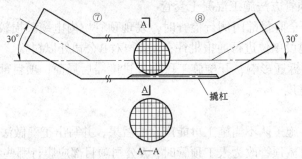

图6-10 管道变坡点与卡球示意图

根据现场专题会议要求切开⑧点处后，除发现清扫球外，还有一根撬杠。调查确认是焊工为预防撬杠丢失临时放置在管腔内，但忘记取出。会议确定此次事故为质量事故。

【问题】

1. 补充完善燃气管道施工组织设计内容。

2. 项目部处理墓穴所增加的费用可否要求计量支付？说明理由。

3. 简述燃气管道清扫的目的和清扫应注意的主要事项。

4. 针对此次质量事故，简述项目部应采取的处理程序和加强哪些方面的管理。

【参考答案】

1. 施工组织设计还包括：施工总体部署、施工现场平面布置、施工技术方案、主要施工保证措施。

2. 项目部处理墓穴的费用不可以按要求进行计量支付。

理由：施工过程中发现地质未探明的墓穴，应及时通知监理工程师和建设单位，由设计方来拿出处理方案，并由监理工程师发出变更指令，按设计变更处理，并在变更实施后14d内就变更增加的费用和工期提出变更报告，而本案例中施工方自行处理，按规定程序上是不合法也不合规的，不应给予计量。

3. 燃气管道清扫的目的：清除管道内残存的水、尘土、铁锈、焊渣等杂物。

管道清扫的注意事项：（1）扫球直径与管径相匹配；（2）清扫压力控制。

4. 项目部应采取的处理程序：

（1）事故调查项目负责人及时按法定的时间和程序报告事故，调查结果写成调查报告；

（2）事故的原因分析，找出造成事故的主要原因；

（3）制定事故处理的方案，确定是否进行处理和怎么样处理；

（4）进行事故处理；

（5）事故处理的鉴定验收；

（6）提交处理报告。

项目部应加强以下方面的管理：

（1）对工作人员进行必要的技术培训；

（2）做好安全技术交底工作；

（3）加强施工过程管理，规范操作规程；

（4）加强项目部材料、工具的领取归还的制度。

实务操作和案例分析题七

【背景资料】

某公司项目部施工的桥梁基础工程，灌注桩混凝土强度为C25，直径1200mm，桩长18m。承台、桥台的位置如图6-11所示，承台的桩位编号如图6-12所示。

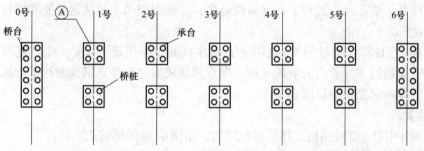

图6-11　承台桥台位置示意图

事件1：项目部依据工程地质条件，安排4台反循环钻机同时作业，钻机工作效率为每2d完成一根桩。在前12d，完成了桥台的24根桩，后20d要完成10个承台的40根桩。承台施工前项目部对4台钻机作业划分了区域，见图6-13，并提出了要求：①每台钻机完成10根桩；②一座承台只能安排1台钻机作业；③同一承台两桩施工间隙时间为2d。1号钻机工作进度安排及2号钻机部分工作进度安排如图6-14所示。

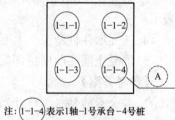

注：(1-1-4)表示1轴-1号承台-4号桩

图6-12　承台钻孔编号图

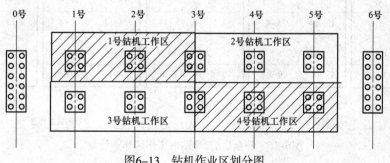

图6-13　钻机作业区划分图

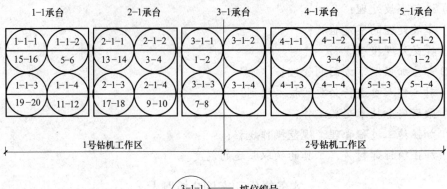

注：
$$\begin{matrix} 3-1-1 \\ \hline 1-2 \end{matrix}$$ —— 桩位编号
—— 工作日期
(第1天～第2天)

图6-14　1号钻机、2号钻机工作进度安排示意图

事件2：项目部对已加工好的钢筋笼做了相应标识，并且设置了桩顶定位吊环连接筋，钻机成孔、清孔后，监理工程师验收合格，立刻组织吊车吊放钢筋笼和导管，导管底部距孔底0.5m。

事件3：经计算，编号为3-1-1的钻孔灌注桩混凝土用量为 $A\,m^3$，商品混凝土到达现场后施工人员通过在导管内安放隔水球、导管顶部放置储灰斗等措施灌注了首罐混凝土，经测量导管埋入混凝土的深度为2m。

【问题】

1. 事件1中补全2号钻机工作区作业计划，用图6-14的形式表示。

2. 钢筋笼标识应有哪些内容？

3. 事件2中吊放钢筋笼入孔时桩顶高程定位连接筋长度如何确定，用计算公式（文字）表示。

4. 按照灌注桩施工技术要求，事件3中 A 值和首罐混凝土最小用量各为多少？

5. 混凝土灌注前项目部质检员对到达现场商品混凝土应做哪些工作？

【参考答案】

1. 补全后的钻机工作计划（见图6-15）。

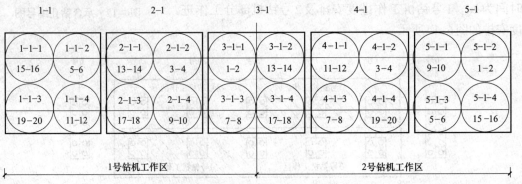

图6-15　补全后的2号钻机工作区作业计划

2. 钢筋笼标识应有桩位编号、检验合格的标识牌。

3. 连接筋长度＝孔口高程－桩顶高程－预留筋长度＋焊口搭接长度。

4. $A=\pi R^2 h=3.14\times0.6^2\times(18+0.5\sim1)=20.9\sim21.5\mathrm{m}^3$（$h=$桩长$+0.5\sim1\mathrm{m}$）；首罐混凝土量为：$3.14\times0.6^2\times2.5=2.83\mathrm{m}^3$。

5. 混凝土灌注前质检员应做混凝土坍落度试验、制作试件（块）。

实务操作和案例分析题八

【背景资料】

某项目部承建一城市主干路工程。该道路总长 2.6km，其中 0K+550～1K+220 穿过农田，地表存在 0.5m 的种植土。道路宽度为 30m，路面结构为：20cm 石灰稳定土底基层，40cm 石灰粉煤灰稳定砂砾基层，15cm 热拌沥青混凝土面层；路基为 0.5m～1.0m 的填土。

在农田路段路基填土施工时，项目部排除了农田积水，在原状地表土上填方 0.2m，并按≥93% 的压实度标准（重型击实）压实后达到设计路基标高。

底基层施工过程中，为了节约成本，项目部就地取土（包括农田地表土）作为石灰稳定土用土。

基层施工时，因工期紧，石灰粉煤灰稳定砂砾基层按一层摊铺，并用 18t 重型压路机一次性碾压成型。

沥青混凝土面层施工时正值雨期，项目部制定了雨期施工质量控制措施：（1）加强与气象部门、沥青拌合厂的联系，并根据雨天天气变化，及时调整产品供应计划；（2）沥青混合料运输车辆采取防雨措施。

【问题】

1. 指出农田路段路基填土施工措施中的错误，请改正。
2. 是否允许采用农田地表土作为石灰稳定土用土？说明理由。
3. 该道路基层施工方法是否合理？说明理由。
4. 沥青混凝土面层雨期施工质量控制措施不全，请补充。

【参考答案】

1. 农田路段路基填土施工措施中的错误及改正如下。

（1）错误之处：排除了农田积水就在原状地表土上填方。

改正：还应清除树根、杂草、淤泥等。

（2）错误之处：按≥93% 的压实度标准（重型击实）压实。

改正：按≥95% 的压实度标准（重型击实）压实。

2. 不允许采用农田地表土作为石灰稳定土用土。

理由：农田地表土中存在杂草等，有机物含量过高。

3. 该道路基层施工方法不合理。

理由：石灰粉煤灰砂砾基层每层最大岩石厚度为 20cm，厚 40cm 的石灰粉煤灰砂砾基层应分两层摊铺、碾压。

4. 沥青混凝土面层雨期施工质量控制措施的补充：工地上应做到及时摊铺、及时完成碾压。对于双层式施工，雨后应注意清扫干净底层，以确保两层紧密结合为一个整体。在旧路面上加铺沥青混凝土面层，更要注意。

实务操作和案例分析题九

【背景资料】

某市政道路排水管道工程长2.24km，道路宽度30m。其中，路面宽18m，两侧人行道各宽6m；雨、污水管道位于道路中线两边各7m。路面为厚220mm的C30水泥混凝土；基层为厚200mm石灰粉煤灰碎石；底基层为厚300mm、剂量为10%的石灰土。工程从当年3月5日开始，工期共计300d。施工单位中标价为2534.12万元（包括措施项目费）。

招标时，设计文件明确：地面以下2.4～4.1m会出现地下水，雨、污水管道埋深在4～5m。

施工组织设计中，明确石灰土雨期施工措施为：（1）石灰土集中拌合，拌合料遇雨加盖苫布；（2）按日进度进行摊铺，进入现场石灰土，随到随摊铺；（3）未碾压的料层受雨淋后，应进行测试分析，决定处理方案。

对水泥混凝土面层冬期施工措施为：（1）连续5d平均气温低于－5℃或最低气温低于－15℃时，应停止施工；（2）使用的水泥掺入10%粉煤灰；（3）对搅拌物中掺加优选确定的早强剂、防冻剂；（4）养护期内应加强保温、保湿覆盖。

施工组织设计经项目经理签字后，开始施工。当开挖沟槽后，出现地下水。项目部采用单排井点降水后，管道施工才得以继续进行。项目经理将降水费用上报，要求建设单位给予赔偿。

【问题】

1. 补充底基层石灰土雨期施工措施。

2. 水泥混凝土面层冬期施工所采取措施中有不妥之处并且不全面，请改正错误并补充完善。

3. 施工组织设计经项目经理批准后就施工，是否可行？应如何履行手续才是有效的？

4. 项目经理要求建设单位赔偿降水费用的做法不合理，请说明理由。

【参考答案】

1. 补充底基层石灰土雨期施工措施：集中摊铺、集中碾压，当日碾压成型；摊铺段不宜过长；及时开挖排水沟或排水坑，以便尽快排除积水。

2. 不妥之处：水泥中掺入粉煤灰。

补充完善：水泥应选用水化总热量大的R型水泥或单位水泥用量较多的32.5级水泥。搅拌机出料温度不得低于10℃，混凝土拌合物的摊铺温度不应低于5℃。当气温低于0℃或浇筑温度低于5℃时，应将水和砂石料加热后搅拌，最后放入水泥，水泥严禁加热。混凝土板浇筑前，基层应无冰冻、不积冰雪；拌合物中不得使用带有冰雪的砂、石料，可加经优选确定的防冻剂、早强剂；冬期养护时间不少于28d，养护期应经常检查保温、保湿隔离膜，保持其完好，并应按规定检测气温与混凝土面层温度，确保混凝土面层最低温度不低于5℃。混凝土板的弯拉强度低于1MPa或抗压强度低于5MPa时，严禁遭受冰冻。

3. 施工组织设计经项目经理批准后就施工不可行。

施工组织设计必须经上一级技术负责人进行审批加盖公章方为有效，并须填写施工组织设计审批表（合同另有规定的，按合同要求办理）。在施工过程中发生变更时，应有变更审批手续。

4. 招标时的设计文件明确了地面以下2.4～4.1m会出现地下水，施工单位在投标报价时就应该考虑施工排水降水费，而且施工单位的中标报价中措施项目费包括施工排水、降水费，因此，要求建设单位赔偿降水费用的做法不合理。

实务操作和案例分析题十

【背景资料】

某公司承建城市主干道改造工程，其结构为二灰土底基层、水泥稳定碎石基层和沥青混凝土面层，工期要求当年5月完成拆迁，11月底完成施工。由于城市道路施工干扰因素多，有较大的技术难度，项目部提前进行了施工技术准备工作。

水泥稳定碎石基层施工时，项目部在城市外设置了拌合站；为避开交通高峰时段，夜间运输，白天施工。检查发现水泥稳定碎石基层表面出现松散、强度值偏低的质量问题。

项目部依据冬期施工方案，选择在全天最高温度时段进行沥青混凝土摊铺碾压施工。经现场试测，试验段的沥青混凝土面层的压实度、厚度、平整度均符合设计要求，自检的检验结论为合格。

为确保按期完工，项目部编制了详细的施工进度计划，实施中进行动态调整；完工后，依据进度计划、调整资料对施工进行总结。

【问题】

1. 本项目的施工技术准备工作应包括哪些内容？

2. 分析水泥稳定碎石基层施工出现质量问题的主要原因。

3. 结合本工程，简述沥青混凝土冬期施工的基本要求。

4. 项目部对沥青混凝土面层自检合格的依据充分吗？如不充分，还应补充哪些？

5. 项目部在施工进度总结时的资料依据是否全面？如不全面，请予以补充。

【参考答案】

1. 本项目的施工技术准备工作应包括：编制施工组织设计、熟悉设计文件、技术交底和测量放样。

2. 水泥稳定碎石基层施工出现质量问题的主要原因：夜间运输，白天铺筑，造成水泥稳定碎石粒料堆置时间过长，超过水泥的初凝时间，水泥强度已经损失。

3. 沥青混凝土冬期施工的基本要求。

（1）城市快速路、主干路的沥青混合料面层严禁冬期施工。次干路及其以下道路在施工温度低于5℃时，应停止施工；粘层、透层、封层严禁冬期施工。

（2）必须进行施工时，适当提高拌合、出厂及施工温度。运输中应覆盖保温，并应达到摊铺和碾压的温度要求。下承层表面应干燥，清洁，无冰、雪、霜等。施工中做好充分准备，采取"快卸、快铺、快平"和"及时碾压、及时成型"的方针。摊铺时间宜安排在一日内气温较高时进行。

4. 项目部对沥青混凝土面层自检合格的依据不充分。

路面检验项目还应包括弯沉值、宽度、中线高程、横坡、井框与路面的高差。

5. 项目部在施工进度总结时的资料依据不全面。

施工进度总结的依据资料还应包括：施工进度计划执行的实际记录和施工进度计划检查结果。

实务操作和案例分析题十一

【背景资料】

某工程公司甲承建一座生活垃圾填埋场工程，该垃圾填埋场采用泥质防渗工艺，设计日消纳量750t。

（1）施工合同签订后，项目经理部依据设计图和技术文件，对工程的控制点进行复测，发现设计图上垃圾填埋场道路出口的位置与现有道路有偏差，必须扩建一座小桥并且将桥头路改造与现有道路接顺。项目经理部将此发现以书面报告形式反馈给设计单位进行协商，接到了补充设计图和资料。为了抢工期，项目经理下令立即动工改、扩建小桥，以便填埋场开工后可先用作施工用道路。

（2）项目经理部根据质量计划对确定的材料供应商进行招标采购膨润土，采购部门审查了中标供应商的产品三证和产品试验报告，认为符合要求，决定立即从该供应商进货。

（3）项目技术负责人根据本单位已圆满完成的多个大型填埋场的经验，认为无需再作施工技术交底，在收到膨润土材料后，立即令各施工队按图开展泥质防渗层施工作业，对本场地土与膨润土掺量的最佳配合比采用上一个同类工程的配合比。

（4）项目部在泥质防渗层施工过程中实行了分层压实。因当时质检人员少，施工面大，项目技术负责人同意隔一层检验一次压实度。填埋场投入使用后的渗漏检验结果表明，该填埋场发生了渗沥液渗漏现象。

【问题】

1. 项目经理部在复测以及小桥与桥头路改造问题上的做法存在不妥之处吗？请说明。
2. 项目经理部在膨润土采购问题上的做法存在不妥之处吗？若存在，请指正。
3. 项目部技术负责人在技术交底、配合比确定问题上的做法对吗？为什么？
4. 项目部技术负责人在压实度检验方面存在的问题是什么？

【参考答案】

1. 项目部对设计资料进行现场复测并将发现的问题以书面形式报告设计方并进行协商，做得对但还不够，至少还应以书面形式报告监理工程师。在接到补充设计图和资料后，项目部未向本公司上一级技术负责人和监理工程师提交施工组织设计并获批准，也未得到监理工程师下达的开工令，即自行开工的做法错误。

2. 项目经理部按质量计划，对确定的材料供应商进行招标采购的做法正确，但只审查了中标供应商的产品三证和产品试验报告是不够的，还应请监理工程师对膨润土取样、检验或见证取样进行检验，检验合格后方可进货。

3. 项目部技术负责人以过去的经验为准，未对全体施工人员作技术交底，又无书面交底材料，便组织泥质防渗层施工作业的做法错误。项目部技术负责人在配合比确定方面存在的问题是，膨润土的掺量以及"最佳配合比"是采用上个工程的数值，因此，该配合比就不是本工程的最佳配合比，可能会产生泥质防渗层成本增加和防渗性能不符合标准的问题。

4. 项目部技术负责人在压实度检验方面存在的问题：项目技术负责人擅自同意隔一次测一次压实度，造成大批压实情况漏测，质量控制未做到"同步检验"。

实务操作和案例分析题十二

【背景资料】

某工程公司中标承包一城市道路施工项目，道路总长15km，其中包括一段燃气管线的敷设。工程建设工期很紧。为抓紧时间，该公司很快组成项目经理部，项目部进行了临建。项目部拿到设计院提供的设计施工图，决定立即开始施工，监理工程师尚未到场。开工后项目部组织人员编制了施工组织设计，其内容包括工程概况、施工方案、施工进度计划、安全措施、文明施工、环保措施以及辅助配套施工措施几个方面。编制完成后报上级审批，但上级退回要求补充完善。

整个项目实施顺利，在竣工验收前有关部门进行施工技术文件预验收时，发现项目部人员正在补填许多施工过程文件，且施工技术文件不完全。

【问题】

1. 说明退回该施工组织设计的原因及完善内容。

2. 项目部开工过程主要错误是什么？

3. 燃气管线的施工要分包给其他施工单位，总包方如何确定分包方？在确定分包方过程中主要考察哪些方面？

4. 现场项目经理部，按常规应设立一些什么标牌？

5. 施工技术文件的编制过程有什么问题？

【参考答案】

1. 退回该施工组织设计的原因是：该施工组织设计未考虑工程包括一段燃气管线的敷设这一特殊情况以及应采取的措施并且不完善。

应完善的内容包括：(1) 施工平面布置图；(2) 施工部署和管理体系；(3) 质量保证体系；(4) 施工方法及技术措施，即结合市政公用工程特点和由施工组织设计安排的、工程需要所应采取的相应方法与技术措施（在此例中表现为包括一段燃气管线的敷设这一特殊情况）。

2. 项目部开工过程主要错误为未向监理工程师提交开工申请报告，并应按监理工程师下达的开工令指定的日期开工。

3. 燃气管线的施工要分包给其他施工单位，总包方应这样确定分包人：对确须分包的项目，采取由总包人组织进行招标，由监理、设计与总包人共同组成评审小组对分包招标过程进行监控，以保证分包工程的质量。在确定分包人过程中，应主要考察分包人的安全施工资格和安全生产保证体系。

4. 现场项目经理部，按常规应设立的一些标牌包括：(1) 工程概况牌：工程名称、面积、层数、建设单位、设计单位、施工单位、监理单位、开竣工日期、项目负责人以及联系电话；(2) 安全生产牌；(3) 消防安全牌；(4) 管理人员名单及监督电话牌；(5) 文明施工牌；(6) 施工现场总平面图。

5. 施工技术文件的编制过程的问题是在施工之前，施工单位必须编制施工组织设计，此例中项目部人员在竣工验收前补填许多施工过程文件不合规范。

实务操作和案例分析题十三

扫码学习

【背景资料】

某公司承建一座城市桥梁。该桥上部结构为6×20m简支预制预应力混凝土空心板梁，每跨设置边梁2片，中梁24片；下部结构为盖梁及ϕ1000mm圆柱式墩，重力式U形桥台，基础均采用ϕ1200mm钢筋混凝土钻孔灌注桩。桥墩构造如图6-16所示。

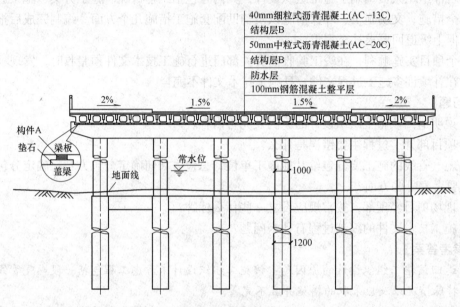

图6-16 桥墩构造示意图（单位：mm）

开工前，项目部对该桥划分了相应的分部、分项工程和检验批，作为施工质量检查、验收的基础。划分后的分部（子分部）、分项工程及检验批对照表如表6-4所示。

桥梁分部（子分部）、分项工程及检验批对照表（节选）　　　　　表6-4

序号	分部工程	子分部工程	分项工程	检验批
1	地基与基础	灌注桩	机械成孔	54（根桩）
			钢筋笼制作与安装	54（根桩）
			C	54（根桩）
		承台	…	…
2	墩台	现浇混凝土墩台	…	…
		台背填土	…	…
3	盖梁		D	E
			钢筋	E
			混凝土	E
…	…	…	…	…

工程完工后，项目部立即向当地工程质量监督机构申请工程竣工验收，该申请未被受理。此后，项目部按照工程竣工验收规定对工程进行全面检查和整修，确认工程符合竣工验收条件后，重新申请工程竣工验收。

【问题】

1. 写出图6-16中构件A和桥面铺装结构层B的名称，并说明构件A在桥梁结构中的作用。

2. 列式计算图6-16中构件A在桥梁中的总数量。

3. 写出表6-4中C、D和E的内容。

4. 施工单位应向哪个单位申请工程竣工验收？

5. 工程完工后，施工单位在申请工程竣工验收前应做好哪些工作？

【参考答案】

1. 构件A为：桥梁支座；桥面铺装结构层B为：粘结层（油）。

构件A在桥梁结构中的作用：在桥跨结构与桥墩或桥台的支承处起传力（或传递荷载）作用。桥梁支座不仅要传递很大的荷载，并且还要保证桥跨结构能产生一定的变位（或位移）。

2. 方法一：以空心板梁数量为基础进行计算。

（1）全桥空心板数量：6×26＝156片。

（2）构件A的总数量：4×156＝624个。

方法二：以墩台数量为基础进行计算。

（1）全桥共有桥墩5座、桥台2座。

（2）每桥跨有空心板梁26片，每片空心板一端需构件A的数量为2个。

（3）每桥墩（盖梁）上需构件A的数量为：2×26×2＝104个。

每桥台上需构件A的数量为：1×26×2＝52个。

（4）构件A的总数量：5×104＋2×52＝624个。

3. C：混凝土灌注；D：模板与支架；E：5个盖梁（或每个盖梁）。

4. 施工单位向建设单位提交工程竣工报告，申请工程竣工验收。

5. 施工单位在申请工程竣工验收前应做好的工作有：

（1）工程项目自检合格。

（2）监理单位组织的预验收合格。

（3）施工资料、档案完整。

（4）建设主管部门及工程质量监督机构责令整改的问题全部整改完毕。

实务操作和案例分析题十四

【背景资料】

某城市道路工程改建项目，施工承包商考虑到该工程受自然条件的影响较大，为了充分利用有限资金，以最少的消耗、最快的速度确保工程优质，创造最好的经济效益和社会效益，加强了对前期质量控制工作。具体控制工作包括：

（1）对道路工程前期水文、地质进行实地调查。调查主要从路线方面、路基方面和路面方面进行。

（2）对道路沿线施工影响范围内进行环境与资源调查。

（3）做好城市道路的施工准备工作。施工准备工作的内容主要有组织准备、技术准备、物资准备和现场准备。

该工程在施工过程中和施工结束后，施工项目经理部均对其质量控制进行总结、改正、纠正和预防。

【问题】

1. 施工单位对道路工程进行前期水文、地质调查的作用是什么？

2. 施工单位对道路沿线施工影响范围内的环境调查包括哪些内容？对道路沿线境域进行资源调查包括哪些内容？

3. 项目经理部在施工前的组织准备、技术准备、现场准备分别包括哪些内容？

4. 项目经理部在项目质量控制总结、改正、纠正和预防的过程中，对不合格的控制应符合哪些规定？

【参考答案】

1. 施工单位对道路工程进行前期水文、地质调查的作用：确定路线、小桥涵与构筑物位置以及施工方案，为施工组织设计提供依据。

2. （1）对道路沿线施工影响范围内进行环境调查应包括地形、地貌、地上地下构造物与建筑物、社会状况、人文状况、现有交通状况、洪汛及防洪防汛状况、文物保护、环境治理状况等。

（2）对道路沿线境域进行资源调查应包括社会经济状况、地方材料资源分布和生产能力及价格、外运材料物资能力及价格、运输条件、人力资源、土地资源、水、电、通信、居住等状况。

3. （1）项目经理部在施工前的组织准备包括组建施工组织机构和建立生产劳动组织。

（2）项目经理部在施工前的技术准备包括熟悉设计文件，编制施工组织设计，进行技术交底和测量放样。

（3）项目经理部在施工前的现场准备包括拆迁工作、临时设施施工、交通和环境保护、文明施工。

4. 项目经理部在项目质量控制总结、改正、纠正和预防的过程中，对不合格的控制应符合的规定包括：

（1）应按企业的不合格控制程序，控制不合格物资进入项目施工现场，严禁不合格工序未经处置而转入下道工序；

（2）对验证中发现的不合格产品和过程，应按规定进行鉴别、标志、记录、评价、隔离和处置；

（3）应进行不合格评审；

（4）不合格处置应根据不合格严重程度，按返工、返修或让步接收、降级使用、拒收或报废4种情况进行处理。构成等级质量事故的不合格，应按国家法律、行政法规进行处置；

（5）对返修或返工后的产品，应按规定重新进行检验和试验，并应保存记录；

（6）进行不合格让步接收时，项目经理部应向发包人提出书面让步接收申请，记录不合格程度和返修的情况，双方签字确认让步接收协议和接收标准；

（7）对影响建筑主体结构安全和使用功能的不合格产品，应邀请发包人代表或监理工程师、设计人，共同确定处理方案，报工程所在地建设主管部门批准；

（8）检验人员必须按规定保存不合格控制的记录。

实务操作和案例分析题十五

【背景资料】

某城市热力管道工程，施工单位根据设计单位提供的平面控制网点和城市水准网点，按照支线、支干线、主干线的次序进行了施工定线测量后，用皮尺丈量定位固定支架、补偿器、阀门等的位置。在热力管道实施焊接前，根据焊接工艺试验结果编写了焊接工艺方案，并按该工艺方案实施焊接。在焊接过程中，焊接纵向焊缝的端部采用定位焊，焊接温度在−5℃以下焊接时，先进行预热后焊接，焊缝部位的焊渣在焊缝未完全冷却之前经敲打而除去。在焊接质量检验过程中，发现有不合格的焊接部位，经过4次返修后达到质量要求标准。

【问题】

1. 施工单位在管线工程定线测量时有何不妥之处？并改正。

2. 焊接工艺方案应包括哪些主要内容？

3. 该施工单位在焊接过程中和焊接质量检验过程中存在哪些不妥之处？并改正。

4. 热力管道焊接质量的检验次序是什么？

【参考答案】

1. 施工单位在管线工程定线测量时的不妥之处及正确做法如下：

（1）不妥之处：按照支线、支干线、主干线的次序进行施工定线测量。

正确做法：应按主干线、支干线、支线的次序进行施工定线测量。

（2）不妥之处：用皮尺丈量定位固定支架、补偿器、阀门等的位置。

正确做法：管线中的固定支架、地上建筑、检查室、补偿器、阀门可在管线定位后，用钢尺丈量方法定位。

2. 焊接工艺方案应包括：

（1）管材、板材性能和焊接材料；

（2）焊接方法；

（3）坡口形式及制作方法；

（4）焊接结构形式及外形尺寸；

（5）焊接接头的组对要求及允许偏差；

（6）焊接电流的选择；

（7）焊接质量保证措施；

（8）检验方法及合格标准。

3. 施工单位在焊接过程中和焊接质量检验过程中存在的不妥之处及正确做法如下：

（1）不妥之处：焊接纵向焊缝的端部采用定位焊。

正确做法：在焊接纵向焊缝的端部不得进行定位焊。

（2）不妥之处：焊接温度在−5℃以下焊接时先进行预热后焊接。

正确做法：焊接温度在0℃以下焊接时就应该先进行预热后焊接。

（3）不妥之处：焊缝部位的焊渣在焊缝未完全冷却之前经敲打而除去。

正确做法：在焊缝未完全冷却之前，不得在焊缝部位进行敲打。

（4）不妥之处：不合格的焊接部位经过4次返修后达到质量要求标准。

正确做法：不合格的焊接部位，应采取措施进行返修，同一部位焊缝的返修次数不得超过2次。

4. 热力管道焊接质量的检验次序：对口质量检验→表面质量检验→无损探伤检验→强度和严密性试验。

实务操作和案例分析题十六

【背景资料】

甲项目部在北方地区承担N市主干路道路工程施工任务，设计快车道宽12m，辅路宽10m。项目部应建设单位要求，将原计划安排在次年4月上旬施工的沥青混凝土面层，提前到当年10月下旬施工，抢铺出一条快车道以便于缓解市区的交通拥堵情况。施工图设计中要求基层采用石灰粉煤灰稳定砂砾，面层采用沥青混合料施工。

在基层施工过程中的一些情况如下：

（1）通过配合比试验确定相关的指标；

（2）混合料拌成后的平均堆放时间为31h；

（3）拌成后的混合料的含水量略小于最佳含水量。

沥青混合料面层施工严格按《城镇道路工程施工与质量验收规范》CJJ 1—2008的规定对其质量进行控制。某段道路的施工正赶上雨期。

【问题】

1. 沥青混凝土按集料最大粒径可分哪几种？

2. 为保证本次沥青面层的施工质量应准备几台摊铺机？如何安排施工操作？

3. 在临近冬期施工的低温情况下，碾压温度和碾压终了温度各控制在多少度（℃）？

4. 道路土路基在雨期施工的质量控制要求有哪些？

【参考答案】

1. 沥青混凝土按集料最大粒径可分为特粗式、粗粒式、中粒式、细粒式、砂粒式5种。

2. 为保证本次沥青面层的施工质量应准备两台以上摊铺机。城市主干路宜采用两台以上摊铺机联合摊铺，其表面层宜采用多机全幅摊铺，以减少施工接缝。每台摊铺机的摊铺宽度宜小于6m。通常采用2台或多台摊铺机前后错开10～20m呈梯队方式同步摊铺，两幅之间应有30～60mm宽度的搭接，并应避开车道轮迹带，上下层搭接位置宜错开200mm以上。

3. 在临近冬期施工的低温情况下，碾压温度控制在120～150℃，碾压终了温度控制在65～80℃。

4. 道路土路基在雨期施工的质量控制要求：有计划地集中力量，组织快速施工，分段开挖，切忌全面开花或战线过长。挖方地段要留好横坡，做好截水沟。坚持当天挖完、填完、压完，不留后患。因雨翻浆地段，坚决换料重做。对低洼处等不利地段，应优先安排施工，宜在主汛期前填土至汛限水位以上，且做好路基表面、边坡与排水防冲刷措施。路基填土施工，应留4%以上的横坡，每日收工前或预报有雨时，应将已填土整平压实，防止表面积水和渗水，将路基泡软。施工时，坚持遇雨要及时检查，发现路槽积水尽快排除；雨后及时检查，发现翻浆要彻底处理，挖出全部软泥，大片翻浆地段尽量利用推土机等机械铲除，小片翻浆相距较近时应一次挖通处理，一般采用石灰石或砂石材料填好压好。

实务操作和案例分析题十七

【背景资料】

北方某城市拟对本市的给水系统进行全面改造，通过招标投标方式，选择了甲公司作为施工总承包单位。

在给水厂站施工过程中，对降水井的布置提出以下要求：

（1）降水井的布置在地下水补给方向适当减少，排泄方向适当加密。

（2）面状基坑采用单排降水井，布置在基坑外缘一侧。

（3）在基坑运土通道出口两侧不应设置降水井。

为了保证滤池的过滤效果，施工项目部对滤池施工过程中的每个环节都进行了严格控制。施工期内，由于基坑内地下水位急剧上升，使基坑内的构筑物浮起，为此，提出了抗浮措施。

【问题】

1. 对本工程中降水井布置的各要求是否妥当？若存在不妥之处，请改正。

2. 为保证滤池的过滤效果，施工项目部应严格控制哪些环节的施工质量？

3. 基坑内构筑物施工中的基本抗浮措施有哪些？

【参考答案】

1. 本工程中对降水井布置要求的不妥之处及正确做法如下：

（1）不妥之处：降水井的布置在地下水补给方向适当减少，排泄方向适当加密。

正确做法：降水井的布置在地下水补给方向适当加密，排泄方向适当减少。

（2）不妥之处：面状基坑采用单排降水井，并布置在基坑外缘一侧。

正确做法：面状基坑宜在基坑外缘设置封闭状布置。

（3）不妥之处：在基坑运土通道出口两侧不应设置降水井。

正确做法：在基坑运土通道出口两侧应增设降水井，其外延长度不少于通道口宽度的1倍。

2. 为了保证滤池的过滤效果，应严格控制施工质量的以下主要环节：

（1）对滤头、滤板、滤梁逐一检验、核对及清理；

（2）地梁与支承梁位置准确度符合设计要求；

（3）滤梁安装的水平精度应符合相关规范规定；

（4）滤板安装不得有错台；

（5）滤板间以及滤板与池壁间缝隙封闭符合设计要求；

（6）用应力扳手按设计要求检查滤头紧固度；

（7）滤头安装后须做通气试验；

（8）严格控制滤料支承层和滤料铺装层厚度及平整度；

（9）滤料铺装后，须做反冲洗试验，通气通水检查反冲效果。

3. 基坑内构筑物施工中的抗浮措施包括：

（1）构筑物下及基坑内四周埋设排水盲管（盲沟）和抽水设备，一旦发生基坑内积水随即排除；

（2）选择可靠的降低地下水位方法，严格进行排降水工程施工，对排水降水所用机具随时做好保养维护，并有备用机具；

（3）备有应急供电和排水设施，并保证其可靠性；

（4）可能时，允许地下水和外来水进入构筑物，使构筑物内外无水位差，以减少浮力值；

（5）雨期施工，基坑四周设防汛墙，防止外来水进入基坑；

（6）建立防汛组织，强化防汛工作。

实务操作和案例分析题十八

【背景资料】

某市政工程，监理单位承担了施工招标代理和施工监理任务。工程实施过程中发生如下事件：

事件1：施工招标过程中，建设单位提出的部分建议如下：

（1）省外投标人必须在工程所在地承担过类似工程；

（2）投标人应在提交资格预审文件截止日前提交投标保证金；

（3）联合体中标的，可由联合体代表与建设单位签订合同；

（4）中标人可以将某些非关键性工程分包给符合条件的分包人完成。

事件2：施工合同约定，空调机组由建设单位采购，由施工单位选择专业分包单位安装。空调机组订货时，生产厂商提出由其安装更能保证质量，且安装资格也符合国标要求。于是，建设单位要求施工单位与该生产厂商签订安装工程分包合同，但施工单位提出已与甲安装单位签订了安装工程分包合同。经协商，甲安装单位将部分安装工程分包给空调机组生产厂商。

事件3：建设单位与施工单位按照《建设工程施工合同（示范文本）》（GF—2017—0201）进行工程价款结算时，双方对下列5项工作的费用发生争议：（1）办理施工场地交通、施工噪声有关手续；（2）项目监理机构现场临时办公用房搭建；（3）施工单位采购的材料在使用前的检验或试验；（4）项目监理机构影响到正常施工的检查检验；（5）设备单机无负荷试车。

事件4：工程完工时，施工单位提出主体结构工程的保修期限为20年，并待工程竣工验收合格后向建设单位出具工程质量保修书。

【问题】

1. 逐条指出事件1中监理单位是否应采纳建设单位提出的建议并说明理由。

2. 分别指出事件2中建设单位和甲安装单位做法的不妥之处，说明理由。

3. 事件3中，各项工作所发生的费用分别应由谁承担？

4. 根据《建设工程质量管理条例》（国务院令第279号，经国务院令第714号修订），事件4中施工单位的说法有哪些不妥之处？说明理由。

【参考答案】

1. 建议（1）不采纳。

理由：招标人不得以不合理的条件限制或排斥潜在投标人，不得对潜在投标人实行歧视待遇。

建议（2）不采纳。

理由：投标人应在提交投标文件截止日之前随投标文件提交投标保证金。

建议（3）不采纳。

理由：联合体中标的，联合体各方应当共同与招标人签订合同，就中标项目向招标人承担连带责任。

建议（4）采纳。

理由：非关键性工作经建设单位同意可以进行分包。

2. 事件2中建设单位做法的不妥之处：建设单位要求施工单位与该生产厂商签订安装工程分包合同。

理由：建设单位不得直接为施工总承包单位指定分包单位。

事件2中甲安装单位做法的不妥之处：甲安装单位将部分安装工程分包给空调机组生产厂商。

理由：《建筑法》规定，禁止分包单位将其承包的工程再分包。

3. 事件3中，第（1）项工作所发生的费用应由建设单位承担。

理由：承包人应遵守有关部门对施工场地交通、施工噪声以及环境保护和安全生产等的管理规定，按管理规定办理有关手续，并以书面形式通知发包人，发包人承担由此发生的费用。

事件3中，第（2）项工作所发生的费用应由建设单位承担。

理由：承包人应按专用条款约定的数量和要求，向发包人提供在施工现场办公和生活的房屋及设施，发生的费用由发包人承担。

事件3中，第（3）项工作所发生的费用应由施工单位承担。

理由：承包人采购的材料和设备，在使用前，承包人应按工程师的要求进行检验或试验，不合格的不得使用，检验或试验费用由承包人承担。

事件3中，第（4）项工作所发生的费用应由建设单位承担。

理由：工程师的检查检验原则上不应影响施工正常进行。如果实际影响了施工的正常进行，其后果责任由检验结果的质量是否合格来区分合同责任。检查检验不合格时，影响正常施工的费用由承包人承担。除此之外，影响正常施工的追加合同价款由发包人承担，相应顺延工期。

事件3中，第（5）项工作所发生的费用应由施工单位承担。

理由：设备单机无负荷试车应由承包人组织，费用包括在安装工程费中。

4. 根据《建设工程质量管理条例》（国务院令第279号，经国务院令第714号修订），事件4中施工单位说法的不妥之处及理由。

（1）不妥之处：施工单位提出主体结构工程的保修期限为20年。

理由：《建设工程质量管理条例》（国务院令第279号，经国务院令第714号修订）规定，在正常使用条件下，基础设施工程、房屋建筑的地基基础工程和主体工程的最低保修期限为设计文件规定的该工程的合理使用年限。

（2）不妥之处：施工单位提出待工程竣工验收合格后向建设单位出具工程质量保修书。

理由：《建设工程质量管理条例》（国务院令第279号，经国务院令第714号修订）规定，建设工程承包单位在向建设单位提交工程竣工验收报告时，应当向建设单位出具质量保修书。

实务操作和案例分析题十九

【背景资料】

某施工单位承担了一市政建安工程，施工过程中发生了以下事件：

事件1：基坑开挖至设计标高附近时，基坑一侧边坡大量土方突然坍落。施工人员发现基底局部存在勘察资料中未注明的软弱土层，并向项目部汇报。项目经理根据施工经验决定对软弱土层进行换填处理，并对基坑侧壁加设支护。由于处理方法正确，支护效果良好。事后，处理方案得到监理工程师和设计单位的认可。经计算，共增加施工成本12万元，影响工期10d。

事件2：设备基础施工时，商品混凝土运至现场后，施工人员电话通知监理工程师，监理工程师因外出考察无法到场。施工人员对商品混凝土取样送检后，进行了浇筑作业，并在事后将混凝土检测报告交给监理工程师。检测结果为合格。拆模后，检查表明设备基础局部由于漏振出现了少量空洞。

事件3：设备安装时，施工人员发现由于测量放线误差，设备基础位置偏移了150mm，导致设备无法安装。施工单位不得不拆除设备基础并重新施工，增加成本8万元，影响工期15d。

施工单位针对事件1、事件3按照合同约定的索赔程序提出了索赔要求。

【问题】

1. 纠正施工单位对软弱土层及基坑侧壁的处理程序。

2. 纠正在设备基础浇筑施工中的不当做法。

3. 事件2中的基础混凝土缺陷应采用哪种质量处理方法？

【参考答案】

1. 施工单位对软弱土层及基坑侧壁的处理程序：在发现勘察资料中未注明的软弱土层后，应立即停止有关部位的施工，立即报告监理工程师（建设单位）和质量管理部门。

2. 在设备基础浇筑施工中的正确做法：施工单位在商品混凝土运进场之前，应向监理单位提交《工程材料报审表》，并附上该商品混凝土的出厂合格证及相关的技术说明书，同时按规定将检验报告也相应附上，经监理工程师审查并确定其质量合格后，方可进入现场。

3. 事件2中的基础混凝土缺陷应采用的质量处理方法：将有空洞的混凝土凿掉，凿成斜形，再用高一等级的微膨胀豆石混凝土浇筑、振捣后，认真养护。

实务操作和案例分析题二十

【背景资料】

某城市桥梁工程，采用钻孔灌注桩基础，承台最大尺寸为长8m、宽6m、高3m，梁体为现浇预应力钢筋混凝土箱梁。跨越既有道路部分，梁跨度30m，支架高20m。

桩身混凝土浇筑前，项目技术负责人到场就施工方法对作业人员进行了口头交底，随后立即进行1号桩桩身混凝土浇筑，导管埋深保持在0.5～1.0m。浇筑过程中，拔管指挥人员因故离开现场。后经检测表明1号桩出现断桩。在后续的承台、梁体施工中，施工单位采取了以下措施：

（1）针对承台大体积混凝土施工编制了专项方案，采取了如下防裂缝措施：

1）混凝土浇筑安排在一天中气温较低时进行。

2）根据施工正值夏季的特点，决定采用浇水养护。

3）按规定在混凝土中适量埋入大石块。

（2）项目部新购买了一套性能较好、随机合格证齐全的张拉设备，并立即投入使用。

（3）跨越既有道路部分为现浇梁施工，采用支撑间距较大的门洞支架，为此编制了专项施工方案，并对支架强度做了验算。

【问题】

1. 指出项目技术负责人在桩身混凝土浇筑前技术交底中存在的问题，并给出正确做法。

2. 指出该案例中桩身混凝土浇筑过程中的错误之处，并改正。

3. 补充大体积混凝土裂缝防治措施。

4. 施工单位在张拉设备的使用上是否正确？说明理由。

5. 关于支架还应补充哪些方面的验算？

【参考答案】

1. 错误之处一：桩身混凝土浇筑前，项目技术负责人到场就施工方法对作业人员进行了口头交底。

正确做法：技术交底应书面进行，技术交底资料应办理签字手续，并归档。

错误之处二：不应只对施工方法进行交底。

正确做法：应对施工方法、质量要求以及安全一起进行交底。

错误之处三：不应只对施工作业人员交底。

正确做法：应对全体施工人员进行交底。

2. 错误之处：导管埋深保持在0.5～1.0m。

正确做法：导管埋置深度应控制在2～6m，并经常测探井孔内混凝土面的位置，及时调整导管埋深。

3. 补充大体积混凝土裂缝防治措施：减少浇筑层厚度；优先选用水化热较低的水泥；在保证混凝土强度等级的前提下，减少水泥用量，冷却骨料或加入冰块；在混凝土中埋设冷却水管，通水冷却；采取温控措施，加强测温工作并实施监控。

4. 施工单位对张拉设备的使用不正确。

理由：张拉机具应与锚具配套使用，并应在进场时进行检查和校验。

5. 关于支架还应补充的验算有：（1）支架的刚度和稳定性；（2）支架的地基承载力；（3）门洞的钢梁挠度；（4）支架的预拱度。

实务操作和案例分析题二十一

【背景资料】

某市政工程，建设单位通过公开招标与甲施工单位签订施工总承包合同，依据合同，甲施工单位通过招标将钢结构工程分包给乙施工单位，施工过程中发生了下列事件：

事件1：甲施工单位项目经理安排技术员兼施工现场安全员，并安排其负责编制深基坑支护与降水工程专项施工方案，项目经理对该施工方案进行安全验算后，即组织现场施工，并将施工方案及验算结果报送项目监理机构。

事件2：乙施工单位采购的特殊规格钢板，因供应商未能提供出厂合格证明，乙施工单位按规定要求进行了检验，检验合格后向项目监理机构报验。为不影响工程进度，总监理工程师要求甲施工单位在监理人员的见证下取样复检，复检结果合格后，同意该批钢板进场使用。

事件3：为满足钢结构吊装施工的需要，甲施工单位向设备租赁公司租用了一台大型塔式起重机，委托一家有相应资质的安装单位进行塔式起重机安装，安装完成后，由甲、乙施工单位对该塔式起重机共同进行验收，验收合格后投入使用，并到有关部门办理登记。

事件4：钢结构工程施工中，专业监理工程师在现场发现乙施工单位使用的高强度螺栓未经报验，存在严重的质量隐患，即向乙施工单位签发了"工程暂停令"，并报告了总监理工程师。甲施工单位得知后也要求乙施工单位立刻停止整改。乙施工单位为赶工期，边施工边报验，项目监理机构及时报告了有关主管部门。报告发出的当天，发生了因高强度螺栓不符合质量标准导致的钢梁高空坠落事故，造成一人重伤，直接经济损失4.6万元。

【问题】

1. 指出事件1中甲施工单位项目经理做法的不妥之处，写出正确做法。

2. 事件2中，总监理工程师的处理是否妥当？说明理由。

3. 指出事件3中塔式起重机验收中的不妥之处。

4. 指出事件4中专业监理工程师做法的不妥之处，说明理由。

5. 事件4中的质量事故，甲施工单位和乙施工单位各承担什么责任？说明理由。监理单位是否有责任？说明理由。

【参考答案】

1. 事件1中甲施工单位项目经理做法的不妥之处及正确做法如下：

（1）不妥之处：安排技术员兼施工现场安全员。

正确做法：应配备专职安全生产管理人员。

（2）不妥之处：对该施工方案进行安全验算后即组织现场施工。

正确做法：安全验算合格后应组织专家进行论证、审查，并经施工单位技术负责人签字，报总监理工程师签字后才能安排现场施工。

2. 事件2中，总监理工程师的处理不妥。

理由：没有出厂合格证明的原材料不得进场使用。

3. 事件3中塔式起重机验收中的不妥之处：只有甲、乙施工单位参加了验收，出租单位和安装单位未参加验收。

4. 事件4中专业监理工程师做法的不妥之处：向乙施工单位签发"工程暂停令"。

理由："工程暂停令"应由总监理工程师向甲施工单位签发，并标明停工部位或范围。

5.（1）甲施工单位承担连带责任。

理由：甲施工单位是总承包单位，总承包单位与分包单位对分包工程承担连带责任。

（2）乙施工单位承担主要责任。

理由：该质量事故是由于乙施工单位不服从甲施工单位管理造成的，乙应承担该事故的主要责任。

（3）事件4中的质量事故，监理单位没有责任。

理由：项目监理机构已履行了监理职责并已及时向有关主管部门报告。

实务操作和案例分析题二十二

【背景资料】

某单位中标污水处理项目，其中二沉池直径51.2m，池深5.5m。池壁混凝土设计要求为C30、P6、F150，采用现浇施工，施工时间跨越冬期。

施工单位自行设计了池壁异型模板，考虑了模板选材、防止吊模变形和位移的预防措施，对模板强度、刚度、稳定性进行了计算，考虑了风荷载下防倾倒措施。

施工单位制定了池体混凝土浇筑的施工方案，包括：（1）混凝土的搅拌及运输；（2）混凝土的浇筑顺序、速度及振捣方法；（3）搅拌、运输及振捣机械的型号与数量；（4）预留后浇带的位置及要求；（5）控制工程质量的措施。

在做满水试验时，一次充到设计水深，水位上升速度为5m/h，当充到设计水位12h后，开始测读水位测针的初读数，满水试验测得渗水量为$2.5L/(m^2 \cdot d)$，施工单位认定合格。

【问题】

1. 补全模板设计时应考虑的内容。
2. 请将混凝土浇筑的施工方案补充完整。
3. 修正满水试验中存在的错误。

【参考答案】

1. 模板设计时还应考虑的内容：

（1）各部分模板的结构设计，各接点的构造，以及预埋件、止水片等的固定方法；

（2）隔离剂的选用；

（3）模板的拆除程序、方法及安全措施。

2. 混凝土浇筑的施工方案补充内容：

（1）混凝土配合比设计及外加剂的选择；

（2）搅拌车及泵送车停放位置；

（3）预防混凝土施工裂缝的措施；

（4）变形缝的施工技术措施；

（5）季节性施工的特殊措施；

（6）安全生产的措施；

（7）劳动组合。

3. 满水试验中存在的错误以及修正：

（1）错误之处：一次充到设计水深。

正确做法：向池内注水分3次进行，每次注入为设计水深的1/3。

（2）错误之处：水位上升速度为5m/h。

正确做法：注水水位上升速度不超过2m/24h。

（3）错误之处：当充到设计水位12h后，开始测读水位测针的初读数。

正确做法：池内水位注水至设计水位24h以后，开始测读水位测针的初读数。

（4）错误之处：满水试验测得渗水量为2.5L/（$m^2 \cdot d$），施工单位认定合格。

正确做法：满水试验测得渗水量不得超过2L/（$m^2 \cdot d$）才认定合格。

实务操作和案例分析题二十三

【背景资料】

某市政工程，建设单位与施工总包单位按《建设工程施工合同（示范文本）》（GF—2017—0201）签订了施工合同。工程实施过程中发生如下事件。

事件1：主体结构施工时，建设单位收到用于工程的商品混凝土不合格的举报，立刻指令施工总包单位暂停施工。经检测鉴定单位对商品混凝土的抽样检验及混凝土实体质量抽芯检测，质量符合要求。为此，施工总包单位向项目监理机构提交了暂停施工后人员窝工及机械闲置的费用索赔申请。

事件2：施工总包单位按施工合同约定，将A工程分包给甲分包单位。在A工程施工中，项目监理机构发现工程部分区域的工程由乙分包单位施工。经查实，施工总包单位为按时完工，擅自将部分A工程分包给乙分包单位。

事件3：管道安装工程隐蔽前，施工总包单位进行了自检，并在约定的时限内按程序书面通知项目监理机构验收。项目监理机构在验收前6h通知施工总包单位因故不能到场验收，施工总包单位自行组织了验收，并将验收记录送交项目监理机构，随后进行工程隐蔽，进入下道工序施工。总监理工程师以"未经项目监理机构验收"为由下达了"工程暂停令"。

【问题】

1. 事件1中，建设单位的做法是否妥当？项目监理机构是否应批准施工总包单位的索赔申请？分别说明理由。

2. 写出项目监理机构对事件2的处理程序。

3. 事件3中，施工总包单位和总监理工程师的做法是否妥当？分别说明理由。

【参考答案】

1. 事件1中，建设单位的做法不妥当。

理由：建设单位与承包单位之间与建设工程合同有关的联系活动应通过监理单位进行，应由监理单位发布指令，即由总监理工程师下达。

事件1中，项目监理机构应批准施工总包单位的索赔申请。

理由：检查检验原则上不应影响施工正常进行。如果实际影响了施工的正常进行，其后果责任由检验结果的质量是否合格来区分合同责任。检查检验不合格时，影响正常施工的费用由承包人承担。除此之外，影响正常施工的追加合同价款由发包人承担，相应顺延工期。

2. 项目监理机构对事件2的处理程序：

（1）由总监理工程师向施工总包单位签发工程暂停令，责令乙装饰分包单位退场，并要求对乙装饰分包单位已施工部分的质量进行检查验收。

（2）若检查验收合格，则由总监理工程师下达工程复工令。若检查验收不合格，则指令施工总包单位返工处理。

3. 事件3中，施工总包单位的做法妥当。

理由：项目监理机构不能按时验收，应在验收前24h以书面形式向施工总承包单位提出延期要求。若监理工程师未能按时提出延期要求，又未按时参加验收，承包人可自行组织验收。承包人经过验收的检查、试验程序后，将检查、试验记录送交工程师。本次检验视为工程师在场情况下进行的验收，工程师应承认验收记录的正确性。

事件3中，总监理工程师的做法不妥当。

理由：

（1）如果监理工程师不能按时进行验收，应在施工总包单位通知的验收时间前24h，以书面形式向施工总包单位提出延期验收要求，但延期不能超过48h。本案例是6h之前书面提出延期要求，不符合规定。

（2）总监理工程师以"未经项目监理机构验收"为由下达了"工程暂停令"不妥，应该是对其质量有怀疑时可以要求重新检验。

第七章　市政公用工程安全生产管理

2011—2020 年度实务操作和案例分析题考点分布

考点 ＼ 年份	2011年	2012年	2013年	2014年	2015年	2016年	2017年	2018年	2019年	2020年
职业病防护			●							
基坑开挖过程中地下管线的安全保护措施	●									
安全技术交底				●						
防止基坑坍塌、淹埋的应急预案与保证措施	●			●						
模板、支架和拱架的拆除										●
隧道施工安全措施							●			
安全生产管理要点			●	●	●				●	●
施工危险源识别			●							
城市桥梁工程施工安全措施									●	

【专家指导】

通过历年考试的考核情况可以看出对于安全管理的内容考核并不多，且比较分散。统观近几年的考试就会发现，现在的考试已不再只考核教材中的原文了，更多的是要联系施工现场的经验，重点考查考生解决实际问题的能力。

要 点 归 纳

1. 安全生产管理体系【重要考点】

（1）企业应当设置独立的安全生产管理机构，配备专职安全生产管理人员。工程项目应建立以项目负责人为组长的安全生产领导小组，实行施工总承包的，安全生产领导小组由总承包企业、专业承包企业和劳务分包企业的项目经理、技术负责人、专职安全生产管理人员组成。安全生产领导小组及项目专职安全生产管理人员的主要职责见表7-1。

安全生产领导小组及项目专职安全生产管理人员的主要职责	表 7-1

安全生产领导小组的主要职责	项目专职安全生产管理人员
① 贯彻落实国家有关安全生产法律法规和标准。 ② 组织制定项目安全生产管理制度并监督实施。 ③ 编制项目生产安全事故应急救援预案并组织演练。 ④ 保证项目安全生产费用的有效使用。 ⑤ 组织编制危险性较大工程安全专项施工方案。 ⑥ 开展项目安全教育培训。 ⑦ 组织实施项目安全检查和隐患排查。 ⑧ 建立项目安全生产管理档案。 ⑨ 及时、如实报告安全生产事故	① 负责施工现场安全生产日常检查并做好检查记录。 ② 现场监督危险性较大分部分项工程安全专项施工方案实施情况。 ③ 对作业人员违规违章行为有权予以纠正或查处。 ④ 对施工现场存在的安全隐患有权责令立即整改。 ⑤ 对于发现的重大安全隐患，有权向企业安全生产管理机构报告。 ⑥ 依法报告生产安全事故情况

（2）总承包单位配备项目专职安全生产管理人员应满足的要求见表7-2。

总承包单位配备项目专职安全生产管理人员应满足的要求	表 7-2

工程类别	人 员 配 备
建筑工程、装修工程	① 1万 m^2 以下的工程不少于1人。 ② 1万～5万 m^2 的工程不少于2。 ③ 5万 m^2 及以上的工程不少于3人，且按专业配备专职安全生产管理人员
土木工程、线路管道、设备安装工程	① 5000万元以下的工程不少于1人。 ② 5000万～1亿元的工程不少于2人。 ③ 1亿元及以上的工程不少于3人，且按专业配备专职安全生产管理人员

2. 安全教育与培训对象【重要考点】

（1）企业法定代表人、项目经理每年接受安全培训的时间，不得少于30学时。

（2）专职安全管理人员取得岗位合格证书并持证上岗外，每年还必须接受安全专业技术业务培训，时间不得少于40学时。

（3）其他管理人员和技术人员每年接受安全培训的时间，不得少于20学时。

（4）特殊工种（包括电工、焊工、架子工、司炉工、爆破工、机械操作工、起重工、塔式起重机司机及指挥人员、人货两用电梯司机等）在通过专业技术培训并取得岗位操作证后，每年仍须接受有针对性的安全培训，时间不得少于20学时。

（5）其他职工每年接受安全培训的时间，不得少于15学时。

（6）待岗、转岗、换岗的职工，在重新上岗前，必须接受一次安全培训，时间不得少于20学时。

3. 三级安全培训教育【重要考点】

三级安全培训教育的相关内容见表7-3。

三级安全培训教育		表 7-3

安全培训教育的级别	主 要 内 容	培训教育时间
公司级	国家和地方有关安全生产的方针、政策、法规、标准、规范、规程和企业的安全规章制度等	≥15学时

安全培训教育的级别	主 要 内 容	培训教育时间
项目级	工地安全制度、施工现场环境、工程施工特点及可能存在的不安全因素等	≥15学时
班组级	本工种的安全操作规程、事故案例剖析、劳动纪律和岗位讲评等	≥20学时

4. 安全技术交底【重要考点】

施工负责人在分派施工任务时，应对相关管理人员、施工作业人员进行书面安全技术交底。安全技术交底应符合下列规定：

（1）安全技术交底应按施工工序、施工部位、分部分项工程进行。

（2）安全技术交底应结合施工作业场所状况、特点、工序，对危险因素、施工方案、规范标准、操作规程和应急措施进行交底。

（3）安全技术交底是法定管理程序，必须在施工作业前进行。安全技术交底应留有书面材料，由交底人、被交底人、专职安全员进行签字确认。

（4）安全技术交底主要包括三个方面：一是按工程部位分部分项进行交底；二是对施工作业相对固定，与工程施工部位没有直接关系的工种（如起重机械、钢筋加工等）单独进行交底；三是对工程项目的各级管理人员，进行以安全施工方案为主要内容的交底。

（5）以施工方案为依据进行的安全技术交底，应按设计图纸、国家有关规范标准及施工方案将具体要求进一步细化和补充，使交底内容更加翔实，更具有针对性及可操作性。方案实施前，编制人员或项目负责人应当向现场管理人员和作业人员进行安全技术交底。

（6）分包单位应根据每天工作任务的不同特点，对施工作业人员进行班前安全交底。

5. 设备管理【重要考点】

（1）工程项目要严格设备进场验收工作：

1）中小型机械设备由施工员会同专业技术管理人员和使用人员共同验收；

2）大型设备、成套设备在项目部自检自查基础上报请企业有关管理部门，组织企业技术负责人和有关部门验收；

3）塔式或门式起重机、电动吊篮、垂直提升架等重点设备应组织第三方具有相关资质的单位进行验收。

检查技术文件包括各种安全保险装置及限位装置说明书、维修保养及运输说明书、产品鉴定及合格证书、安全操作规程等内容，并建立机械设备档案。

（2）项目部应根据现场条件设置相应的管理机构，配备设备管理人员，设备出租单位应派驻设备管理人员和维修人员。

（3）设备操作和维护人员必须经过专业技术培训，考试合格且取得相应操作证后，持证上岗。机械设备使用实行定机、定人、定岗位责任的"三定"制度。

（4）按照安全操作规程要求作业，任何人不得违章指挥和作业。

（5）施工过程中项目部要定期检查和不定期巡回检查，确保机械设备正常运行。

6. 安全检查的形式【重要考点】

项目部安全检查可分为定期检查、日常性检查、专项检查、季节性检查等多种形式。

7. 沉入桩的吊运、堆放【重要考点】

（1）钢桩吊装应由具有吊装施工经验的施工技术人员主持。吊装作业必须由信号工指挥。

（2）预制混凝土桩起吊时的强度应符合设计要求，设计无要求时，混凝土应不小于设计强度的75%。

（3）桩的吊点位置应符合设计或施工组织设计规定。

（4）桩的堆放场地应平整、坚实、不积水。混凝土桩支点应与吊点在一条竖直线上，堆放时应上下对准，堆放层数不宜超过4层。钢桩堆放支点应布置合理，防止变形，并应采取防滚动措施，堆放层数不得超过3层。

8. 桥梁拆除施工准备工作【重要考点】

建设单位应将拆除工程发包给具有相应资质等级的施工单位。建设单位应在拆除工程开工前15d，将下列资料报送建设工程所在地的县级以上地方人民政府建设行政主管部门备案：

（1）施工单位资质登记证明；

（2）拟拆除桥梁、构筑物及可能危及毗邻建筑的说明；

（3）拆除施工组织方案或安全专项施工方案；

（4）堆放、清除废弃物的措施。

9. 爆破拆除【重要考点】

（1）爆破拆除工程应根据周围环境作业条件、桥梁类别、爆破规模，按照现行国家标准《爆破安全规程》GB 6722—2014将工程分为A、B、C、D四级，并采取相应的安全技术措施。

（2）从事爆破拆除施工的作业人员应持证上岗。爆破作业单位不得对本单位的设计进行安全评估，不得监理本单位施工的爆破工程。

10. 隧道开挖施工的注意事项【重要考点】

（1）在城市进行爆破施工，必须事先编制爆破方案，并由专业人员操作，报城市主管部门批准，并经公安部门同意后方可施工。

（2）隧道开挖应连续进行，每次开挖长度应严格按照设计要求、土质情况确定。严格控制超挖量。停止开挖时，对不稳定的围岩应采取临时封堵或支护措施。

（3）同一隧道内相对开挖（非爆破方法）的两开挖面距离为2倍洞跨且不小于10m时，一端应停止掘进，并保持开挖面稳定。

（4）两条平行隧道（含导洞）相距小于1倍洞跨时，其开挖面前后错开距离不得小于15m。

（5）隧道内应加强通风，在有瓦斯的隧道内进行爆破作业必须遵守现行《煤矿安全规程》的有关规定。

11. 围护结构渗漏是基坑施工中常见的多发事故。在富水的砂土或粉土地层中进行基坑开挖时，如果围护结构或止水帷幕存在缺陷时，渗漏就会发生。如果渗漏水主要为清水，一般及时封堵不会造成太大的环境问题；而如果渗漏造成大量水土流失则会造成围护结构背后土体沉降过大，严重的会导致围护结构背后土体失去抗力造成基坑倾覆。【重要考点】

12. 混凝土桩制作【重要考点】

（1）预制构件的吊环位置及其构造必须符合设计要求。吊环必须采用未经冷拉的HPB300

级热轧钢筋制作，严禁以其他钢筋代替。

（2）钢筋加工场应符合施工平面布置图的要求。钢筋码放时，应采取防止锈蚀和污染的措施，标识标牌齐全；整捆码垛高度不宜超过2m，散捆码垛高度不宜超过1.2m。

（3）加工成型的钢筋笼、钢筋网和钢筋骨架等应水平放置。码放高度不得超过2m，码放层数不宜超过3层。

13. 模板、支架和拱架拆除的安全措施【重要考点】

（1）模板支架、脚手架拆除现场应设作业区，其边界设警示标志，并由专人值守，非作业人员严禁入内。

（2）模板支架、脚手架拆除采用机械作业时应由专人指挥。

（3）模板支架、脚手架拆除应按施工方案或专项方案要求由上而下逐层进行，严禁上下同时作业。

（4）严禁敲击、硬拉模板、杆件和配件。

（5）严禁抛掷模板、杆件、配件。

（6）拆除的模板、杆件、配件应分类码放。

14. 职业健康安全风险控制措施计划【重要考点】

（1）职业健康安全技术措施：以预防工伤事故为目的，包括防护装置、保险装置、信号装置及各种防护设施。

（2）工业卫生技术措施：以改善劳动条件、预防职业病为目的，包括防尘、防毒、防噪声、防振动设施以及通风工程等。

（3）辅助房屋及设施：指保证职业健康安全生产、现场卫生所必需的房屋和设施，包括淋浴室、更衣室、消毒室等。

（4）安全宣传教育设施：包括职业健康安全教材、图书、仪器，施工现场安全培训教育场所、设施。

15. 风险控制措施计划项目【重要考点】

工程概况、控制目标、控制程序、组织结构、职责权限、规章制度、资源配置、安全措施、检查评价和奖惩制度等内容。

16. 项目职业健康安全风险控制措施计划的编制与监督【重要考点】

项目职业健康安全风险控制措施计划应由项目负责人（经理）主持编制，经有关部门批准后，由专职安全管理人员进行现场监督实施。计划应在实施前进行评审，确定计划的可行性、可靠性和经济合理性。

历 年 真 题

扫码学习

实务操作和案例分析题一［2016年真题］

【背景资料】

某公司承建一段区间隧道，长度1.2km，埋深（覆土深度）8m，净宽5.6m，净高5.5m；支护结构形式采用钢拱架-钢筋网喷射混凝土，辅以超前小导管注浆加固。区间隧道上方为现况城市道路，道路下埋置有雨水、污水、燃气、热力等管线，地质资料揭示，隧道围岩等级为Ⅳ、Ⅴ级。

区间隧道施工采用暗挖法，施工时遵循浅埋暗挖技术"十八字"方针，根据隧道的断面尺寸、所处地层、地下水等情况，施工方案中开挖方法选用正台阶法，每循环进尺为1.5m。

隧道掘进过程中，突发涌水，导致土体坍塌事故，造成3人重伤。事故发生后，现场管理人员立即向项目经理报告，项目经理组织有关人员封闭事故现场，采取有效措施控制事故扩大，开展事故调查，并对事故现场进行清理，将重伤人员送医院救治。事故调查发现，导致事故发生的主要原因有：

（1）由于施工过程中地表变形，导致污水管道突发破裂涌水；

（2）超前小导管支护长度不足，实测长度仅为2m，两排小导管沿隧道纵向无搭接，不能起到有效的超前支护作用；

（3）隧道施工过程中未进行监测，无法对事故发生进行预测。

【问题】

1. 根据《生产安全事故报告和调查处理条例》规定，本次事故属于哪种等级？指出事故调查组织形式的错误之处？说明理由。

2. 分别指出事故现场处理方法、事故报告的错误之处，并给出正确的做法。

3. 隧道施工中应该对哪些主要项目进行监测？

4. 根据背景资料，小导管长度应该大于多少米？两排小导管纵向搭接长度一般不小于多少米？

【解题方略】

1. 本题考查的是事故等级的划分及调查。事故等级分为四级，包括：（1）特别重大事故，是指造成30人以上死亡，或者100人以上重伤（包括急性工业中毒，下同），或者1亿元以上直接经济损失的事故；（2）重大事故，是指造成10人以上30人以下死亡，或者50人以上100人以下重伤，或者5000万元以上1亿元以下直接经济损失的事故；（3）较大事故，是指造成3人以上10人以下死亡，或者10人以上50人以下重伤，或者1000万元以上5000万元以下直接经济损失的事故；（4）一般事故，是指造成3人以下死亡，或者10人以下重伤，或者1000万元以下直接经济损失的事故。（所称的"以上"包括本数，所称的"以下"不包括本数）考生应根据事故等级的划分，确定本案例的事故等级。《生产安全事故报告和调查处理条例》（国务院令第493号）规定，特别重大事故由国务院或者国务院授权有关部门组织事故调查组进行调查。重大事故、较大事故、一般事故分别由事故发生地省级人民政府、设区的市级人民政府、县级人民政府负责调查。

2. 本题考查的是生产安全事故的报告和处理。《生产安全事故报告和调查处理条例》（国务院令第493号）规定，事故发生后，事故现场有关人员应当立即向本单位负责人报告；单位负责人接到报告后，应当于1h内向事故发生地县级以上人民政府安全生产监督管理部门和负有安全生产监督管理职责的有关部门报告。情况紧急时，事故现场有关人员可以直接向事故发生地县级以上人民政府安全生产监督管理部门和负有安全生产监督管理职责的有关部门报告。

事故发生后，有关单位和人员应当妥善保护事故现场以及相关证据，任何单位和个人不得破坏事故现场、毁灭相关证据。

3. 本题考查的是隧道监测。关于隧道监测的内容在现行考试用书中已经删除了，对于这样的题目考生可以借鉴基坑监测的相关内容再结合隧道的特点进行作答。

4. 本题考查的是超前小导管的相关知识。现在这种数字类的考题越来越多，因此在以后的备考复习中，应多进行记忆。

【参考答案】

1. 本事故为一般事故。（理由：造成3人以下死亡，或者10人以下重伤，或者1000万元以下直接经济损失的事故，为一般事故）。

错误之处：事故调查由项目经理组织。

理由：一般事故由事故发生地县级人民政府负责调查。县级人民政府可以直接组织事故调查组进行调查，也可以授权或者委托有关部门组织事故调查组进行调查。

2. 错误之处一：对事故现场进行清理。

正确做法：事故发生后，有关单位和人员应当妥善保护事故现场以及相关证据，任何单位和个人不得破坏事故现场、毁灭相关证据。

错误之处二：现场人员报告到项目经理。

正确做法：事故发生后，事故现场有关人员应当立即向本单位负责人报告；单位负责人接到报告后，应当于1h内向事故发生地县级以上人民政府安全生产监督管理部门和负有安全生产监督管理职责的有关部门报告。

3. 隧道施工中应对地面、地层、建构（筑）物、支护结构进行动态监测并及时反馈信息。

4. 小导管长度应大于3m，因为小导管的场地应大于每循环开挖进尺的两倍，本工程开挖进尺每循环为1.5m。

两排小导管纵向搭接长度不应小于1m。

实务操作和案例分析题二［2015年真题］

【背景资料】

某公司中标一座跨河桥梁工程，所跨河道流量较小，水深超过5m，河道底土质主要为黏土。

项目部编制了围堰施工专项方案，监理审批时认为方案中以下内容描述存在问题：

（1）堰顶标高不得低于施工期间最高水位；

（2）钢板桩采用射水下沉法施工；

（3）围堰钢板桩从下游到上游合龙。

项目部接到监理部发来的审核意见后，对方案进行了调整，在围堰施工前，项目部向当地住建局报告，征得同意后开始围堰施工。

在项目实施过程中发生了以下事件：

事件1：由于工期紧，电网供电未能及时到位，项目部要求各施工班组自备发电机供电。某施工班组将发电机输出端直接连接到多功能开关箱，将电焊机、水泵和打夯机接入同一个开关箱，以保证工地按时开工。

事件2：围堰施工需要起重机配合，因起重机司机发烧就医，施工员临时安排一名汽车司机代班。由于起重机支腿下面的土体下陷，引起起重机侧翻，所幸没有造成人员伤亡，项目部紧急调动机械将侧翻起重机扶正，稍作保养后又投入到工作中，没有延误工期。

【问题】

1. 针对围堰施工专项方案中存在的问题，给出正确做法。

2. 围堰施工前还应征得哪些部门同意？

3. 事件1中用电管理有哪些不妥之处？说明理由。

4. 汽车司机能操作起重机吗？为什么？

5. 事件2中，起重机扶正后能立即投入工作吗？简述理由。

6. 事件2中项目部在设备安全管理方面存在哪些问题？给出正确做法。

【解题方略】

1. 本题考查的是围堰施工专项方案。（1）因为要考虑最高水位及储备高度，所以围堰顶标高不得低于施工期间最高水位（包括浪高）。

（2）案例题中明确指出"土质为黏土"，所以不得采用射水下沉法施工。

（3）"围堰钢板桩从下游到上游合龙"错误，因为逆流难以合龙。

2. 本题考查的是围堰施工的批准部门。在河道当中进行围堰施工，那么对河道有管辖权的部门都要去办理相关的手续。

3. 本题考查的是施工现场用电知识。这一知识点从未考过，可能对考生来说有些陌生。其实本题侧重对考生能力的考核，即便作答的内容与规范不完全一致，但只要大概意思相近即可。

4. 本题考查的是特种作业的相关知识。《建设工程安全生产管理条例》（国务院令第393号）规定，垂直运输机械作业人员、安装拆卸工、爆破作业人员、起重信号工、登高架设作业人员等特种作业人员，必须按照国家有关规定经过专门的安全作业培训，并取得特种作业操作资格证书后，方可上岗作业。

5. 本题考查的是安全事故的处理。从安全事故的处理原则上讲，虽然没有人员伤亡，但还是属于事故，应该找到相应原因、责任者，仍需处理。这种做法违反了安全事故处理"四不放过"的原则。

6. 本题考查的是设备安全管理。在事件2中，很明显存在：起重设备的管理制度缺失、特种设备管理工作不到位、现场安全监督有漏洞等。考生应根据这些内容对项目部在设备管理方面存在的问题，进行分析阐述。

【参考答案】

1. 围堰施工专项方案有关问题的正确做法为：

（1）围堰高度应高出施工期间可能出现的最高水位（包括浪高）0.5m及以上；

（2）在黏土中不宜使用射水下沉的办法，应采用锤击或者振动；

（3）围堰钢板桩应该从上游向下游合龙。

2. 围堰施工前还应征得海事、河道、航务部门的同意。

3. 事件1中用电管理的不妥之处及理由：

（1）不妥之处：某施工班组将发电机输出端直接连接到多功能开关箱。

正确做法：应采用三级配电系统。

（2）不妥之处：电焊机、水泵和打夯机接入同一个开关箱。

正确做法：电焊机、水泵、打夯机应分别配置开关箱。

4. 汽车司机不能操作起重机。

原因：起重机司机属于特种作业人员，不仅需要机动车驾驶证，还必须经过安全培训，通过考试取得起重机的特种作业资格证后，持"特种作业操作证"上岗作业。

5. 起重机扶正后，不能立即投入工作。

理由：经市场监督管理部门检验鉴定，合格后才能投入工作。

6. 设备安全管理方面存在问题：违章指挥、违规作业。

设备安全管理正确做法：

（1）机械设备使用实行定机、定人、定岗位责任的"三定"制度；

（2）编制安全操作规程，任何人不得违章指挥和作业。

实务操作和案例分析题三［2014年真题］

【背景资料】

某市政工程公司承建城市主干道改造工程标段，合同金额为9800万元，工程主要内容为：主线高架桥梁、匝道桥梁、挡土墙及引道，如图7-1所示。桥梁基础采用钻孔灌注桩，上部结构为预应力混凝土连续箱梁，采用满堂支架法现浇施工。边防撞护栏为钢筋混凝土结构。

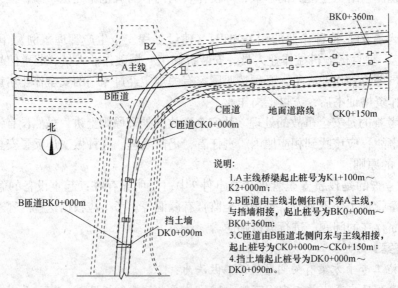

图7-1 桥梁总平面布置示意图

施工期间发生如下事件：

事件1：在工程开工前，项目部会同监理工程师，根据《城市桥梁工程施工与质量验收规范》CJJ 2—2008等确定和划分了本工程的单位（子单位）工程、分部分项工程及检验批。

事件2：项目部进场后配备了专职安全管理人员，并为承重支模架编制了专项安全应急预案，应急预案的主要内容有：事故类型和危害程度分析、应急处置基本原则、预防与预警、应急处置等。

事件3：在施工安排时，项目部认为在主线与匝道交叉部位及交叉口以东主线和匝道并行部位是本工程的施工重点，主要施工内容有：匝道基础及下部结构、匝道上部结构、主线基础及下部结构（含B匝道BZ墩）、主线上部结构，在施工期间需要3次交通导行，因此必须确定合理的施工顺序，项目部经仔细分析确认施工顺序如图7-2所示：

①→交通导行→②→交通导行→③→交通导行→④

图7-2　施工作业流程图

另外项目部配置了边防撞栏定型组合钢模板，每次可浇筑防撞护栏长度200m，每4d可周转一次，在上部结构基本完成后开始施工边防撞护栏，直至施工完成。

【问题】

1. 事件1中，本工程的单位（子单位）工程有哪些？

2. 指出钻孔灌柱桩验收的分项工程和检验批。

3. 本工程至少应配备几名专职安全员？说明理由。

4. 补充完善事件2中的专项安全应急预案的内容。

5. 图7-2中①、②、③、④分别对应哪项施工内容？

6. 事件3中，边防撞护栏的连续施工至少需要多少天（列式分步计算）？

【解题方略】

1. 本题考查的是《城市桥梁工程施工与质量验收规范》CJJ 2—2008中竣工验收的有关规定。由规范可以看出，本工程中的A为主线高架桥，B、C匝道桥梁以及引道的道路工程都是独立的，需要划分成单位工程，本工程也可以将匝道桥梁划分成为一个单位工程，那么B、C匝道桥梁就是两个子单位工程。

2. 本题考查的是钻孔灌注桩验收的分项工程和检验批。考生可根据案例所提供的背景资料，分析出钻孔灌注桩验收的分项工程及钻孔灌柱桩验收的检验批。

3. 本题考查的是专职安全员的配备要求。专职安全员的配备要求：土木工程、线路工程、设备安装工程按照合同价配备：5000万元以下的工程不少于1人；5000万～1亿元的工程不少于2人；1亿元及以上的工程不少于3人，且按专业配备专职安全员。

4. 本题考查的是专项安全应急预案的内容。案例背景资料中给出的应急预案的内容和项目管理考试用书中的内容一致，因此可以按照项目管理考试用书中的内容进行补充。

5. 本题考查的是桥梁施工作业流程图。考生可根据案例中的"匝道基础及下部结构、匝道上部结构、主线基础及下部结构（含B匝道BZ墩）、主线上部结构，在施工期间需要3次交通导行"，来补充完善图中缺失的施工内容。

6. 本题考查的是边防撞护栏连续施工时间的计算。首先应根据"每次可浇筑防撞护栏长度200m，每4d可周转一次"，求出边防撞护栏施工的速度，然后再结合桥梁总平面布置示意图求出A主线桥梁、B匝道、C匝道以及挡土墙施工的时间，最后相加得出边防撞护栏连续施工的时间。

【参考答案】

1. 本工程的单位（子单位）工程：A——主线高架桥梁工程、B——匝道桥梁工程、C——匝道桥梁道路工程。

2. 钻孔灌柱桩验收的分项工程：钻孔桩成孔、钢筋笼制作与安装、水下混凝土浇筑。

钻孔灌柱桩验收的检验批：每1根桩。

3. 本工程至少应配备2名专职安全员。

理由：土木工程、线路工程、设备安装工程按照合同价配备专职安全员。5000万元以下的工程不少于1人；5000万～1亿元的工程不少于2人；1亿元及以上的工程不少于3人，且按专业配备专职安全员。本工程合同价为9800万元，配备的专职安全员不少于2人。

4. 事件2中的专项安全应急预案的内容还应包括：组织机构及职责；信息报告程序；应急物资和装备保障。

5. 图7-2中：① 对应的施工内容为主线基础及下部结构（含B匝道BZ墩）；② 对应的施工内容为匝道基础及下部结构；③ 对应的施工内容为主线上部结构；④ 对应的施工内容为匝道上部结构。

6. 边防撞护栏施工的速度为：200÷4＝50m/d。

A主线桥梁施工的时间为：900×2÷50＝36d。

B匝道施工的时间为：360×2÷50＝14.4d。

C匝道施工的时间为：150×2÷50＝6d。

挡土墙施工的时间为：90×2÷50＝3.6d。

边防撞护栏连续施工的时间为：36＋14.4＋6＋3.6＝60d。

实务操作和案例分析题四［2014年真题］

【背景资料】

某施工单位中标承建过街地下通道工程，周边地下管线较复杂，设计采用明挖顺作法施工，通道基坑总长80m，宽12m，开挖深度10m；基坑围护结构采用SMW工法桩、基坑深度方向设有两道支撑，其中第一道支撑为钢筋混凝土支撑，第二道支撑为ϕ600mm×10mm钢管支撑，如图7-3所示。基坑场地地层自上而下依次为：2.0m厚素填土、6m厚黏质粉土、10m厚砂质粉土，地下水位埋深约1.5m。在基坑内布置了5口管井降水。

项目部选用坑内小挖机与坑外长臂挖机相结合的土方开挖方案。在挖土过程中发现围护结构有两处出现渗漏现象，渗漏水为清水，项目部立即采取堵漏措施予以处理，堵

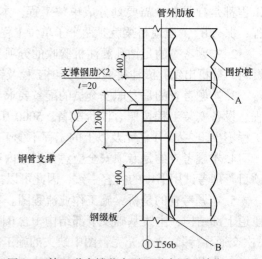

图7-3 第二道支撑节点平面示意图（单位：mm）

漏处理造成直接经济损失20万元，工期拖延10d，项目部为此向建设单位提出索赔。

【问题】

1. 给出图7-3中A、B构（部）件的名称，并分别简述其功用。

2. 根据两类支撑的特点分析围护结构设置不同类型支撑的理由。

3. 本项目基坑内管井属于什么类型？起什么作用？

4. 给出项目部堵漏措施的具体步骤。

5. 项目部提出的索赔是否成立？说明理由。

6. 列出基坑围护结构施工的大型机械设备。

【解题方略】

1. 本题考查的是识图能力及对构件作用的了解情况。需要注意的是 A 的作用不是增加刚度，而是增加韧性和抗剪能力。

2. 本题考查的是钢筋混凝土支撑和钢支撑。考生一定要掌握不同种类支撑的特点及作用，这一知识点在选择题部分考核的也很多。

3. 本题考查的是管井的相关知识。通过背景资料可知：本工程为过街地下通道工程，基坑底高程位置需要长期通行；基坑开挖深度10m；在960m² 基坑内只布置了5座管井进行降水。由此可知本工程基坑底未进入承压含水层，所以只需要对潜水含水层进行疏干即可。

4. 本题考查的是基坑安全知识中抢险支护与堵漏。有降水或排水条件的工程，宜在采用降水或排水措施后再对围护缺陷进行修补处理。围护结构缺陷造成的渗漏一般采用下面方法处理：在缺陷处插入引流管引流，然后采用双快水泥封堵缺陷处，等封堵水泥形成一定强度后再关闭导流管。

5. 本题考查的是施工合同的索赔，在历年考试中属于高频考点，其解题关键在于分清责任，分析清楚产生问题原因的主体责任的首要和关键，解决索赔问题的关键是"谁过错，谁负责，谁赔偿"。

6. 本题考查的是基坑围护结构施工的设备。要想答出本题的机械设备，应该从施工工序方面着手。对于一个有围护结构的基坑，应从施工围护结构开始，然后针对施工工序选择合适的机械设备。

【参考答案】

1. 图7-3中，A 构（部）件的名称：H 形钢。功用：起加筋、补强作用，增加围护结构刚度，减小基坑变形。

图7-3中，B 构（部）件的名称：围檩。功用：承受支撑压力，避免局部受力过大，使围护结构受力均匀。

2. 钢筋混凝土支撑结构刚度大，变形小，强度的安全、可靠性强，施工方便，施工工期长，拆除困难，仅在基坑上方土体变形较大的第一道支撑处设置。

钢结构支撑安装、拆除施工方便，可周转使用，支撑中可加预应力，可调整轴力而有效控制围护墙变形，故在第二道支撑处使用。

3. 本项目基坑内管井属于疏干井。

作用：降低基坑内水位，便于土方开挖，提高被动土压力。

4. 在缺陷处插入引流管引流，然后采用双快水泥封堵缺陷处，等封堵水泥形成一定强度后再关闭导流管。

5. 项目部提出的索赔不成立。

理由：基坑漏水是围护结构施工存在质量问题，属于施工单位的责任。

6. 基坑围护结构施工的大型机械设备有：三轴水泥土搅拌桩、起重机。

实务操作和案例分析题五［2013年真题］

【背景资料】

A 公司承建一座桥梁工程，将跨河桥的桥台土方开挖分包给 B 公司。桥台基坑底尺寸为50m×8m，深4.5m。施工期河道水位为 -4.0m，基坑顶远离河道一侧设置钢场和施工便道（用于弃土和混凝土运输及浇筑）。基坑开挖图如图7-4所示。

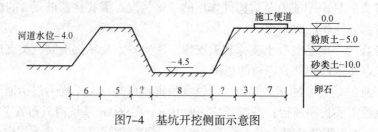

图7-4　基坑开挖侧面示意图

在施工前，B公司按A公司项目部提供的施工组织设计编制了基坑开挖施工方案和施工安全技术措施。施工方案的基坑坑壁坡度按照上图提供的地质情况按表7-4确定。

基坑坑壁容许坡度表（规范规定）　　　　　　　　　　　　表7-4

坑壁土类	坑壁坡度（高：宽）		
	基坑顶缘无荷载	基坑顶缘有静载	基坑顶缘有动载
粉质土	1：0.67	1：0.75	1：1.0
黏质土	1：0.33	1：0.5	1：0.75
砂类土	1：1	1：1.25	1：1.5

在施工安全技术措施中，B公司设立了安全监督员，明确了安全管理职责，要求在班前、班后对施工现场进行安全检查，施工时进行安全值日；辨识了施工机械伤害等危险源，进行了风险评估，并制定有应急预案。

基坑开挖前项目部对B公司做了书面的安全技术交底并双方签字。

【问题】

1. B公司上报A公司项目部后，施工安全技术措施处理的程序是什么？

2. 根据所给图表确定基坑的坡度，并给出坡度形成的投影宽度。

3. 依据现场条件，宜采用何种降水方式？应如何布置？

4. 除了机械伤害和高处坠落，本项目的风险源识别应增加哪些内容？

5. 安全监督员的职责还有哪些？安全技术交底包括哪些内容？

【解题方略】

1. 本题考查的是施工组织设计的审批程序。因问题中有"安全技术措施"的字样，因此在作答时需要提及安全员审核。背景资料中提到应急预案，因此在作答时也应提及。

2. 本题考查的是基坑坡度。考生应从案例中确定坑壁的土质、有无荷载，然后根据题中提供的基坑开挖侧面示意图和基坑坑壁容许坡度表进行计算即可。

3. 本题考查的是降水方式。考生应依据现场条件来确定降水的方式，轻型井点布置应根据基坑平面形状与大小、地质和水文情况、工程性质、降水深度等而定。当基坑（槽）宽度小于6m且降水深度不超过6m时，可采用单排井点，布置在地下水上游一侧；当基坑（槽）宽度大于6m或土质不良，渗透系数较大时，宜采用双排井点，布置在基坑（槽）的两侧；当基坑面积较大时，宜采用环形井点。挖土运输设备出入道可不封闭，间距可达4m，一般留在地下水下游方向。

4. 本题考查的是风险源。高处坠落、物体打击、触电、机械伤害、坍塌是市政公用工程施工项目安全生产事故的主要风险源。除此之外，还需结合背景资料补充。

5. 本题考查的是考生对安全生产责任制的掌握程度，这是经常考核的内容，考生应注意掌握。

【参考答案】

1. B公司上报A公司项目部后，施工安全技术措施处理的程序：（1）项目技术负责人和专职安全员认真审核其内容的完整性和适应性；（2）报企业技术负责人审核，加盖公章；（3）报建设单位和监理单位审核；（4）对应急预案进行备案；（5）返还分包方签收，并监督其严格执行。

2. 左边坡度按照粉质土坡顶无荷载设计坡度，即为1∶0.67，右边坡度按照粉质土有动载设计坡度，即为1∶1.0。基坑宽度方向两边可参照左边适当放坡。左边及两侧投影宽度分别为4.5×0.67＝3.015m，右边投影宽度为4.5×1.0＝4.5m。

3. 依据现场条件，宜采用轻型井点降水方式，轻型井点布置成环形。基坑底大于6m一般布置成双排，靠近河一侧适当加密。由于长度50m，若渗透系数大，宜布置成环形比较合适。挖土运输设备出入道可不封闭，间距可达4m，一般留在地下水下游方向。

4. 除了机械伤害和高处坠落，本项目的风险源识别应增加：触电、物体打击、坍塌、车辆伤害、起重伤害、淹溺。

5. 安全监督员的职责还有：危险源识别，参与制定安全技术措施和方案；施工过程监督检查、对规程、措施、交底要求的执行情况经常检查，随时纠正违章作业，发现问题及时纠正解决，做好安全记录和安全日记，协助调查和处理安全事故等。

安全技术交底包括的内容：（1）项目部技术负责人应对承担施工的负责人或分包方全体人员进行书面技术交底，并形成文件；（2）分包方技术负责人应对所属全体施工作业人员进行安全技术交底，并形成文件；（3）交底内容一般为危险性较大的、结构复杂的分部分项工程，关键工序、四新工序、经验缺少的工序，以及工程变更等。

典 型 习 题

实务操作和案例分析题一

【背景资料】

某项目部承建一项城市道路工程，道路基层结构为200mm厚碎石垫层和350mm厚水泥稳定碎石基层。

项目部按要求配置了安全领导小组，并成立了以安全员为第一责任人的安全领导小组，成员由安全员、项目经理及工长组成。项目部根据建设工程安全检查标准要求在工地大门口设置了工程概况牌、施工总平面图公示标牌。

项目部制定的施工方案中，对水泥稳定碎石基层的施工进行详细规定：要求350mm厚水泥稳定碎石分两层摊铺，下层厚度为200mm，上层厚度为150mm，并用15t压路机碾压。为保证基层厚度和高程准确无误，要求在面层施工前进行测量，如出现局部少量偏差则采用薄层补贴法进行找平。

在工程施工前，项目部将施工组织设计分发给相关各方人员，以此作为技术交底并开始施工。

【问题】

1. 指出安全领导小组的不妥之处，改正并补充小组成员。

2. 根据背景资料，项目部还需设置哪些标牌？

3. 指出施工方案中错误之处并给出正确做法。

4. 说明把施工组织设计直接作为技术交底做法的不妥之处并改正。

【参考答案】

1. 安全领导小组的不妥之处：成立了以安全员为第一责任人的安全领导小组。

改正：应成立以项目负责人为第一责任人的安全领导小组。

小组成员还应包括：项目技术负责人、班组长。

2. 根据背景资料，项目部还需设置的标牌：管理人员名单及监督电话牌、消防安全牌、安全生产牌、文明施工牌。

3. 施工方案中错误之处及正确做法。

（1）错误之处：用15t压路机碾压。

正确做法：宜采用12～18t压路机作初步稳定碾压，混合料初步稳定后用大于18t的压路机碾压，压至表面平整、无明显轮迹，且达到要求的压实度。

（2）错误之处：出现局部少量偏差采用薄层补贴法进行找平。

正确做法：应采用挖补100mm的方法再进行找平，严格遵守"宁高勿低，宁刨勿补"的原则。

（3）错误之处：在面层施工前进行测量复检。

正确做法：在基层碾压完毕后立即进行复测，发现标高厚度超差立即处理。

4. 不妥之处：项目部将施工组织设计分发给相关各方人员，以此作为技术交底并开始施工。

改正：应针对各工序进行专门的技术交底，并由双方在交底记录上签字确认。

实务操作和案例分析题二

【背景资料】

某公司承接给水厂升级改造工程，其中新建容积10000m³清水池一座，钢筋混凝土结构，混凝土设计强度等级为C35、P8，底板厚650mm；垫层厚100mm，混凝土设计强度等级为C15；底板下设抗拔混凝土灌注桩，直径ϕ800mm，满堂布置。桩基施工前，项目部按照施工方案进行施工范围内地下管线迁移和保护工作，对作业班组进行了全员技术安全交底。

施工过程中发生如下事件：

事件1：在吊运废弃的雨水管节时，操作人员不慎将管节下的燃气钢管兜住，起吊时钢管被拉裂，造成燃气泄漏，险些酿成重大安全事故。总监理工程师下达工程暂停指令，要求施工单位限期整改。

事件2：桩基首个验收批验收时，发现个别桩有如下施工质量缺陷：桩基顶面设计高程以下约1.0m范围混凝土不够密实，达不到设计强度。监理工程师要求项目部提出返修处理方案和预防措施。项目部获准的返修处理方案所附的桩头与杯口细部做法如图7-5所示。

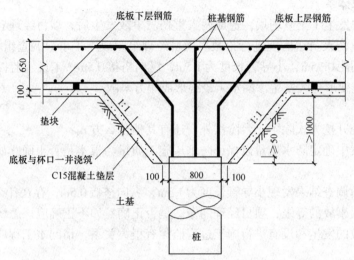

图7-5 桩头与杯口细部做法示意图（尺寸单位：mm）

【问题】

1. 指出事件1中项目部安全管理的主要缺失，并给出正确做法。
2. 列出事件1整改与复工的程序。
3. 分析事件2中桩基质量缺陷的主要成因，并给出预防措施。
4. 依据图7-5给出返修处理步骤（请用文字叙述）。

【参考答案】

1. 事件1中项目部安全管理主要缺失：没有对危险性较大的吊运节点进行动态监控。

正确做法：应依据风险控制方案要求，对本工程易发生生产安全事故的部位（燃气管道）进行标识、对起吊作业进行旁站监控，设置专职安全员。

2. 事件1整改与复工的程序有：项目部停工并提出整改措施（方案）→总监理工程师批准整改措施（方案）→验证整改措施（方案）→项目部提出复工申请→总监理工程师下达复工令。

3. 事件2中桩基质量缺陷的主要成因：超灌高度不够、混凝土（孔内）浮浆太多、孔内混凝土面测定不准。

预防措施：在其后每根桩超灌高度0.5~1m，孔内混凝土面测定应采用硬杆筒式取样测定。

4. 返修处理步骤：挖出桩头、形成杯口、凿除桩身不实部分、别出主筋、杯口混凝土垫层、桩头主筋按设计要求弯曲、与底板上层筋焊接。

实务操作和案例分析题三

【背景资料】

某地铁区间暗挖隧道工程，长1.2km，断面尺寸为6.4m×6.3m，覆土厚度12m。隧道上方为现况道路，隧道拱顶与路面之间分布有雨水、污水管线，走向与隧道平行。隧道穿越砂质粉土层，无地下水。隧道开挖方式选择为正台阶法开挖，辅以小导管注浆加固。隧道设计为复合式衬砌，施工方案中确定：防水质量以保证防水层施工质量为根本，与结构自防水组成防水体系。

施工过程中发生了土方坍塌，造成两人重伤。事故发生后，项目经理立即组织人员清理现场并将受重伤人员送医院进行抢救。项目经理组织成立了事故调查组，经调查发现：初期支护格栅间距0.75m，小导管长度为1.5m，纵向搭接0.5m，未设置监控量测点，开挖过程中污水管线变形过大发生渗漏水，最终形成塌方事故。

【问题】

1. 喷锚暗挖开挖方式除了正台阶法外，还有其他什么方式？

2. 施工方案中确定防水质量以保证防水层施工质量为根本是否正确？如不正确，应采取什么方案？

3. 分析事后调查结果发现小导管长度为1.5m，纵向搭接0.5m，存在什么问题？

4. 说明此次事故的等级；项目经理的做法是否正确？如不正确应该怎么做？

5. 本次事故的发生和没有进行施工过程监测有很大关系，请问本工程应该对哪些主要项目进行监测？

【参考答案】

1. 喷锚暗挖开挖方式除了正台阶法外还有全断面法、环形开挖预留核心土法、单侧壁导坑法、双侧壁导坑法、中隔壁法、交叉中隔壁法、中洞法、侧洞法、柱洞法、洞桩法。

2. 施工方案中确定防水质量以保证防水层施工质量为根本不正确。喷锚暗挖法施工隧道属于复合式衬砌，应以结构自防水为根本，辅以防水层组成防水体系，以变形缝、施工缝、后浇带、穿墙洞、预埋件、桩头等接缝部位混凝土及防水层施工为防水控制的重点。

3. 小导管常用设计参数：钢管直径40～50mm，长度应大于循环进尺的2倍，宜为3～5m，焊接钢管或无缝钢管；钢管安设注浆孔间距为100～150mm，钢管沿拱的环向布置间距为300～500mm，钢管沿拱的环向外插角为5°～15°，小导管是受力杆件，因此两排小导管在纵向应有一定搭接长度，钢管沿隧道纵向的搭接长度一般不小于1m。

本工程项目小导管的长度和纵向搭接长度均不满足要求。

4. 本次事故造成两人重伤，属于一般事故。一般事故是指造成3人以下死亡，或10人以下重伤，或者1000万元以下直接经济损失的事故。

项目经理的做法不正确。事故发生后，事故现场有关人员应当立即向本单位负责人报告；单位负责人接到报告后，应当于1h内向事故发生地县级以上人民政府安全生产监督管理部门和负有安全生产监督管理职责的有关部门报告。情况紧急时，事故现场有关人员可以直接向事故发生地县级以上人民政府安全生产监督管理部门和负有安全生产监督管理职责的有关部门报告。

项目经理无权组织调查，更不能清理现场。事故发生地有关地方人民政府、安全生产监督管理部门和负有安全生产监督管理职责的有关部门接到事故报告后，其负责人应当立即赶赴事故现场，组织事故救援。有关单位和人员应当妥善保护事故现场以及相关证据，任何单位和个人不得破坏事故现场、毁灭相关证据。

5. 本工程主要监测项目有：地表沉降、拱顶下沉、洞周收敛、周边管线及建（构）筑物、初期支护结构内力、土压力、土体分层位移。

实务操作和案例分析题四

【背景资料】

某城市高架桥上部结构为钢筋混凝土预应力简支梁，下部结构采用独柱式T形桥墩，钻孔灌注桩基础。

项目部编制了桥墩专项施工方案，方案中采用扣件式钢管支架及定型钢模板。为加强整体性，项目部将支架与脚手架一体化搭设，现场采用的支架模板施工图如图7-6所示。

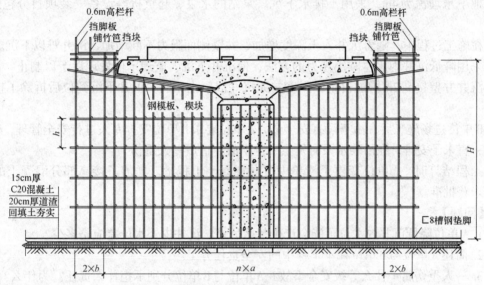

图7-6 支架模板施工图

项目部按施工图完成了桥墩钢筋安装和立模等各项准备工作后，开始浇筑混凝土。在施工中发生1名新工人从墩顶施工平台坠落致死事故，施工负责人立即通知上级主管部门。

事故调查中发现：外业支架平台宽120cm；平台防护栏高60cm；人员通过攀爬支架上下；三级安全教育资料中只有项目部的安全教育记录。

【问题】

1. 施工方案中支架结构杆件不全，指出缺失杆件名称。

2. 图7-6所示支架结构存在哪些安全隐患？

3. 高处作业人员应配备什么个人安全防护用品？

4. 按事故造成损失的程度，该事故属于哪个等级？

5. 项目部三级安全教育还缺少哪些内容？

【参考答案】

1. 施工方案中支架结构缺失的杆件名称：纵、横向扫地杆，斜撑，剪刀撑。

2. 图7-6所示支架结构存在的安全隐患：

（1）高处作业未设置安全网防护；

（2）防护栏过低（应高于作业通道面1.2m以上）；

（3）未设置上下作业人员通道；

（4）承重架与脚手架未分隔设置。

3. 高处作业人员应配备合格的安全帽、安全带、安全网等个人安全防护用品。

4. 按事故造成损失的程度，该事故属于一般事故。

5. 项目部三级安全教育还缺少公司（企业）、施工班组的安全教育记录。

实务操作和案例分析题五

【背景资料】

A单位承建一项污水泵站工程，主体结构采用沉井，埋深15m。场地地层主要为粉砂土，地下水埋深为4m，采用不排水下沉。泵站的水泵、起重机等设备安装项目分包给B公司。

在施工过程中，随着沉井入土深度增加，井壁侧面阻力不断增加，沉井难以下沉。项目部采用降低沉井内水位减小浮力的方法，使沉井下沉，监理单位发现后予以制止。A单位将沉井井壁接高2m增加自重，强度与原沉井混凝土相同，沉井下沉到位后拆除了接高部分。

B单位进场施工后，由于没有安全员，A单位要求B单位安排专人进行安全管理，但B单位一直未予安排，在吊装水泵时发生安全事故，造成一人重伤。

工程结算时，A单位变更了清单中沉井混凝土工程量，增加了接高部分混凝土的数量，未获批准。

【问题】

1. A单位降低沉井内水位可能会产生什么后果？沉井内外水位差应是多少？

2. 简述A单位与B单位在本工程中的安全责任分工。

3. 一人重伤属于什么等级安全事故？A单位与B单位分别承担什么责任？为什么？

4. 指出A单位变更沉井混凝土工程量未获批准的原因。

【参考答案】

1. A单位降低沉井内水位可能会产生的后果：流沙涌向井内，引起沉井歪斜，并增加吸泥工作量。沉井内外水位差应是1～2m。

2. A单位与B单位在本工程中的安全责任分工：A单位对施工现场的安全负责；分包合同中应当明确A单位与B单位各自的安全生产的权利、义务，A单位与B单位对分包工程的安全生产承担连带责任；B单位为分包单位，对分包范围内泵站的水泵、起重机的安装负责。如发生事故，由A单位负责上报事故。B单位应当服从A单位的安全生产管理，B单位为分包单位且未能按要求配备安全人员，不服从管理导致生产安全事故的，由B单位承担主要责任。

3. 一人重伤属于一般事故。

A单位承担连带责任。B单位承担主要责任。

理由：B单位为分包单位且未能按要求配备安全人员，不服从A单位的管理导致生产安全事故的，由B单位承担主要责任。

4. A单位变更沉井混凝土工程量未获批准的原因：沉井井壁接高2m所增加的费用属于施工措施费，已包括在合同价款内。

实务操作和案例分析题六

【背景资料】

某排水管道工程采用承插式混凝土管道，管座为180°；地基为湿陷性黄土，工程沿线范围内有一排高压输电线路。项目部的施工组织设计确定采用机械从上游向下游开挖沟槽，用起重机下管、安管，安管时管道承口背向施工方向。

开挖正值雨期，为加快施工进度，机械开挖至槽底高程。由于控制不当，局部超挖达200mm，施工单位自行进行了槽底处理。

管座施工采用分层浇筑。施工时，对第一次施工的平基表面压光、抹面，达到强度后进行二次浇筑。

项目部考虑工期紧，对已完成的主干管道边回填、边做闭水试验，闭水试验在灌满水后12h进行；对暂时不接支线的管道预留孔未进行处理。

【问题】

1. 改正下管、安管方案中不符合规范要求的做法。
2. 在本工程施工环境条件下，挖土机和起重机安全施工应注意什么？
3. 改正项目部沟槽开挖和槽底处理做法的不妥之处。
4. 指出管座分层浇筑施工做法中的不妥当之处。
5. 改正项目部闭水试验做法中的错误之处。

【参考答案】

1. 改正下管、安管方案中不符合规范要求的做法改正如下：管道开挖及安装宜自下游开始；管道承口应该朝向施工前进的方向。

2. 挖土机施工时应注意：（1）沟槽放坡坡度必须满足施工要求；（2）沟槽边堆土应堆放在安全距离以外，且应单侧推土；（3）注意无触碰高压线；（4）槽底预留人工清理土方厚度。

3. 对项目部沟槽开挖和槽底处理做法的不妥之处改正如下：

（1）机械开挖时，应在设计槽底高程以上保留一定余量，避免超挖，余量由人工清挖。

（2）施工单位应在监理工程师批准后进行槽底处理。

4. 管座分层浇筑施工做法中的不妥当之处：对第一次施工的平基表面压光、抹面，达到强度后进行二次浇筑。

正确做法：应将第一次施工的平基表面进行凿毛处理并清洗干净，使两次浇筑的混凝土之间形成紧密的结合面。

5. 对项目部闭水试验做法中的错误之处改正如下：

（1）管道填土前做闭水试验；

（2）闭水试验应在灌满水后24h进行；

（3）应对暂时不接支线的管道预留孔进行封堵处理。

实务操作和案例分析题七

【背景资料】

某城市南郊雨水泵站工程邻近大治河，大治河正常水位为+3.00m，雨水泵站和进水管道连接处的管内底标高为−4.00m。雨水泵房地下部分采用沉井法施工，进水管为3m×2m×10m（宽×高×长）现浇钢筋混凝土箱涵，基坑采用拉森钢板桩围护。设计对雨水泵房和进水管道的混凝土质量提出了防裂、抗渗要求，项目部为此制定了如下针对性技术措施：

（1）骨料级配、含泥量符合规范要求，水泥、外加剂合格。

（2）配合比设计中控制水泥和水的用量，适当提高水灰比，含气量满足规范要求。

（3）混凝土浇筑振捣密实，不漏振，不过振。

（4）及时养护，保证养护时间及质量。

项目部还制定了进水管道施工降水方案和深基坑开挖安全专项方案。

【问题】

1. 写出进水管道基坑降水井布置形式和降水深度要求。

2. 指出项目部制定的构筑物混凝土施工中的防裂、抗渗措施中的错误，说明正确的做法。

3. 本工程深基坑开挖安全专项方案应包括哪些主要内容？

4. 简述深基坑开挖安全专项方案的确定程序。

【参考答案】

1. 进水管施工开挖的基坑为条形基坑，根据《建筑与市政工程地下水控制技术规程》JGJ 111—2016规定，宜采用单排或双排形式布置降水井。

进水井的降水深度应满足下述要求：地下水位的最高点到基坑底的距离大于0.5m（或−4.5m以下）。

2. 项目部制定的构筑物混凝土施工中的防裂、抗渗措施中的错误在于：措施（2）提高水灰比错误，应该降低水灰比；措施（3）不全面，还应避开高温季节，在满足混凝土运输和布放要求前提下，尽量减小混凝土的坍落度，合理设置后浇带；措施（4）不全面，应做好养护记录，还应采取延长拆模时间和外保温措施，拆模后及时回填土。

3. 深基坑开挖安全专项方案，其主要内容有：工程概况；编制依据；施工计划：包括施工进度计划、材料与设备计划；施工工艺技术；施工安全保证措施；施工管理及作业人员配备和分工；验收要求；应急处理措施；计算书及相关图纸。

4. 深基坑开挖安全专项方案的确定程序：

（1）项目部提供专项方案。

（2）经专家论证。

（3）专家论证会后，应当形成论证报告，对专项施工方案提出通过、修改后通过或者不通过的一致意见。专家对论证报告负责并签字确认。

（4）专项施工方案经论证需修改后通过的，应根据论证报告修改完善后，由施工单位技术负责人审核签字、加盖单位公章，并由总监理工程师审查签字、加盖执业印章后方可实施。

专项施工方案经论证不通过的，施工单位修改后应按照规定的要求重新组织专家论证。

实务操作和案例分析题八

【背景资料】

某城市跨线桥工程，上部结构为现浇预应力混凝土连续梁，其中主跨跨径为30m并跨越一条宽20m河道；桥梁基础采用直径1.5m的钻孔桩，承台尺寸为12.0m×7.0m×2.5m（长×宽×高），承台顶标高为+7.000m，承台边缘距驳岸最近距离为1.5m；河道常年水位为+8.000m，河床底标高为+5.000m，河道管理部门要求通航宽度不得小于12m。

工程地质资料反映：地面以下2m为素填土，素填土以下为粉砂土，原地面标高为+10.000m。项目部进场后编制了施工组织设计，并对钻孔桩、大体积混凝土、承重支架模板、预应力张拉等关键分项工程编制了安全专项施工方案。项目部的安全负责人组织项目部施工管理人员进行安全技术交底后开始施工。第一根钻孔桩成孔后进入后续工序施工，二次清孔合格后，项目部通知商品混凝土厂家供应混凝土并准备水下混凝土灌注工作。首批混凝土灌注时发生堵管现象，项目部立即按要求进行了处理。

现浇预应力混凝土连续梁在跨越河道段采用门洞支架，对通行孔设置了安全设施；在河岸两侧采用满布式支架，对支架基础按设计要求进行处理，并明确在浇筑混凝土时需安排专人值守的保护措施。

上部结构施工时，项目部采取如下方法安装钢绞线：纵向长束在混凝土浇筑之前穿入管道；两端张拉的横向束在混凝土浇筑之后穿入管道。

【问题】

1. 说明项目部安全技术交底的正确做法。
2. 分析堵管发生的可能原因，给出在确保桩质量的条件下合适的处理措施。
3. 现浇预应力混凝土连续梁的支架还应满足哪些技术要求？
4. 浇筑混凝土时还应对支架采取什么保护措施？
5. 补充项目部采用的钢绞线安装方法中的其余要求。

【参考答案】

1. 单位工程开工前，项目部的技术负责人必须向有关人员进行安全技术书面交底，履行签字手续并形成记录归档。结构复杂的分部分项工程施工前，项目部的安全（技术）负责人应进行安全技术书面交底，履行签字手续并形成记录归档。项目部应保存安全技术交底记录。

2. 堵管发生的可能原因：完成第二次清孔后，应立即开始灌注混凝土，若因故推迟灌注混凝土，应重新进行清孔，否则，可能造成孔内泥浆悬浮的砂粒下沉而使孔底沉渣过厚，并导致隔水栓无法正常工作而发生堵管事故。处理措施为重新进行清孔，情况严重的需要吊起钢筋骨架。

3. 现浇预应力混凝土连续梁的支架应满足下列技术要求：

（1）支架的强度、刚度、稳定性应符合要求，支架的地基承载力应符合要求，必要时，应采取加强处理或其他措施。

（2）采取预压法消除拼装间隙和地基沉降等非弹性变形。

（3）设置合理的预拱度。

（4）应有简便可行的落架拆模措施。

4. 浇筑混凝土时，应采取以下保护措施：

（1）浇筑过程均匀对称进行；

（2）在地基有变化可能造成梁体裂缝时，改变浇筑方式；

（3）对支架进行沉降观测，发现梁体支架不均匀下沉应及时采取加固措施；

（4）避免在混凝土浇筑过程中船只或者车辆对支架的撞击。

5. 项目部采用的钢绞线安装方法中的其余要求：

（1）先穿束后浇混凝土时，浇筑混凝土之前，必须检查管道并确认完好；浇筑混凝土时，应定时抽动、转动预应力筋。

（2）先浇混凝土后穿束时，浇筑后应立即疏通管道，确保其畅通。

（3）混凝土采用蒸汽养护时，养护期内不得装入预应力筋。

（4）穿束后至孔道灌浆完成，应控制在下列时间以内，否则应对预应力筋采取防锈措施：空气湿度大于70%或盐分过大时，7d；空气湿度在40%～70%时，15d；空气湿度小于40%时，20d。

（5）在预应力筋附近进行电焊时，应对预应力钢筋采取保护措施。

实务操作和案例分析题九

【背景资料】

某城市市区主要路段的地下两层结构工程，地下水位在坑底以下2.0m。基坑平面尺寸为145m×20m，基坑挖深为12m，围护结构为600mm厚地下连续墙，采用四道ϕ609mm钢管支撑，竖向间距分别为3.5m、3.5m和3m。基坑周边环境为：西侧距地下连续墙2.0m处为一条4车道市政道路；距地下连续墙南侧5.0m处有一座五层民房；周边有三条市政管线，离开地下连续墙外沿距离小于12m。

项目经理部采用2.0m高安全网作为施工围挡，要求专职安全员在基坑施工期间作为安全生产的第一责任人进行安全管理，对施工安全全面负责。安全员要求对电工及架子工进行安全技能培训，考试合格持证方可上岗。

基坑施工方案有如下要求：

（1）基坑监测项目主要为围护结构变形及支撑轴力；

（2）由于第四道支撑距坑底仅2.0m，造成挖掘机挖土困难，把第三道支撑下移1.0m，取消第四道支撑。

【问题】

1. 现场围挡不合要求，请改正。

2. 项目经理部由专职安全员对施工安全全面负责是否妥当？为什么？

3. 安全员要求持证上岗的特殊工种不全，请补充。

4. 根据基坑周边环境，补充监测项目。

5. 指出支撑做法的不妥之处；若按该支撑做法施工可能造成什么后果？

【参考答案】

1. 现场围挡的高度不应低于2.5m，应采用砌体、金属板材等硬质材料。

2. 项目经理部由专职安全员对施工安全全面负责不妥当。理由：应由施工单位主要负责人对施工安全全面负责。

3. 安全员要求持证上岗的特殊工种不全，还需补充：电焊工、爆破工、机械工、起重工、机械司机。

4. 根据基坑周边环境，补充的监测项目：周围建筑物、地下管线变形；地下水位；桩、墙内力；锚杆拉力；立柱变形；土体分层竖向位移；支护结构界面上侧向压力。

5. 支撑做法的不妥之处：第三道支撑下移 1.0m，取消第四道支撑。若按该支撑做法施工可能造成围护结构和周边土体、建筑物变形过大，严重的可能造成基坑坍塌。

实务操作和案例分析题十

【背景资料】

某沿海城市电力隧道内径为 3.5m，全长 4.9km，管顶覆土厚度大于 5m，采用顶管法施工，合同工期 1 年，检查井兼作工作坑，采用现场制作沉井下沉的施工方案。

电力隧道沿着交通干道走向，距交通干道侧石边最近处仅 2m 左右。离隧道轴线 8m 左右，有即将入地的高压线，该高压线离地高度最低为 15m，单节管长 2m，自重 10t，采用 20t 龙门式起重机下管。隧道穿越一个废弃多年的污水井。

上级公司对工地的安全监督检查中，有以下记录：

（1）项目部对本工程做了安全风险源分析，认为主要风险为正、负高空作业以及地面交通安全和隧道内施工用电，并依此制定了相应的控制措施。

（2）项目部编制了安全专项施工方案，分别为施工临时用电组织设计，沉井下沉施工方案。

（3）项目部制定了安全生产验收制度。

【问题】

1. 该工程还有哪些安全风险源未被辨识？对此应制定哪些控制措施？

2. 项目部还应补充哪些安全专项施工方案？说明理由。

3. 针对本工程，安全验收应包含哪些项目？

【参考答案】

1. 该工程未被辨识的安全风险源有：隧道内有毒有害气体，高压电线电力场。

对此的控制措施：必须制定有毒有害气体的探测、防护和应急措施；必须制定防止高压电线电力场伤害人身及机械设备的措施。

2. 项目部还应补充沉井制作的模板方案和脚手架方案，补充龙门式起重机的安装方案。

理由：本案中管道内径为 3.5m，管顶覆土大于 5m，故沉井深度将达到 10m 左右，现场预制即采用分 3 次预制的方法，每次预制高度仍达 3m 以上，必须搭设脚手架和模板支撑系统。因此，应制定沉井制作的模板方案和脚手架方案，并且注意模板支撑和脚手架之间不得有任何联系。本案中，隧道用混凝土管自重大，采用龙门式起重机下管方案，按规定必须编制龙门式起重机安装方案，并由专业安装单位施工，由安全监督站验收。

3. 本工程安全验收的项目包括：沉井模板支撑系统验收、脚手架验收、临时施工用电设施验收、龙门式起重机安装完毕验收、个人防护用品验收、沉井周边及内部防高空坠落系列措施验收。

实务操作和案例分析题十一

【背景资料】

某城市环路立交桥工程，长 1.5km，其中跨越主干道部分采用钢-混凝土组合梁结构，跨径 47.6m。鉴于吊装的单节钢梁重量大，又在城市主干道上施工，承建该工程的施工项目部为此制定了专项施工方案，拟采取以下措施：

（1）为保证起重机的安装作业，占用一侧慢行车道，选择在夜深车稀时段自行封路后进行钢梁吊装作业。

（2）请具有相关资质的研究部门对钢梁结构在安装施工过程中不同受力状态下的强度、刚度及稳定性进行验算。

（3）将安全风险较大的临时支架的搭设通过招标程序分包给专业公司，签订分包合同，并按有关规定收取安全风险保证金。

【问题】

1. 结合本工程说明施工方案与施工组织设计的关系，施工方案包括哪些主要内容？

2. 项目部拟采取的措施（1）不符合哪些规定？

3. 项目部拟采取的措施（2）中验算内容和项目齐全吗？如不齐全，请补充。

4. 从项目安全控制的总包和分包责任分工角度来看，项目部拟采取的措施（3）是否全面？若不全面，还应做哪些补充？

【参考答案】

1. 施工方案与施工组织设计的关系：施工方案是施工组织设计的核心内容。

施工方案主要包括：施工方法（工艺）的确定、施工机具（设备）的选择、施工顺序（流程）的确定。

2. 项目部拟采取的措施（1）不符合《城市道路管理条例》（国务院令第198号，经国务院令第676号修订）的规定。

因特殊情况需要临时占用城市道路，须经市政工程行政主管部门和公安交通管理部门批准，方可按照规定占用。

3. 项目部拟采取的措施（2）中验算内容和项目不全，还应对临时支架、支承、起重机等临时结构进行强度、刚度及稳定性验算。

4. 从项目安全控制的总包和分包责任分工角度来看，项目部拟采取的措施（3）不全面，还应对分包方提出安全要求，并认真监督、检查。承包方负责项目安全控制，分包方服从承包方的管理，分包方对本施工现场的安全工作负责。

实务操作和案例分析题十二

【背景资料】

某市政工程，甲施工单位选择乙施工单位分包基坑支护及土方开挖工程。

施工过程中发生如下事件：

事件1：乙施工单位开挖土方时，因雨期下雨导致现场停工3d，在后续施工中，乙施工单位挖断了一处在建设单位提供的地下管线图中未标明的煤气管道，因抢修导致现场停工7d。为此，甲施工单位通过项目监理机构向建设单位提出工期延期10d和费用补偿2万元（合同约定，窝工综合补偿2000元/d）的要求。

事件2：为赶工期，甲施工单位调整了土方开挖方案，并按约定程序进行了报批。总监理工程师在现场发现乙施工单位未按调整后的土方开挖方案施工并造成围护结构变形超限，立即向甲施工单位签发"工程暂停令"，同时报告了建设单位。乙施工单位未执行指令仍继续施工，总监理工程师及时报告了有关主管部门。后因围护结构变形过大引发了基坑局部坍塌事故。

事件3：甲施工单位凭施工经验，未经安全验算就编制了高大模板工程专项施工方案，经项目经理签字后报总监理工程师审批的同时，就开始搭设高大模板。施工现场安全生产管理人员则由项目总工程师兼任。

事件4：甲施工单位为便于管理，将施工人员的集体宿舍安排在本工程尚未竣工验收的地下车库内。

【问题】

1. 指出事件1中挖断煤气管道事故的责任方，说明理由。项目监理机构批准的工程延期和费用补偿各多少？说明理由。

2. 根据《建设工程安全生产管理条例》（国务院令第393号），分析事件2中甲、乙施工单位和监理单位对基坑局部坍塌事故应承担的责任，说明理由。

3. 指出事件3中甲施工单位的做法有哪些不妥，写出正确的做法。

4. 指出事件4中甲施工单位的做法是否妥当，说明理由。

【参考答案】

1.（1）事件1中挖断煤气管道事故的责任方为建设单位。

理由：开工前，建设单位应向施工单位提供完整的施工区域内的地下管线图，其中应包含煤气管道走向埋深位置图。

（2）项目监理机构批准的工程延期为7d。

理由：雨期下雨停工3d不予批准延期，只批准因抢修导致现场停工7d的工期延期。

（3）项目监理机构批准的费用补偿为14000元。

理由：费用补偿为：7×2000＝14000元。

2. 根据《建设工程安全生产管理条例》（国务院令第393号），分析事件2中甲、乙施工单位和监理单位对基坑局部坍塌事故应承担的责任及理由如下：

（1）甲施工单位和乙施工单位对事故承担连带责任，由乙施工单位承担主要责任。

理由：甲施工单位属于总承包单位，乙施工单位属于分包单位，它们对分包工程的安全生产承担连带责任；分包单位不服从管理导致的生产安全事故的，由分包单位承担主要责任。

（2）监理单位不承担责任。

理由：监理单位在施工现场对乙施工单位未按调整后的土方开挖方案施工的行为，及时向甲施工单位签发"工程暂停令"，同时报告建设单位，已履行了职责。

3. 事件3中甲施工单位做法的不妥之处及正确做法如下。

（1）不妥之处：甲施工单位凭施工经验，未经安全验算编制高大模板工程专项施工方案。

正确做法：对模板工程应编制专项施工方案，且有详细的安全验算书。

（2）不妥之处：专项施工方案经项目经理签字后报总监理工程师审批。

正确做法：专项施工方案经甲施工单位技术负责人审查签字后报总监理工程师审批。

（3）不妥之处：高大模板工程施工方案未经专家论证、评审。

正确做法：应由甲施工单位组织专家进行论证和评审。

（4）不妥之处：甲施工单位在专项施工方案报批的同时开始搭设高大模板。

正确做法：按照合同规定的管理程序，施工组织设计和专项施工方案应经总监理工程师签字后才可以实施。

（5）不妥之处：施工现场安全生产管理人员由项目总工程师兼任。

正确做法：应该由专职安全生产管理人员进行现场监督。

4. 事件4中甲施工单位的做法不妥。

理由：依据《建设工程安全生产管理条例》（国务院令第393号），施工单位不得在工程尚未竣工验收的建筑物内设置员工集体宿舍。

实务操作和案例分析题十三

【背景资料】

某桥梁工程，脚手架采用悬挑钢管脚手架，外挂密目安全网，塔式起重机作为垂直运输工具，2017年11月9日在15层结构施工时，吊运钢管时钢丝绳滑扣，起吊离地20m后，钢管散落，造成下面作业的4名人员死亡，2人重伤。

经事故调查发现：

（1）作业人员严重违章，起重机司机因事请假，工长临时指定一名机械工操作塔吊，钢管没有细扎就托底兜着吊起，而且钢丝绳没有在吊钩上挂好，只是挂在吊钩的端头上。

（2）专职安全员在事故发生时不在现场。

（3）作业前，施工单位项目技术负责人未详细进行安全技术交底，仅向专职安全员口头交代了施工方案中的安全管理要求。

【问题】

1. 针对现场伤亡事故，项目经理应采取哪些应急措施？

2. 指出本次事故的直接原因。

3. 对本起事故，专职安全员有哪些过错？

4. 指出该项目安全技术交底工作存在的问题。

【参考答案】

1. 针对现场伤亡事故，项目经理应采取的应急措施包括：

（1）迅速抢救伤员并保护好事故现场；

（2）组织调查组；

（3）现场勘察；

（4）分析事故原因，明确责任者；

（5）制定预防措施；

（6）提出处理意见，写出调查报告；

（7）事故的审定和结案；

（8）员工伤亡事故登记记录。

2. 本次事故的直接原因：作业人员违规操作，专职安全员未在现场进行指导。

3. 对本起事故，专职安全员存在的过错是没有在现场对作业进行严格的安全指导。

4. 存在的问题：施工单位项目负责人没有详细进行安全技术交底，仅向专职安全员口头交代了施工方案中的安全管理要求。

正确做法：安全技术交底工作在正式作业前进行，不但要口头讲解，而且应有书面文字材料，并履行签字手续，施工员、施工班组、安全员三方各保留一份。项目部保存技术交底。

实务操作和案例分析题十四

【背景资料】

某城市跨线桥工程，主跨为三跨现浇预应力混凝土连续梁，跨径为40m＋50m＋40m，桥宽25m，桥下净高6m。经上一级批准的施工组织设计中有详细施工方案，拟采用满堂支架方式进行主梁施工。为降低成本，项目经理部命采购部门就近买支架材料，并经过验审产品三证后立即进货。搭设支架模板后，在主梁混凝土浇筑过程中，支架局部失稳坍塌，造成2人死亡、4人重伤的安全事故，并造成65万元的直接经济损失。

事故发生后：

（1）事故调查组在调查中发现，项目部的施工组织设计中，只对支架有过详细的强度验算；

（2）调查组也发现项目部有符合工程项目管理规范要求的质量计划及采购计划；

（3）调查组只查到该工程的设计技术交底书面资料；

（4）调查组查实了事故事实后，确定了该安全事故的等级，以便下一步做出处理意见；

（5）在事故调查完毕后，项目总工变更了施工方案，经项目经理批准，立即组织恢复施工。

【问题】

1. 该工程的事故等级应如何划定？

2. 该工程项目部对支架的验算工作是否完整？为什么？

3. 该工程项目部的采购活动中正确与错误的做法各是什么？

4. 该工程项目部只有设计技术交底资料，说明什么？

【参考答案】

1. 安全生产事故分4个等级，此事故应定为一般事故。

2. 该工程项目部对支架只做强度验算，是不完整的。

理由：还应对支架作刚度验算和稳定验算。

3.（1）该工程项目部的采购活动中正确的做法：制定了质量计划和采购计划。

（2）该工程项目部的采购活动中错误的做法：项目部指定就近采购，没有进行招标采购；项目部采购支架时只审查产品三证，而未做质量检验；项目部应在质量检验合格后才能使用。

4. 只有设计交底的资料记载，说明项目部在施工前没有进行施工技术交底或没有施工技术交底的书面记录，也没有安全技术交底的记载。

实务操作和案例分析题十五

【背景资料】

某桥梁工地的简支板梁由专业架梁分包队伍架设。该分包队伍用2台50t履带式起重机，以双机抬的吊装方式架设板梁。在架设某跨板梁时，突然一台履带式起重机倾斜，板梁砸向另一台履带式起重机驾驶室，将一名吊车驾驶员当场砸死，另有一人受重伤。事故发生后，项目经理立即组织人员抢救伤员，排除险情，防止事故扩大，做好标志，保护了现场，并在事故发生后第一时间内报告企业安全主管部门，内容有：事故发生的时间、地点、伤亡人数和事故发生原因的初步分析。在报告上级以后，项目经理指定技术、安全部门的人员组成调查组，对事故开展调查，企业安全部门和企业负责安全生产的副总经理也赶到现场参加调查，调查中发现下述现象：

（1）项目部审查了分包方的安全施工资格和安全生产保证体系，并做出了合格评价。在分包合同中明确了分包方安全生产责任和义务，提出了安全要求，但查不到监督、检查记录。

（2）项目部编制了板梁架设的专项安全施工方案，方案中明确规定履带式起重机下要满铺路基箱板，路基箱板的长边要与履带式起重机行进方向垂直，但两台履带式起重机下铺设的路基箱板，其长边都几乎与履带式起重机行进方向平行，而这正是造成此次事故的主要原因之一。

（3）查到了项目部向分包队伍的安全技术交底记录，签字齐全，但查不到分包队伍负责人向全体作业人员的交底记录。

（4）仔细查看安全技术交底记录，没有发现路基箱板铺设方向不正确给作业人员带来的潜在威胁和避难措施的详细内容。

（5）事故造成的直接经济损失达75万元。

通过调查，查清了事故原因和事故责任者，对事故责任者和员工进行了教育，事故责任者受到了处理。

【问题】

1. 事故报告的签报程序规定是什么？

2. 上述资料中（1）、（2）、（3）、（4）种现象违反了哪些安全控制要求？

3. 对事故处理是否全面？如不全面，请说明理由。

4. 按事故处理的有关规定，还应有哪些人参与调查？

【参考答案】

1. 事故报告的签报程序：安全事故发生后，受伤者或最先发现事故的人员立即用最快的传递手段，将发生事故的时间、地点、伤亡人数、事故原因等情况，上报至企业安全主管部门。企业安全主管部门视事故造成的伤亡人数或直接经济损失情况，按规定向政府主管部门报告。

2. 上述资料中现象（1）违反的安全控制要求是，实行总分包的项目，安全控制由承包方负责，分包方服从承包方的管理。承包方对分包方的安全生产责任包括：① 审查分包方的安全施工资格和安全生产保证体系，不应将工程分包给不具备安全生产条件的分包方；② 在分包合同中应明确分包方安全生产责任和义务；③ 对分包方提出安全要求，并认真监督、检查。

上述资料中现象（2）违反的安全控制要求是，承包方对违反安全规定冒险蛮干的分包方，应责令其停工整改。分包方对本施工现场的安全工作负责，认真履行分包合同规定的安全生产责任；遵守承包方的有关安全生产制度，服从承包方的安全生产管理。

上述资料中现象（3）违反的安全控制要求是，项目经理部必须实行逐级安全技术交底制度，纵向延伸到班组全体作业人员。

上述资料中现象（4）违反的安全控制要求是，技术交底的内容应针对分部分项工程施工中作业人员带来的潜在隐含危险因素和存在问题。

3. 对事故处理不全面。

理由：安全事故处理必须坚持"四不放过"原则，即事故原因不清楚不放过，事故责任者和员工没有受到过教育不放过，事故责任者没有处理不放过，没有制定防范措施不放过。在本工程中没有制定防范措施。

4. 按事故处理的有关规定，还应有质量部门的人员和企业工会代表。

实务操作和案例分析题十六

【背景资料】

某市新建道路大桥，主桥长500m，桥宽21.5m，桥梁中间三孔为钢筋混凝土预应力连续梁，跨径组合为30m+40m+30m，需现场浇筑，做预应力张拉，其余部分为20m的T形简支梁。部分基础采用沉入桩，平面尺寸6m×26m，布置130根桩的群桩形式，中间三孔模板支架有详细专项方案设计，并经项目经理批准将基础桩分包给专业施工队，签订了施工合同。施工过程中发生如下事件：

事件1：为增加桩与土体的摩擦力，打桩顺序定为从四周向中心打。

事件2：施工组织设计经项目经理批准签字后，上报监理工程师审批。

事件3：方案中对支架的构件强度做了验算，符合规定要求。

事件4：施工中由于拆迁原因影响了工期，项目总工对施工组织设计做了相应的变更调整，并及时请示项目经理，经批准后付诸实施。

【问题】

1. 事件1中的打桩方法是否正确？若不正确请改正。

2. 事件3中对支架的验算内容是否全面？如不全面请补充。

3. 施工组织设计的审批和变更程序的做法是否正确，应如何办理？

4. 总包和分包在安全控制方面是如何分工的？

【参考答案】

1. 事件1中的打桩方法不正确。

正确做法：沉桩时的施工顺序应从中心向四周进行，沉桩时应以控制桩尖设计高程为主。

2. 事件3中对支架的验算内容不全面。

工程施工组织设计应经项目经理批准后，必须报企业技术负责人审批；按规定应包括强度、刚度及稳定性3个方面，只对强度进行验算是不全面的。

3. 施工组织设计的审批和变更程序的做法不正确。

正确程序：工程施工组织设计应经项目经理批准后，必须报企业技术负责人审批；施工组织设计的变更与审批程序相同。

4. 总包和分包在安全控制方面实行总承包项目安全控制由承包方负责，分包方服从承包方的管理。

实务操作和案例分析题十七

【背景资料】

某城市桥梁工程，承担该工程项目的施工单位项目经理部为达到安全文明施工，预防事故的发生，在施工前制定了施工现场安全生产保证计划。施工单位在施工过程中制定了以下的安全措施。

（1）模板安装完毕后，经签认后才可浇筑混凝土。

（2）制作木支架、木拱架时，主要压力杆的纵向连接应使用搭接法。

（3）当钢筋混凝土结构的承重构件跨度大于4m时，在混凝土强度符合设计强度标准值的60%的要求后，方可拆除模板。

（4）对起重机械作业安全制定"十不吊"施工措施。

【问题】

1. 市政合同工程安全生产保证计划编制的关键点有哪些？

2. 逐条判断施工单位在施工过程中制定的安全措施是否妥当？如存在不妥之处，请改正。

3. 模板安装完毕后，应对哪些项目进行检查签认后方可浇筑混凝土？

4. 起重机械作业安全措施的"十不吊"指的是什么？

【参考答案】

1. 市政合同工程安全生产保证计划编制的关键点包括：

（1）安全生产保证计划应在施工活动开始前编制完成；

（2）必须针对本工程的特点、难点进行从浅入深、由表及里的剖析，准确识别出本工程的重大危险源和重大不利环境因素；

（3）按照安全生产预防为主的原则，依靠新工艺、新技术，制定出针对重大危险源和重大不利环境因素的管理控制方案；

（4）落实各类资源，从组织上、人力上、财力上给予保证；

（5）按照策划、实施、检查、改进PDCA循环的管理模式，结合本工程、本建设工程项目部特点，制定符合标准要求的管理程序，并认真加以论证，付诸实施。

2. 施工单位在施工过程中制定的安全措施的妥当与否的判定及正确做法如下：

（1）妥当。

（2）不妥之处：制作木支架、木拱架时，主要压力杆的纵向连接应使用搭接法。

正确做法：制作木支架、木拱架时，主要压力杆的纵向连接应使用对接法。

（3）不妥之处：当钢筋混凝土结构的承重构件跨度大于4m时，在混凝土强度符合设计强度标准值的60%的要求后，方可拆除模板。

正确做法：当钢筋混凝土结构的承重构件跨度大于4m时，在混凝土强度符合设计强度标准值的75%的要求后，方可拆除模板。

（4）妥当。

3. 模板安装完毕后，应对其平面位置、顶部标高、节点连接及纵横向稳定性进行检查，签认后方可浇筑混凝土。

4. 起重机械作业安全措施的"十不吊"包括：

（1）斜吊不吊；

（2）超载不吊；

（3）散装物装得太满或捆扎不牢不吊；

（4）指挥信号不明不吊；

（5）吊物边缘锋利无防护措施不吊；

（6）吊物上站人不吊；

（7）埋入地下的构件情况不明不吊；

（8）安全装置失灵不吊；

（9）光线阴暗看不清吊物不吊；

（10）6级以上强风不吊。

实务操作和案例分析题十八

【背景资料】

某城市道路改造工程，随路施工的综合管线有0.4MPa的DN500mm中压燃气、DN1000mm给水管并排铺设在道路下，燃气管道与给水管材均为钢管，实施双管合槽施工。热力隧道工程采用暗挖工艺施工。承包方A公司将工程的其中一段热力隧道工程分包给B公司，并签了分包合同。

B公司发现土层松散，有不稳定迹象，但认为根据已有经验和这个土层的段落较短，出于省事省钱的动机，不仅没有进行超前注浆加固等加固措施，反而加大了开挖的循环进尺，试图"速战速决，冲过去"，丝毫未理睬承包方A公司派驻B方现场监督检查人员的劝阻。结果发生隧道塌方事故，造成了3人死亡。

事故调查组在核查B公司施工资格和安全生产保证体系时发现，B公司根本不具备安全施工的条件。

【问题】

1. 燃气管与给水管的水平净距以及燃气管顶与路面的距离有何要求？

2. 对发生的安全事故，A公司在哪些方面有责任？

3. B公司对事故应该怎么负责？

【参考答案】

1. 燃气管与给水管的水平净距不应小于0.5m，燃气管顶的最小覆土深度不得小于0.9m。

2. A公司没有认真审核B公司施工资质，便与之签了分包合同，这是A公司对这起事故首先应负的安全控制失责的责任；其次，A公司虽然采取了派人进驻B公司施工现场，并对B公司的违规操作提出了劝阻意见和正确做法，但未采取坚决制止的手段，导致事故未能避免。这是A公司安全控制不力的又一方面应负的责任。A公司还应统计分包方伤亡事故，按规定上报和按分包合同处理分包方的伤亡事故。

3. B公司不具备安全施工资质，又不听从A公司人员的劝阻，坚持违规操作，造成事故，应承担"分包方对本施工现场的安全工作负责"以及"分包方未服从承包人的管理"的责任。

实务操作和案例分析题十九

【背景资料】

某城市道路有一座分离式隧道，左线起止桩号为 ZK3+640～ZK4+560，右线起止桩号为 YK3+615～YK4+670，进出口段为浅埋段，Ⅳ级围岩，洞身穿越地层岩性主要为砂岩、泥岩砂岩互层，Ⅱ、Ⅲ级围岩。

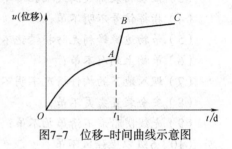

图7-7 位移–时间曲线示意图

该隧道采用新奥法施工，施工单位要求开挖时尽量减少对围岩的扰动，开挖后及时施作初期喷锚支护，严格按规范要求进行量测，并适时对围岩施作封闭支护。图7-7为施工监控量测得出的位移–时间曲线示意图。

施工单位项目部实行安全责任目标管理，决定由专职安全员对隧道的安全生产全面负责。爆破施工前，招聘了8名员工，并立即由专职安全员进行培训，经项目部考核合格后安排从事爆破作业。施工过程中要求电钻工戴棉纱手套，穿绝缘胶鞋；隧道开挖及衬砌作业地段的照明电压为110～220V。

【问题】

1. 按长度划分，左右线隧道分别属于哪种隧道？按地质条件划分，该隧道属于哪种隧道？

2. 施工单位对隧道的施工要求体现了新奥法的哪些基本原则？

3. 图7-7中的时间点 t_1 表明当时围岩和支护已呈什么状态？此时在现场应采取哪些措施？

4. 指出施工单位在施工安全管理方面的错误做法并改正。

【参考答案】

1. 按长度划分，左线隧道属于中隧道；右线隧道属于长隧道。

按地质条件划分该隧道属于岩石隧道。

2. 施工单位对隧道的施工要求体现的新奥法的基本原则：少扰动、早喷锚、勤量测、紧封闭。

3. 图7-7中的时间点 t_1 表明当时围岩和支护已呈不稳定状态。

此时在现场应采取的措施：密切监视围岩动态，并加强支护，必要时暂停开挖。

4. 施工单位在施工安全管理方面的错误做法及正确做法如下：

（1）错误做法：由专职安全员对隧道的安全生产全面负责。

正确做法：应由项目经理对隧道的安全生产全面负责。

（2）错误做法：由专职安全员对新员工进行培训，经项目部考核合格后安排从事爆破作业。

正确做法：所有新员工要经过三级安全教育，还要经过专业培训，并取得爆破作业资格。

（3）错误做法：施工过程中要求电钻工戴棉纱手套。

正确做法：施工过程中应要求电钻工戴绝缘手套。

（4）错误做法：隧道开挖及衬砌作业地段的照明电压为110～220V。

正确做法：隧道开挖及衬砌作业地段的照明电压应为12～36V。

实务操作和案例分析题二十

【背景资料】

某城市热力管道工程项目，是实行总分包的项目，项目经理部为了确保安全目标的实现，对施工项目安全提出了详细而科学的控制措施。在施工过程中，由于分包商的一名工人不慎将一个施工手钻从高处坠落，造成一人重伤。

【问题】

1. 实行总分包的项目，安全控制由谁负责？

2. 工程项目安全控制应坚持的方针是什么？谁是项目安全生产的总负责人？

3. 分包单位安全生产责任包括哪些内容？

4. 总承包单位对分包单位的安全生产责任包括哪些内容？

【参考答案】

1. 实行总分包的项目，安全控制由承包单位负责。

2. 工程项目安全控制应坚持的方针是"安全第一，预防为主"。项目经理是项目安全生产的总负责人。

3. 分包单位安全生产责任应包括：

（1）分包单位对本施工现场的安全工作负责，认真履行分包合同规定的安全生产责任；

（2）遵守总承包单位的有关安全生产制度，服从总承包单位的安全生产管理，及时向总承包单位报告伤亡事故并参与调查，处理善后事宜。

4. 总承包单位对分包单位的安全生产责任应包括：

（1）审查分包单位的安全施工资格和安全生产保证体系，不应将工程分包给不具备安全生产条件的分包单位；

（2）在分包合同中应明确分包单位安全生产责任和义务；

（3）对分包单位提出安全要求，并认真监督、检查；

（4）对违反安全规定冒险蛮干的分包单位，应令其停工整改；

（5）统计分包单位的伤亡事故，按规定上报，并按分包合同约定协助处理分包单位的伤亡事故。

实务操作和案例分析题二十一

【背景资料】

某施工单位承接某市的隧道土建及交通工程施工项目，该隧道为单洞双向行驶的两车道浅埋隧道，设计净高5m，净宽12m，总长1600m，穿越的岩层主要由页岩和砂岩组成，裂隙发育，设计采用新奥法施工、分部开挖和复合式衬砌。进场后，项目部与所有施工人员签订了安全生产责任书，在安全生产检查中发现一名电工无证上岗，一名装载机驾驶员证书过期，项目部对电工予以辞退，并要求装载机驾驶员必须经过培训并经考核合格后方可重新上岗。

隧道喷锚支护时，为保证喷射混凝土强度，按相关规范要求取样进行抗压强度试验。取样按每组3个试块，共抽取36组，试验时发现其中有2组试块抗压强度平均值为设计强度的90%、87%，其他各项指标符合要求。检查中还发现喷射混凝土局部有裂缝、脱落、露筋等情况。

隧道路面面层为厚度5cm、宽度9m的改性沥青AC-13，采用中型轮胎式摊铺机施工，该摊铺机的施工生产率为80m³/台班，机械利用率为0.75，若每台摊铺机每天工作2台班，计划5d完成隧道路面沥青混凝土面层的摊铺。

路面施工完成后，项目部按要求进行了照明、供配电设施与交通标志、防撞设施、里程标、百米标的施工。

【问题】

1. 指出项目部的安全管理中体现了哪些与岗位管理有关的安全生产制度。补充其与岗位管理有关的安全生产制度。

2. 喷射混凝土的抗压强度是否合格？说明理由。针对喷射混凝土出现的局部裂缝、落、露筋等缺陷，提出处理意见。

3. 按计划要求完成隧道沥青混凝土面层施工，计算每天所需要的摊铺机数量。

4. 补充项目部还应完成的其他隧道附属设施与交通安全设施。

【参考答案】

1. 项目部的安全管理中体现了与岗位管理有关的安全生产制度包括：安全生产责任制度；安全生产岗位认证制度；特种作业人员管理制度。

其他与岗位管理有关的安全生产制度包括：安全生产组织制度；安全生产教育培训制度；安全生产值班制度；外协单位和外协人员安全管理制度；专、兼职安全管理人员管理制度。

2. 喷射混凝土的抗压强度合格。

理由：任意一组试块的抗压强度平均值，不低于设计强度的80%为合格。

针对喷射混凝土出现的局部裂缝、脱落、露筋等缺陷，其处理意见：应予修补，凿除喷层重喷或进行整治。

3. 按计划要求完成隧道沥青混凝土面层施工，每天所需要的摊铺机数量为：（1600×9×0.05）÷（80×2×5×0.75）=1.2台≈2台。

4. 项目部还应完成的其他隧道附属设施包括：通风设施、安全设施、应急设施等。

项目部还应完成的交通安全设施包括：交通标线、隔离栅、视线诱导设施、防眩设施、桥梁防抛网、公路界碑等。